食品科学与工程类系列教材

食品生物资源学

曹建国　戴锡玲　王全喜　编著

科学出版社

北京

内 容 简 介

本书较系统地介绍了食品生物资源的化学组成、形态结构、资源种类、主要食用部位及营养特点等。主要内容包括生命的化学及分子组成、细胞结构和功能；食品植物资源的形态结构、资源的基本类群及其主要营养价值；食品动物资源的形态结构、主要食用种类及其营养价值；食品生物资源的开发利用与保护等。

本书的特色是以食品生物资源的知识为基础，增加主要食用种类营养特点和食用价值的介绍。本书可作为食品科学与工程类专业本科生教材，也可作为食品相关研究人员、教师的参考用书。

图书在版编目（CIP）数据

食品生物资源学 / 曹建国，戴锡玲，王全喜编著. —北京：科学出版社，
2020.12

食品科学与工程类系列教材

ISBN 978-7-03-066666-6

Ⅰ.①食… Ⅱ.①曹… ②戴… ③王… Ⅲ.①食品 - 生物资源 - 高等学校 - 教材 Ⅳ.① TS201

中国版本图书馆 CIP 数据核字（2020）第215039号

责任编辑：席 慧 / 责任校对：严 娜
责任印制：赵 博 / 封面设计：蓝正设计

科 学 出 版 社 出版
北京东黄城根北街 16 号
邮政编码：100717
http://www.sciencep.com

北京凌奇印刷有限责任公司印刷
科学出版社发行 各地新华书店经销

*

2020 年 12 月第 一 版 开本：720×1000 1/16
2025 年 1 月第四次印刷 印张：12 1/2
字数：266 000

定价：45.00 元
（如有印装质量问题，我社负责调换）

前言
PREFACE

国内食品相关专业较少介绍食品资源的生物学相关知识，在课程设计方面通常仅设置了食品原料学，其重点是介绍食品原料的种类和营养特点。从而导致食品专业的学生对食品原料的生物学知识缺乏了解，出现了学生对植物的食用部位到底是生物的哪一部位不清楚的现象。有鉴于此，我们在广泛参考动物学、植物学、生物资源学、食品营养学等教材的基础上编写了《食品生物资源学》，本书主要介绍食品植物和动物的生物学知识，主要包括动植物的组成结构、主要食用种类、营养特点和食用价值等。

本书可以引导学生更全面地了解食品生物资源的化学基础、种类、形态结构、主要食用部位及营养特点等；也可以引导食品专业学生开发出更丰富的食品种类，如过去的食用油主要包括大豆油、菜籽油、葵花籽油，随着科技的发展，人们已经开发出了茶油、牡丹油、亚麻油等，人们发现越来越多的生物资源可用作食品原料。作为食品专业的学生，有必要深入地学习有关食品生物资源的知识，为进一步学习、开发和利用食品资源奠定基础。

本书在编写过程中参考大量文献，使用的照片大部分由作者拍摄，部分照片引自相关资料，在此向这些照片的原作者表示诚挚的感谢。书中彩图可通过扫描每章首的二维码查看。本书得到上海师范大学食品安全与检测应用型本科试点专业建设的经费资助，本书在编写过程中得到了陈露编辑和席慧编辑的帮助和支持，在此一并表示感谢。

本书可作为食品及相关专业食品资源学基础课程的学生用书，也可作为食品相关研究人员、教师的参考用书。由于时间仓促，编者水平有限，不当之处在所难免，敬请广大读者指正并提供宝贵意见。

曹建国
2020 年 6 月

目 录
CONTENTS

《食品生物资源学》教学课件索取单

凡使用本书作为教材的主讲教师，可获赠教学课件一份。欢迎通过以下两种方式之一与我们联系。本活动解释权在科学出版社。

1. 关注微信公众号"科学 EDU"索取教学课件
关注→"教学服务"→"课件申请"

2. 填写教学课件索取单拍照发送至联系人邮箱

科学 EDU

姓名：		职称：	职务：
学校：		院系：	
电话：		QQ：	
电子邮件（重要）：			
通讯地址及邮编：			
所授课程：		学生数：	
课程对象：□研究生 □本科（____年级）□其他_____		授课专业：	
使用教材名称／作者／出版社：			
贵校（学院）开设的食品专业课程有哪些？使用的教材名称／作者／出版社？			

扫码获取食品专业
教材最新目录

联系人：席 慧　　咨询电话：010-64000815　　回执邮箱：xihui@mail.sciencep.com

0.1　食品资源和食品资源学相关概念

资源：通常是针对人类而言的，常指能够被人们利用并创造财富的自然资源和社会资源。资源主要指自然资源，是自然界中人类可以直接获得并用于生产、生活中的各种物质的总和，如土壤、水、矿物、野生动植物等自然物，均属于自然资源。

生物资源：是自然资源的重要组成部分，为地球生物圈中植物、动物、微生物等全部生物的总和。地球上生物种类浩繁，按其生物学属性可分为动物资源、植物资源和微生物资源。动物资源主要包括驯化饲养的动物和野生动物；植物资源主要包括栽培植物和野生植物；微生物资源主要包括食用菌类和生产用菌类，微生物资源通常包含在植物资源中。生物资源一般具有直接使用价值和间接使用价值。直接使用价值主要包括消费使用价值（如用于食品、药材、烧柴、建筑材料等）和生产使用价值（用来制造商品的价值）。间接价值包括生物资源的生态价值、选择价值、存在价值和科学价值等。总之，生物资源是人类生产和生活资料的重要来源，人们在开发和利用生物资源的同时，也要保护野生动、植物资源，维持自然界的生态平衡。

食品生物资源：是生物资源中可食用或与饮食相关的部分，食品生物资源的丰富程度与人们的生活水平密切相关。食品生物资源按照生物的性质可分为食品植物资源、食品动物资源和食品微生物资源等。它们又可细分为不同的亚类，如食品植物可分为食用植物、油脂植物、饮料植物、香料类植物、膳食纤维植物、甜味类植物、色素类植物、功能性植物等。食品动物资源可分为肉类、乳类、蛋类和功能性食用动物等。

食品生物资源学：是介绍食品资源生物的种类、生物学特性、营养特点和食用价值的科学。主要内容包括生命的化学基础，生命的结构单位，食品植物资源的形态结构、主要类群、营养特点和食用价值，食品动物资源的形态结构、主要类群、营养特点和食用价值等。

0.2　食品生物资源的主要特点

食品生物资源属于生物资源，具有生物资源的一般特征，如食品生物资源的再生性、地域性、有限性、多用性和可替代性。

0.2.1　再生性

生物资源与非生物资源的主要区别在于生物资源可不断地更新，即通过繁殖使其数量和质量恢复到原有的状态。利用生物资源的这一特性，必须保护生物资源本身不断更新的生产能力，从而才有可能达到长期利用的目的。

0.2.2 地域性

生物资源相对来说都具有一定的地域性，即每一种生物都有一定的生长地理范围，而植物在这一方面表现得尤为突出。例如，咖啡、可可只能在湿热带生长；瓜尔豆、牛油树只能在干热带方能生长良好；贝母、黄连只适应高海拔地区等。

0.2.3 有限性

生物资源虽属于可更新资源，但其更新能力是有限的，并不能无限增长下去，这就是生物资源的有限性。

0.2.4 多用性

任何一种生物都含有多种营养成分，这些不同的营养成分具有不同的营养价值和功能，这决定了生物资源的多用性。例如，红松的松子，松子仁是一种高级干果，种子油可食用，所含的不饱和脂肪酸是一种功能性食品，具有抗衰老、降血脂、降血压等功能。

0.2.5 可替代性

在生物资源的使用过程中，很多生物资源都是可相互代替的，但任何生物之间的代替都是相对的、有一定限度的，如在果酒酿造中，越橘可以代替葡萄。

0.3 食品生物资源学的主要学习内容和目的

本课程是食品专业的一门基础课。课程从食用植物和食用动物两个方面介绍食品生物资源的相关知识，主要内容包括生命的化学基础，生命的结构单位，食品植物资源的形态结构、主要类群、营养特点和食用价值；食品动物资源的形态结构、主要类群、营养特点和食用价值等。目的是通过学习使学生能掌握食品生物资源学的基础知识，食用动植物的基本类群、形态结构、资源分类等；掌握食用生物所含的营养成分和价值；了解我国食品生物资源的种类划分和利用状况等，为进一步学习食品专业的课程奠定基础。

第一篇

生命的基本组成

1.1 生命的元素组成

就目前人们的认知而言，生命是地球特有的现象，地球上的生物大约起源于 35 亿年之前，生命是由地球上已经存在的物质元素构成的，目前已发现的自然存在的元素有 92 种，其中 25 种是生命活动所必需的。按照人体鲜重含量多少，构成生命的元素主要有 O、C、H、N、Ca、P、K、S、Na、Cl、Mg；微量元素包括 B、Cr、Co、Cu、F、I、Fe、Mn、Mo、Se、Si、Sn、V、Zn。这些元素中 C、H、O、N、P、S 这 6 种元素就占了 97% 以上，它们是构成各种有机化合物的主要成分，Ca、K、Na、Cl、Mg 也是构成生物体或生命活动的主要元素，其他元素虽然微少，但仍然是生命组成及活动中必不可少的元素，在生命构成和代谢中有重要作用。

1.2 生命的分子组成

分子是构成具有某种属性物质的基本粒子，是由原子通过化学键相互吸引聚在一起的化合物。生物有机体内含数以千种不同种类的分子，不同的生命形态其分子组成大体是相同的，即都含有水、无机盐离子、众多有机小分子和 4 类生物大分子（糖类、脂类、蛋白质、核酸）。

1.2.1 分子的化学键

为了更好地了解生命的分子组成特性，我们有必要了解一下构成分子的化学键。

1. 离子键

带电荷的原子称为离子（ion），可分为阳离子（positive ion）和阴离子（negative ion）。例如，当钠原子与氯原子相互作用时，钠原子会失去外层的一个电子，而呈现带正电子特性，称为阳离子；而氯原子获得一个电子而呈现带负电子特性，称为阴离子。这种带相反电荷的离子之间存在静电作用，当两个带相反电荷的离子靠近时形成的化学键，称为离子键（ionic band）。离子键有两个重要特性，一是离子间的作用力强，二是离子间相互吸引没有方向性，每一个离子都会吸引周围带有相反电荷的离子，这样就会形成离子键排列矩阵，最终形成晶体。由于离子键之间没有方向性，而生命分子之间需要原子之间的连接具有方向性，所以需要更为特殊的相互作用从而保障复杂稳定的形状，因此，离子键在生物分子形成过程中的作用不大。

2. 共价键

两个原子共用它们的外层电子时，在理想情况下达到电子饱和的状态，由此组成比较稳定的化学结构，叫作共价键（covalent bond），是一种强化学键。共价键具有方向性，它是生物体构成最理想的化学键，因此，生物体中大部分原子都是通过共价键相互连接的。

3. 氢键

当氢与某电负性大的元素（X）结合形成共价键时（H—X），共享电子对偏向于 X 元素，于是分子就有了极性。当极性分子的正极（positive electrode）与另一个极性分子的负极（negative electrode）通过氢相互吸引时，就产生了氢键。氢键可产生于相同分子间，如水，也可以产生于不同分子间，如嘌呤分子与嘧啶分子间。氢键通式常写为 X—H⋯Y 形式，⋯就是氢键。

氢键具有以下特点，一是氢键是弱键，相互作用的原子间必须短才能引发氢键相互作用，距离长了无效（离子键作用距离长）；二是氢键具有很强的方向性，可以使生物体形成更复杂多样的生物大分子，而非结构单一的晶体结构。蛋白质分子内的螺旋和折叠都是通过氢键相互作用而形成的，因此，氢键在生物体内扮演着重要的角色。

1.2.2　水

水对于生命而言是最为重要的分子。人类身体大约 2/3 是水构成的，地球上的生命最早也是在原始海洋中孕育的，所以生命从一开始就离不开水。水是生命的介质，有了水就有了生机勃勃的生命，如热带雨林；水分缺乏的地方就罕见生命。干燥的种子有了足够的水才能萌发生长，水对于生命之所以重要，是因为它具有以下特性。

水分子中，氧原子吸引共用电子对的能力较氢原子强，由于共用电子对偏向于氧原子，这样水分子就成了极性分子。这种极性分子中带负电的氧与它周围的另一些水分子中带正电的氢相吸引而形成氢键，这种氢键非常弱，其形成得快，断裂得也快，一个这样的氢键仅持续一千亿分之一秒。可是，由于这种氢键数量庞大，从而使水有了以下非常重要的物理属性，这些属性让水分成为生命的重要组成部分。

1）水的比热较大，储热能力强　　同其他物质相比，水有大量氢键的存在，氢键断裂要吸收热量，氢键形成要释放热量。由于氢键的存在，要提高水温或破坏液态水组织时需要输入大量的热能，这使水比其他任何物质升温更加缓慢，水分温度升高时要吸收更多热量，并能保温更长时间，如 1g 水上升 1℃需 4.186J 的热量，而 1g 空气上升 1℃只需 1.046J 就足够了；相反，水分温度降低时能释放更多热量。正是由于这种特性，生物体才能维持相对稳定的内部温度，使细胞代谢保持稳定。

2）冰的形成　　当温度降到冰点以下时，水分子间的氢键很少断裂，这样氢键的晶格结构就使得水成为冰晶的结构。氢键让水分子间的空间隔离更大，使水分子不能相互接近，所以冰比水密度低，能浮在水面上，这也保障了水中的生物在冬天时仍能生活，体内不会因结晶而休眠或死亡。

3）水的汽化热高　　在 100℃时，1g 液态水变为气态（蒸汽）需要 2259.36J。

如我们夏天出汗,汗水蒸发吸热多,有利于维持体温;植物在夏季能够抵抗高温,就是由于水分大量蒸发之故。

4)水的内聚力 水分子是极性分子,以不稳定的氢键相互吸引,水分子之间相互的吸引力称为内聚力(cohesion);水分子的内聚力也使水具有较强的表面张力。水分子还可以与其他极性分子相互吸引,这种吸引力称为黏附力(adhesion)。内聚力和黏附力让水分子在生命代谢过程中发挥重要作用。在内聚力和黏附力的作用下,水可以在根、茎、叶的导管中形成连续的水柱,从而可从根部一直上升到参天大树的树梢。

5)水是许多物质的良好溶剂 水分子是极性分子,含有大量氢键,其他拥有氢键的极性分子也容易溶于水,因此,极性分子也称作亲水分子。当极性分子进入水中后,水分子紧紧聚集在有电极性(有电荷,且不论是离子电荷或部分电荷)的分子周围,使得极性分子物质最终溶解在水中,如 $NaCl$、蔗糖、蛋白质等溶于水都是因为它们是极性分子。非极性分子(如油),分子间不能形成氢键,所以不溶于水,称为疏水性物质。

6)水的解离与酸碱度 水分子的共价键也会自发断裂,解离成 H^+ 和 OH^-,纯水在 25 ℃ 下,有 1/550 000 000 的水会解离成 H^+ 和 OH^-。这样,1L 水质量为 1000g,因水的相对分子质量为 18。1L 水换算为摩尔数为 1000/18,约等于 55.5mol,解离的氢离子〔H^+〕摩尔数为 55.5/550 000 000,这样氢质子浓度〔H^+〕=1/10 000 000(mol/L)。纯水的 pH:$pH = -\lg [H^+] = -\lg [10^{-7}] = 7$。

酸:任何溶于水中增加〔H^+〕浓度的物质称为酸性物质。

碱:溶于水中会与〔H^+〕相结合,从而降低〔H^+〕浓度的物质称为碱性物质。

1.2.3 无机盐

细胞中的无机盐一般都是以离子状态存在的,如 Na^+、K^+、Ca^{2+}、Mg^{2+}、Cl^-、HPO_4^{2-}、HCO_3^- 等,它们具有如下作用。

(1)无机盐对细胞的渗透压和 pH 起着重要的调节作用,如 0.9% 的氯化钠溶液(即生理盐水)渗透压与人体血液近似,可维持细胞的正常形态。

(2)有些离子是酶的活化因子和调节因子,如腺苷酸环化酶、鸟苷酸环化酶、酪氨酸羧化酶等都受钙离子的调节。

(3)有些离子是合成有机物的原料,如 PO_4^{3-} 是合成磷脂、核苷酸等的原料,Fe^{2+} 是合成血红蛋白的原料等。

1.2.4 糖类

糖类(carbohydrate)是构成生命的一大类有机化合物。糖分子含 C、H、O 三种元素,三者的比例一般为 1∶2∶1,如葡萄糖为 $C_6H_{12}O_6$。糖类包括小分子的单糖、二糖、寡糖、多糖等。

1．单糖

单糖的化学通式为（CH_2O）$_n$，是多羟基的醛或酮（图 1.1）。碳原子构成单糖的主要骨架。根据碳骨架碳原子个数可分为丙糖（3 碳）、丁糖（4 碳）、戊糖（5 碳）和己糖（6 碳）等。单糖可分为醛糖（aldose）和酮糖（ketose），前者分子含有醛基（CHO，位于末端 C 上），后者分子含有酮基（C＝O，位于链内 C 上）。

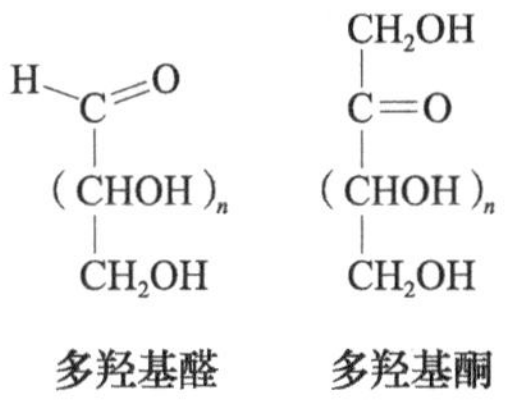

图 1.1　单糖的结构通式

重要的单糖如下。

（1）丙糖，如甘油醛（醛糖）和二羟丙酮（酮糖）。

（2）戊糖，戊糖中最重要的有核糖、脱氧核糖和核酮糖；核糖和脱氧核糖是核酸的重要成分，核酮糖是糖代谢重要的中间代谢物。除此以外，常见的戊糖还有木糖和阿拉伯糖，它们是树胶和半纤维素的组成成分，也是糖蛋白的重要成分。

（3）己糖，又称六碳糖，是最常见的单糖，葡萄糖、果糖、半乳糖、甘露糖等都是六碳糖。六碳糖的分子式都是 $C_6H_{12}O_6$，但结构式各有不同，所以它们彼此都是异构体。葡萄糖和果糖可以以游离状态存在，亦可以以结合状态存在，游离态的葡萄糖存在于动、植物细胞中，游离态的果糖存在于果实和蜂蜜中。半乳糖以结合状态存在于乳糖和琼胶中。

2．二糖

2 分子的单糖缩合形成二糖，常见的二糖包括麦芽糖、蔗糖、乳糖、海藻糖、纤维二糖等。

（1）麦芽糖，是 2 个葡萄糖分子以 α-1,4 糖苷键相连，脱去 1 分子水，即成麦芽糖。麦芽糖是淀粉的基本结构单位。淀粉水解即产生麦芽糖，所以麦芽糖通常存在于发生淀粉水解的组织，如麦芽中。

（2）蔗糖，1 分子 α-葡萄糖和 1 分子 β-果糖缩合脱水即成蔗糖，是主要的食用糖。甘蔗、甜菜、胡萝卜，以及香蕉、菠萝等水果中都富含蔗糖。

（3）乳糖，1 分子半乳糖和 1 分子 α-葡萄糖结合脱水即成乳糖。乳糖存在于哺乳动物乳汁中，人乳中 5%～7% 为乳糖，牛奶中 4% 为乳糖。

3．寡糖

由少数（3～9 个）单糖分子聚合而成的糖类称为寡糖，如三糖（甘露三糖、龙胆三糖）、四糖（水苏糖）、五糖（毛蕊草糖）等。

4．多糖

多糖是由很多单糖分子（通常为葡萄糖分子）缩合脱水而成的分支或不分支的长链分子。常见的多糖有淀粉、纤维素和糖原等，是自然界数量最多的糖类。

1）淀粉　淀粉分子的通式为（$C_6H_{10}O_5$）$_n$，n 为葡萄糖分子的数目，从数百至数千不等。相邻葡萄糖分子以 α-1,4 糖苷键相连，形成淀粉分子。植物细胞中常贮藏淀粉多糖。

根据链分支与否，可将淀粉分为直链淀粉（amylose）和支链淀粉（amylopectin）。

直链淀粉不分支，通常卷曲成螺旋形，相对分子质量从几千到 500 000 不等。支链淀粉分子质量较大，相对分子质量在 200 000 以上，最多可达 100 万。一般植物淀粉中都含有直链和支链两种淀粉分子，如马铃薯淀粉中 22% 是直链的，78% 是支链的。但也有只含一种分子的，如豆类种子所含淀粉全为直链淀粉，糯米淀粉全为支链淀粉。

2）糖原（glycogen）　　糖原是动物细胞中贮存的多糖，又称动物淀粉。糖原也是由葡萄糖 α-1,4 糖苷键连接而成，糖原的分支比直链淀粉多，主链每隔 8～12 个葡萄糖就有一个分支，每个分支有 12～18 个葡萄糖分子。糖原在水中的溶解度大于淀粉，遇碘变为红褐色。

3）纤维素（cellulose）　　纤维素是糖类中所占比例最大的多糖，约占植物界碳素总量的 50% 以上，如高等植物细胞壁的主要成分是纤维素。木材中 50% 是纤维素，而棉花纤维中 90% 都是纤维素。纤维素分子呈不分支的长链，由 10 000～15 000 个 β-D-葡萄糖在 1,4 碳原子之间链接而成。纤维素水解先产生纤维二糖，再进一步水解而成葡萄糖。纤维素水解需要纤维素酶（cellulase）。人类肠道中没有纤维素酶，不能消化纤维素。但食物中的纤维素成分能刺激肠道蠕动。

1.2.5 脂类

脂类（lipids）不溶于水，但都能溶于非极性溶剂，如乙醚、氯仿和苯中。脂类的主要组成元素也是 C、H、O，但 H/O 比远大于 2，所以不同于糖类。此外，有的脂类还含有 P 和 N。

1. 脂类的分类

1）中性脂肪和油　　中性脂肪（fat）和油（oil）都是甘油（醇）和脂肪酸结合而成的三酰甘油酯。甘油分子有 3 个 OH，每一个 OH 和一个脂肪酸的—COOH 结合，形成酯键，就成了脂肪分子（图 1.2）。脂肪分子没有极性基团，所以称为中性脂肪，中性脂肪是高度疏水的。

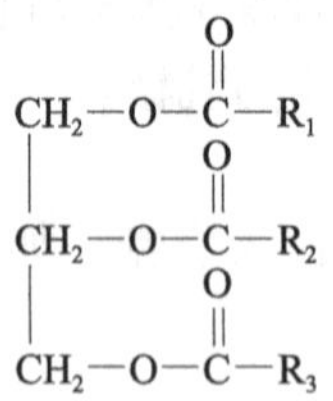

$$
\begin{array}{l}
\text{CH}_2-\text{O}-\overset{\displaystyle O}{\overset{\|}{\text{C}}}-\text{R}_1 \qquad \text{月桂酸 CH}_3(\text{CH}_2)_{10}\text{COOH} \\[4pt]
\text{CH}_2-\text{O}-\overset{\displaystyle O}{\overset{\|}{\text{C}}}-\text{R}_2 \qquad \text{软脂酸 CH}_3(\text{CH}_2)_{14}\text{COOH} \\[4pt]
\text{CH}_2-\text{O}-\overset{\displaystyle O}{\overset{\|}{\text{C}}}-\text{R}_3 \qquad \text{硬脂酸 CH}_3(\text{CH}_2)_{16}\text{COOH}
\end{array}
$$

油酸 $\text{CH}_3(\text{CH}_2)_7\text{CH}=\text{CH}(\text{CH}_2)_7\text{COOH}$

图 1.2　脂肪分子通式和部分天然脂肪酸

脂肪酸分为饱和脂肪酸和不饱和脂肪酸两类。饱和脂肪酸的烃链上没有不饱和双键，分子可以伸直，紧密并列，需较多热能才能散开，熔点高，室温下为固态。不饱和脂肪酸的烃链上至少有一个双键，并部分扭曲成小弯，分子不能紧密排列，易散开，熔点低，室温下为液态。通常情况下，动物脂肪含有的饱和脂肪酸多，常温下呈固态；植物中含有的不饱和脂肪酸较多，常温下为液体，称为油。部分天然脂肪酸（包括月桂酸、软脂酸、硬脂酸、油酸等）如图 1.2 所示。

2）磷脂类 磷脂（phospholipid）主要指磷酸甘油酯，几乎全部存在于细胞的膜系统中，在脑、肺、肾、心、骨髓、卵及大豆细胞中含量高。与脂肪不同之处在于甘油的一个 α- 羟基不是和脂肪酸而是和磷酸结合成酯（磷脂酸）。磷脂酸是最简单的磷脂，在细胞中含量甚少，但它是其他磷脂合成的中间产物。细胞中的磷脂大多比磷脂酸复杂，即磷脂酸分子中的 H 被胆碱（choline）、胆胺（cholamine）、丝氨酸等所取代，则分别成为卵磷脂、脑磷脂、丝氨酸磷脂等。它们是构成细胞膜等成分的重要物质。

通常，磷脂分子中的 2 个脂肪酸总有一个是不饱和的，因此 2 个脂肪酸链不是平行并列的，其中不饱和脂肪酸总是折弯的。磷脂分子的磷酸一端为极性的头，是亲水的，它的 2 个脂肪酸链是非极性的尾，是疏水的。如磷脂在水面上，其亲水的头和水面相接，而倒立在水面上，成一单分子层。如将磷脂混入水中，磷脂分子则会形成单分子微团，各分子的极性头位于微团的表面而与水接触，非极性的疏水端则藏在微团的中心。

3）类固醇 类固醇（steroid）是一个由 4 个碳环构成的环戊烷多氢菲。它们不含脂肪酸，但它们的理化性质与脂肪相近。它们不溶于水，易溶于非极性的有机溶剂，所以习惯上将它们和脂类放在一起。一些重要的生物活性物质，如性激素、维生素 D 和肾上腺皮质激素等都属于类固醇。最熟知的类固醇是在环戊烷多氢菲上连有一条碳氢链的胆固醇。胆固醇是动物细胞膜和神经髓鞘的重要成分，与膜的透性有关。动物细胞线粒体和内质网膜中也有少量胆固醇。植物细胞不含胆固醇，但含有其他类固醇物质，称为植物固醇。

2．脂类的生物学功能

脂类是生物膜的重要成分；是贮存能量的分子。脂肪氧化时产生的能量是糖氧化时产生能量的 2 倍，所以细胞贮存脂肪比贮存糖经济得多。脂类构成生物表面的保护层，如皮肤和羽毛，以及果实外表的蜡质是很好的绝缘体，动物皮下脂肪有保持正常体温的作用；有些脂类是重要的生物学活性物质，如维生素 A、维生素 D、睾酮、肾上腺皮质激素、前列腺素等。

1.2.6 蛋白质

蛋白质是由不同的氨基酸分子通过**氨基**与**羧基**脱水缩合而成的氨基酸长链，由于氨基酸的结构和排列顺序不同，组成的蛋白质也千差万别。

1．一般特性

蛋白质（protein）是生物体细胞的重要组成成分。细胞干重的一半是蛋白质。肌肉、皮肤、血液、毛发的主要成分都是蛋白质。生物膜中蛋白质的含量占 60%～70%。植物体由于有丰富的纤维素，导致蛋白质含量相对较少。

蛋白质在细胞和生物体生命活动过程中起着十分重要的作用。蛋白质参与基因表达调节、细胞中氧化还原反应、电子传递、神经传递乃至学习和记忆等多种生命活动过程。在细胞和生物体内各种生物化学反应中起催化作用的酶主要也是蛋白质。许多重要的激素,如胰岛素和胸腺激素等也都是蛋白质。

蛋白质属于生物大分子,相对分子质量范围为6000~6 000 000或更大。例如,牛胰岛素的相对分子质量为5700,牛胰脏中核糖核酸酶的相对分子质量为12 600,人血红蛋白的为64 500,蜗牛蓝蛋白的为6 600 000。

2. 氨基酸

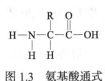

图 1.3　氨基酸通式

氨基酸(amino acid)是组成蛋白质的结构单体。天然存在于蛋白质中的氨基酸共有20种。其结构上的一个共同特点是在与羧基(—COOH)相连的碳原子(α-碳原子)上都有一个氨基,因而称为氨基酸(图1.3),它们的不同之处在于侧链,即式中的R基团各有不同(表1.1)。

表 1.1　构成生物体蛋白质的 20 种氨基酸

中文名称	英文名称(缩写)	线性结构式	R 基团的结构
1. 甘氨酸	glycine(Gly, G)	NH_2—CH_2—COOH	—H
2. 丙氨酸	alanine(Ala, A)	CH_3—CH(NH_2)—COOH	—CH_3
3. 丝氨酸	serine(Ser, S)	HO—CH_2—CH(NH_2)—COOH	—CH_2OH
4. 半胱氨酸	cysteine(Cys, C)	HS—CH_2—CH(NH_2)—COOH	—CH_2SH
5. 苏氨酸	threonine(Thr, T)	CH_3—CH(OH)—CH(NH_2)—COOH	—CH(OH)CH_3
6. 缬氨酸	valine(Val, V)	$(CH_3)_2$—CH—CH(NH_2)—COOH	—CH$(CH_3)_2$
7. 亮氨酸	leucine(Leu, L)	$(CH_3)_2$—CH—CH_2—CH(NH_2)—COOH	—CH_2CH$(CH_3)_2$
8. 异亮氨酸	isoleucine(Ile, I)	CH_3—CH_2—CH(CH_3)—CH(NH_2)—COOH	—CH(CH_3)CH_2CH_3
9. 甲硫氨酸 / 蛋氨酸	methionine(Met, M)	CH_3—S—$(CH_2)_2$—CH(NH_2)—COOH	—CH_2CH_2SCH_3
10. 苯丙氨酸	phenylalanine(Phe, F)	⬡—CH_2—CH(NH_2)—COOH	—CH_2—⬡
11. 色氨酸	tryptophan(Trp, W)	(吲哚环)—CH_2—CH(NH_2)—COOH	—CH_2—(吲哚环)
12. 酪氨酸	tyrosine(Tyr, Y)	HO—⬡—CH_2—CH(NH_2)—COOH	—CH_2—⬡—OH
13. 天冬氨酸	aspartic acid(Asp, D)	HOOC—CH_2—CH(NH_2)—COOH	—CH_2COOH
14. 天冬酰胺	asparagine(Asn, N)	H_2N—CO—CH_2—CH(NH_2)—COOH	—CH_2CONH$_2$
15. 谷氨酸	glutamic acid(Glu, E)	HOOC—$(CH_2)_2$—CH(NH_2)—COOH	—CH_2CH_2COOH
16. 谷氨酰胺	glutamine(Gln, Q)	H_2N—CO—$(CH_2)_2$—CH(NH_2)—COOH	—CH_2CH_2CONH$_2$

续表

中文名称	英文名称（缩写）	线性结构式	R 基团的结构
17. 赖氨酸	lysine（Lys，K）	$H_2N-（CH_2）_4-CH（NH_2）-COOH$	$-CH_2CH_2CH_2CH_2NH_2$
18. 精氨酸	arginine（Arg，R）	$HN=C（NH_2）-NH-（CH_2）_3-CH（NH_2）-COOH$	$-CH_2CH_2CH_2NHCNH_2$ $\overset{\|}{NH}$
19. 组氨酸	histidine（His，H）	$-CH_2-CH（NH_2）-COOH$	$-CH_2-$
20. 脯氨酸	proline（Pro，P）	$-COOH$	$-COOH$

根据 R 基团（侧链）的特性，氨基酸可分为以下 5 类。

（1）基团无极性，疏水，这类氨基酸有甘氨酸（glycine）、丙氨酸（alanine）、缬氨酸（valine）、亮氨酸（leucine）、异亮氨酸（isoleucine）、脯氨酸（proline）等。蛋白质大分子中带有这些疏水氨基酸的部分在水中往往折叠到大分子的内部而远离水相。

（2）R 基团为芳香族，无极性，这类氨基酸有色氨酸（tryptophan）、苯丙氨酸（phenylalanine）和酪氨酸（tyrosine）。酪氨酸羟基在蛋白质分子中可形成氢键，有稳定蛋白质分子构象的作用。

（3）R 基团有极性，不带电荷，亲水，这类氨基酸有丝氨酸（serine）、苏氨酸（threonine）、半胱氨酸（cysteine）、甲硫氨酸（methionine）、天冬酰胺（asparagine）和谷氨酰胺（glutamine）。蛋白质分子带有这类氨基酸的部分在水相中大多露在蛋白质分子表面与水接触。半胱氨酸能形成二硫键（—S—S—），有稳定蛋白质分子构象和使蛋白质分子折叠的作用。

（4）R 基团带负电（酸性），这类氨基酸有天冬氨酸（aspartic acid）和谷氨酸（glutamic acid）。

（5）R 基团带正电（碱性），这类氨基酸有赖氨酸（lysine）、精氨酸（arginine）和组氨酸（histidine）。

3．肽键、肽和多肽

一个氨基酸分子中的氨基（—NH$_2$），与另一氨基酸分子中的羧基（—OH）脱水缩合，形成肽键（peptide bond），生成的化合物称为二肽，如甘氨酰丙氨酸。

二肽再和一个氨基酸以肽键相连，就形成三肽。不同数目的氨基酸以肽键顺序相连，这样形成的长短不一的链状分子，即是肽（peptide）或多肽（polypeptide）。肽和多肽的区分主要是根据分子的大小。通常相对分子质量在 1500 以下的称为肽，在 1500 以上的称为多肽。多肽链的一端有一个—NH$_2$，带这个基团的氨基酸称为 N 端氨基酸；另一端有一个—COOH，带这个基团的氨基酸称为 C 端氨基酸。

多肽是蛋白质分子的亚单位。有些蛋白质分子只是一条多肽链，有些则是由几条多肽链组成。例如，胰岛素由 2 条多肽链，血红蛋白由 4 条多肽链，细胞色素氧化酶由 7 条多肽链组成。组成蛋白质分子的各多肽链常以二硫键互相连接，形成特定的结构。二硫键的存在使肽链能够折叠。例如，牛胰核糖核酸酶是只有一条多肽链的蛋白质，含 124 个氨基酸。这个多肽链上有 4 个二硫键，使多肽链折叠连接而呈现特殊的形态。牛胰岛素有 2 条肽链（A，B 链），共含 3 个二硫键：一个二硫键位于 A 链第 6 和第 11 氨基酸之间，使 A 链出现折叠；另外 2 个二硫键将 A 链和 B 链连接起来。

4. 蛋白质的空间结构

1）蛋白质的一级结构　　由氨基酸构成连续的线性结构即是蛋白质的一级结构。蛋白质的一级结构具有极性，即 N 端和 C 端。

2）蛋白质的二级结构　　蛋白质的二级结构是指蛋白质分子中的肽链向单一方向卷曲而形成的有周期性重复的主体结构或构象。这种周期性的结构是以肽链内或各肽链间的氢键来维持的。蛋白质二级结构包括 α 螺旋和 β 折叠。例如，动物的各种纤维蛋白为 α 螺旋。指甲、毛发及有蹄类的蹄、角、毛等的成分都是呈 α 螺旋的纤维蛋白，称为 α-角蛋白。

3）蛋白质的三级结构　　蛋白质的二级结构进一步卷曲成为三级结构。例如，肌红蛋白（myoglobin，一种氧结合血红素蛋白）是一个含 153 个氨基酸的肽链，这个肽链有 8 段 α 螺旋，每两段之间有一个折叠，通过这些折叠形成球蛋白的三级结构。

4）蛋白质的四级结构　　有些球蛋白分子有 2 个以上肽链，这些肽链都成折叠的 α 螺旋，它们互相挤在一起，并以弱键互相连接，形成一定的构象，这就是四级结构。例如，血红蛋白分子含 4 个肽链（亚单位），2 个 α 链和 2 个 β 链，每一个链都是一个三级结构的球蛋白，它们的折叠形式和上述的肌球蛋白十分相似，并且也都各带一个血红素基团。这 4 个肽链以一定的形式挤在一起，形成特定的构象，即是四级结构。

5）蛋白质的变构作用和变性　　含 2 个以上亚单位的蛋白质分子，如果其中一个亚单位与小分子物质结合，那就造成不但该亚单位的空间结构要发生变化，其他亚单位的构象也将发生变化，结果整个蛋白质分子的构象乃至活性均将发生变化，这一现象称为变构或别构作用（allosteric effect）。

蛋白质在重金属盐（汞盐、银盐、铜盐等）、酸、碱、乙醇、尿素、鞣酸等的存在下，或是加热至 70～100℃，或在 X 射线、紫外线的作用下，其空间结构发生改变和破坏，从而失去生物学活性，这种现象称为变性。变性过程中不发生肽键断裂和二硫键的破坏，因而不发生一级结构的破坏，而主要发生氢键、疏水键的破坏，使肽链原本有序的卷曲、折叠状态变为松散无序。原来包含在分子内部的疏水侧链基团暴露到分子外部，因而蛋白质的溶解度降低，失去结晶能力，并形成沉淀。

1.2.7　核酸

核酸是生物大分子中最重要的一类，最早是瑞士的化学家米歇尔（P. Miescher）于 1870 年从脓细胞的核中分离出来的，由于它们是酸性的，故称为核酸。核酸分为脱氧核糖核酸（deoxyribonucleic acid, DNA）和核糖核酸（ribonucleic acid，RNA）两大类。DNA 主要存在于细胞核内的染色质中，线粒体和叶绿体中也有，是遗传信息的携带者；RNA 在细胞核内产生，然后进入细胞质中，在蛋白质合成中起重要作用。

1．核苷酸

核苷酸是组成 DNA 和 RNA 的结构单体。每一核苷酸分子含有一个戊糖分子（核糖或脱氧核糖）、一个磷酸分子和一个含氮碱基。这些碱基分为两类：一类是嘌呤，是双环分子；另一类是嘧啶，是单环分子。嘌呤一般包括腺嘌呤（adenine，A）和鸟嘌呤（guanine，G）2 种，嘧啶有胸腺嘧啶（thymine，T）、胞嘧啶（cytosine，C）和尿嘧啶（uracil，U）3 种（图 1.4）。

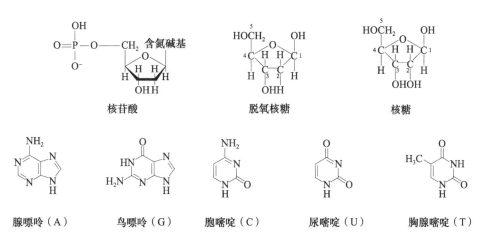

图 1.4　核苷酸的结构（1 种磷酸、2 种核糖、5 种碱基）

戊糖分子上第 1 位 C 原子与嘌呤或嘧啶结合，成为核苷。如果戊糖是脱氧核糖，形成的核苷就是脱氧核苷；如果戊糖是核糖，形成的核苷就是核糖核苷。

一个核苷或一个脱氧核苷与一个磷酸分子结合，就成为一个核苷酸或脱氧核苷酸，也可称为一磷酸核苷，如一磷酸腺苷（AMP）和一磷酸脱氧腺苷（dAMP），这里的"d"表示脱氧（deoxy）。磷酸与核糖或脱氧核糖结合的部位通常是核糖或脱氧核糖的第 3 位或第 5 位碳原子。

2．核糖核酸和脱氧核糖核酸

多个核苷酸以磷酸顺序相连而成长链的多核苷酸分子，即核酸的基本结构。核酸有两类，即脱氧核糖核酸（DNA）和核糖核酸（RNA）。DNA 含脱氧核糖，碱基是腺嘌呤（A）、鸟嘌呤（G）、胸腺嘧啶（T）和胞嘧啶（C）4 种；RNA 含核糖，RNA 的碱基没有胸腺嘧啶而有尿嘧啶（U），其余同 DNA。

DNA 分子是双链的，是由 2 条脱氧核糖核苷酸长链互补碱基配对相连而成的螺旋状双链分子。在真核细胞中，每一个染色体含一个 DNA 双链分子，细胞核中有几条染色体就有几条双链 DNA 分子。RNA 分子一般都是单链的，即只是一个多核苷酸链。

3．有特殊生物学功能的核苷酸

除了作为核酸的基本结构单位外，有些核苷酸还具有特殊的生物学功能。作为细胞中"能量载体"的三磷酸腺苷（adenosine triphosphate，ATP）水解时，高能磷酸键释放大量自由能，这些能量可被转移到其他分子，也可用来完成各种耗能活动，如分子运动、物质的吸收、主动运输和合成等。ATP 水解时，通常只有最后一个高能键水解放能，而生成二磷酸腺苷，即 ADP。

除 ATP 外，其他核苷酸也有重要的生物学功能，如三磷酸鸟苷（GTP）是蛋白质合成过程中所需要的，三磷酸尿苷（UTP）参与糖原的合成，三磷酸胞苷（CTP）是脂肪和磷脂的合成所必需的。至于相应的 4 种脱氧核糖核苷的三磷酸酯，即 dATP、dGTP、dTTP 和 dCTP，则是 DNA 合成所需的原材料。

每一种核苷酸都可在环化酶的催化之下生成环式的一磷酸核苷。例如，ATP 在腺苷酸环化酶的催化下生成环式 AMP 或称 cAMP。cAMP 对于介导激素及调节细胞生命活动的许多方面起着非常重要的作用。此外，细胞中还有几种重要的二核苷酸，如烟酰胺腺嘌呤二核苷酸（NAD^+）、烟酰胺腺嘌呤二核苷酸磷酸（NADP）、黄素腺嘌呤二核苷酸（FAD）等，它们都参与生命代谢的许多过程。

第2章　生命的结构单位——细胞

2.1　细胞的形态结构与功能

2.1.1　细胞的发现和细胞学说

1. 细胞的发现

细胞的发现与显微技术的发展分不开，1590 年荷兰眼镜制造商 J. Janssen 和 Z. Janssen 父子制作了第一台复式显微镜，尽管其放大倍数不超过 10 倍，但其具有划时代的意义。1665 年英国人罗伯特·虎克（Robert Hook）用自己设计与制造的显微镜（放大倍数为 40～140 倍）观察到了软木（栎树皮）上的小室，他称其为 cella（拉丁文"小室"之意），这是最早观察到的细胞。

1674 年，荷兰人 Leeuwenhoek 也用他自制的显微镜观察污水、牙垢等。他首次发现了细菌及污水中其他许多"小动物"，主要是现在所称的原生动物。Robert Hook 和 Leeuwenhoek 的工作使人类的认识进入到微观世界。

最早认识到活细胞各结构的是布朗（R. Brown）。他研究兰科和萝摩科植物的细胞，发现了细胞核，并于 1833 年指出，细胞核是植物细胞的重要调节部分。

2. 细胞学说

德国植物学家施莱登（M. Schleiden）于 1838 年发表了著名的论文《论植物的发生》，指出**细胞是一切植物结构的基本单位**。1893 年，另一位德国人施旺（T. Schwann）发表了名为《显微研究》的论文，明确指出，**动物及植物结构的基本单位都是细胞**。他说："生物体尽管各不相同，其主要部分的发育则遵循着一个统一的原则，这一原则就是细胞的生成。"这就是细胞学说的主要内容。施莱登和施旺提出细胞理论以后，1858 年，德国医生和细胞学家 Rudolf Virchow 提出："**细胞来自细胞**"这一名言，也就是说，细胞只能来自细胞，而不能从无生命的物质自然发生。这是细胞学说的一个重要发展，也是对生命的自然发生学说的否定。1880 年，魏斯曼（A. Weissmann）更进一步指出，所有现在的细胞都可以追溯到远古时代的一个共同祖先，这就是说，细胞是有连续的，历史的，是进化而来的，**细胞只能来自细胞**。至此，一个完整的细胞学说就建成了。

这一学说概括起来有以下几点：①所有生物都是由细胞构成的；②新细胞只能由原来的细胞经分裂而产生；③所有细胞都具有基本上相同的化学组成和代谢活性，生物体总的活性可以看成是细胞集体活动的总和。

2.1.2　细胞的大小和形态

细菌类的支原体是最小的细胞，直径只有 100nm。鸟类的卵细胞最大，是肉眼可见的细胞（鸡蛋的蛋黄就是一个卵细胞）。棉花和麻的纤维都是单个细胞，棉花纤维长可达3～4cm，麻纤维甚至可长达10cm。成熟西瓜瓤和番茄果实内有亮晶晶小粒果肉，用放大镜可看到，它们是圆粒状的细胞。细胞的大小和细胞的机能是相适应的。例如，神经细胞的细胞体直径不过0.1mm，但从细胞体伸出的神经纤维可延长到1m以上，这和神经的传导机能一致。鸟卵之所以大，是由于细胞质中含有大量营养物质。鸟类是卵生的，卵细胞中积存大量卵黄才能满足胚胎发育之需。一般说来，生物体积的加大，不是由细胞体积的加大，而是由细胞数目的增多而造成。参天大树和丛生灌木在细胞的大小上并无差别。

单细胞生物，如衣藻、草履虫，其机体是由一个细胞构成。多细胞生物的有机体是由众多细胞构成的。生物的种类不同，组织类型不同，细胞的形态差异较大，常见的形态有圆形、柱形、椭圆形、梭形等。

2.1.3　细胞的结构

1. 原核细胞与真核细胞

在自然界中，蓝藻和细菌这两类生物的细胞简单，细胞内没有细胞核，细胞的遗传物质集中在中央质区，DNA为裸露的环状分子，通常没有结合蛋白，不形成染色体。中央质外面没有膜包被，这一区域称为核区或拟核，这种细胞称为原核细胞（prokaryotic cell）（图2.1）。原核细胞的直径在0.5～1μm。大多数原核生物没有恒定的内膜系统，原生质体也不分化，仅具有一些膜片层、核糖体等细胞器。原核细胞从结构上和细胞内功能的分工上都反映出其处于较为原始的状态。

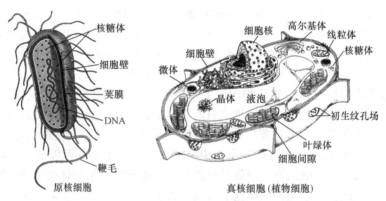

图2.1　原核细胞与真核细胞（引自Johnson，2000；王全喜和张小平，2012）

自然界中大多数有机体细胞结构复杂，细胞核具有核膜包被，细胞内有被各类被膜包被的细胞器，这样的细胞称为真核细胞（eukaryotic cell）。由真核细胞构成的生物称为真核生物。

2. 植物细胞与动物细胞

植物细胞和动物细胞都是真核细胞，但二者在结构上存在一定的差别，植物细胞由原生质体（protoplast）和细胞壁（cell wall）两部分组成，原生质体是具有生命活性的成分。而动物细胞只有原生质体，没有细胞壁。

　　3．真核细胞的基本结构

　　1）细胞膜　　细胞膜（cell membrane）又称质膜（plasma membrane），是细胞原生质表面的膜。它的厚度通常为 7～8nm。细胞膜是由磷脂双分子层构成的，每个磷脂分子由亲水的"头部"和疏水"尾部"构成，其中亲水的头部朝外，尾部朝内相互对接。在电子显微镜下，质膜呈现为明显的三层结构：两侧呈两个暗带，厚度约 2nm，中间为明带，厚度约 3.5nm，质膜总厚度约 7.5nm。明带的主要成分是类脂，而暗带的主要成分为蛋白质，具有这种结构的膜称为单位膜（unit membrane）。

　　2）细胞质和细胞器　　存在于质膜与核被膜之间的原生质称为细胞质（cytoplasm）。细胞质中具有可辨认形态和能够完成特定功能的结构叫作细胞器（organelle）。除细胞器外，细胞质的其余部分称为细胞质基质（cytoplasmic matrix），其体积约占细胞质的一半。细胞质基质并不是均一的溶胶结构，其中还含有由微管、微丝和中间纤维组成的细胞骨架结构。

　　细胞中主要的细胞器有以下几种。

　　（1）内质网。内质网（endoplasmic reticulum，ER）是细胞质内由单位膜构成的片状、囊状、管状或泡状的连续膜系统，彼此相通。内质网膜向内与核被膜的外膜相通，向外与质膜连接。内质网分为光滑内质网和糙面内质网两种类型。光面内质网（smooth ER）的膜上没有核糖体颗粒，比较少见，与脂类代谢有关。糙面内质网（rough ER）的膜上附有颗粒状核糖体，参与蛋白质的合成和加工。

　　（2）核糖体。核糖体（ribosome）又称核糖核蛋白体，是直径为 17～23nm 的小椭圆形颗粒。它的主要成分是 RNA 和蛋白质。细菌等原核生物及叶绿体基质中核糖体的沉降系数为 70S，按沉降系数分为两种亚基，一类为 50S 大亚基，另一类为 30S 小亚基。真核细胞的核糖体沉降系数为 80S，按沉降系数也分为两种亚基，一类为 60S 大亚基，另一类为 40S 小亚基。在细胞质中，它们可以游离状态存在，也可以附着于糙面内质网的膜上。核糖体是细胞中蛋白质合成的中心，mRNA 可与核糖体结合，在它上面组装成蛋白质。在执行蛋白质合成时，单个核糖体经常 5～6 个或更多个串联在一起，形成一个聚合体，称为多核蛋白体或多聚核糖体（polyribosome 或 polysome），它的合成效率比单个的更高。

　　（3）高尔基体。意大利人高尔基（Camillo Golgi）于 1898 年在神经细胞中首先观察到该细胞器，所以称为高尔基体（Golgi body）。除红细胞外，几乎所有动、植物细胞中都有这种细胞器。电镜下观察，它是由一系列扁平囊和小泡所组成。分泌旺盛的细胞中高尔基体也发达。高尔基体没有合成蛋白质的功能，但能合成多糖，植物细胞分裂时，新的细胞膜和细胞壁形成都与高尔基体的活动有关。动物细胞分裂时，横缢的产生及新细胞膜的形成，也是由高尔基体提供材料的。从内质网断下来的分泌小泡移至高尔基体并与高尔基体融合。小泡中的分泌物在这里加工后，围以外膜而成为分泌泡。分泌泡脱离高尔基体向细胞外周移动。最后，分泌泡外膜与细胞膜愈合而将分泌物排出细胞之外。因此，高尔基体是细胞分泌物的最后加工和包装的场所。

（4）线粒体。电镜下，线粒体是一些大小不一的球状、椭球形、棒状或其他形状的细胞器，一般宽 $0.5\sim1.0\mu m$，长 $1\sim2\mu m$，在光学显微镜下，需用染色才能辨别。线粒体的数目随不同的细胞而不同。分泌细胞、生殖细胞中线粒体多，大鼠肝细胞中线粒体可多达 800 多个。

线粒体是由内外两层膜包裹的囊状细胞器，囊内充以液态的基质。内外两膜间有腔，外膜平整无折叠，内膜向内折入形成嵴。嵴的存在大大增加了内膜的表面积，有利于生物化学反应的进行。用电镜可以看到，内膜表面上有许多带柄的、直径约为 8.5nm 的小球，称为 ATP 合成酶复合体。线粒体是细胞呼吸及能量代谢的中心，含有细胞呼吸所需要的各种酶和电子传递载体。细胞呼吸中的电子传递过程就发生在内膜的表面，而 ATP 合成酶复合体则是 ATP 合成所在之处。此外，线粒体基质中还含有 DNA 分子和核糖体。

（5）溶酶体。动物、真菌和一些植物细胞中有一些单层膜包裹的小泡，数目或多或少，有大有小，内含 40 种以上水解酶，可催化蛋白质、多糖、脂类，以及 DNA 和 RNA 等大分子的降解，这就是溶酶体（lysosome）。

溶酶体是由高尔基体断裂产生的，溶酶体的功能是消化从外界吞入的颗粒和细胞本身产生的碎渣。溶酶体是酸性的，它通过膜上的 H^+ 泵使氢离子从细胞质进入溶酶体内，使其 pH 保持在 4.8 或更低的水平。溶酶体的各种酶只有在酸性环境中才有活性。它们如果漏出而进入中性的细胞质中，则会失去活性。

（6）微体。细胞中还有一种和溶酶体很相似的小体，也成单层膜的泡状，但所含的酶却和溶酶体不同，称为微体（microbody），包括过氧化物酶体和乙醛酸循环体。

过氧化物酶体（peroxisome）是动、植物细胞都有的微体，共同特点是内含一至多种依赖于黄素（flavin）的氧化酶和过氧化氢酶，已发现 40 多种氧化酶，如 L-氨基酸氧化酶、D-氨基酸氧化酶等，其中尿酸氧化酶（urate oxidase）的含量极高，以至于在有些种类形成酶结晶构成的核心。过氧化物酶体中含有氧化酶，主要功能是催化脂肪酸的 β 氧化，将长链脂肪酸分解为短链脂肪酸。细胞中大约有 20% 的脂肪酸是在过氧化物酶体内氧化分解的。氧化反应产生对细胞有毒的 H_2O_2。但过氧化物酶体中存在的过氧化氢酶（是过氧化物酶体的标志酶），它们能使 H_2O_2 分解，生成 H_2O 和 O_2，从而起解毒作用。有些细胞，如肝细胞、肾细胞中过氧化物酶体的过氧化氢酶还能利用 H_2O_2 来解毒，即通过过氧化氢酶的作用使酚、甲酸、甲醛和乙醇等毒物氧化、排出。人们饮入的酒精，有 25% 以上是在过氧化物酶体中被氧化的。

另一种微体称乙醛酸循环体（glyoxysome），这是只存在于植物细胞中的一种微体。在种子萌发生成幼苗的细胞中，乙醛酸循环体特别丰富，细胞中脂类转化为糖的过程就发生在这种微体中。动物细胞没有乙醛酸循环体，不能将脂类转化为糖。

（7）细胞骨架。包围在各细胞器外面的细胞质基质不是简单的均质液体，而是含有一个由 3 种蛋白质纤维构成的支架，即细胞骨架（cytoskeleton）。这 3 种蛋白质纤维是微管、肌动蛋白丝和中间丝（中间纤维）。

a. 微管（microtubule），是宽约 24nm 的中空长管状纤维。构成微管的蛋白质称微管蛋白（tubulin），分为 α 微管蛋白和 β 微管蛋白两种亚基，两者的相对分子质量均为 55 000 左右。两种亚基按螺旋排列，盘绕而成一层分子的微管管壁。

b. 微丝，又称肌动蛋白丝（actin filament），是实心纤维，直径 4～7nm，由肌动蛋白（actin）构成。肌动蛋白单体呈哑铃形，单体相连成串，两串以右手螺旋形式扭缠成束，即成肌动蛋白丝。肌动蛋白丝分布普遍，动、植物细胞中都有。横纹肌中的细肌丝就是肌动蛋白丝，在纤维细胞和肠微绒毛中也有丰富的肌动蛋白丝。肌动蛋白丝很容易解聚而成单体，单体也很容易重新聚合。

c. 中间纤维。构成中间纤维的蛋白质有 5 种之多，常见的有角蛋白（keratin），是构成上皮细胞中的中间纤维；波形蛋白（vimentin），是构成成纤维细胞中的中间纤维；层粘连蛋白（laminin），是上皮组织基础膜的主要成分，细胞核膜下面的核纤层也是这种中间纤维构成的。

（8）中心粒。中心粒（centriole）是由微管构成的细胞器，中心体大都存在于动物细胞，植物细胞没有中心粒，原始种类的植物常具有生毛体，功能上类似于中心体。

通常一个细胞中有两个中心粒，彼此成直角排列：每个中心粒是由排列成圆筒状的 9 束三体微管组成的，中央没有微管，与鞭毛的基粒相似，两者是同源器官。中心粒是埋藏在一团特殊的细胞质，即中心体（centrosome）之中的，中心体又称微管组织中心，因为许多微管都是从这里放射状地伸向细胞质中的。细胞分裂时纺锤体微丝（极微丝）都是从中心体伸出的。

（9）鞭毛和纤毛。鞭毛（flagellum）和纤毛（cilium）是细胞表面的附属物，它们的功能是运动。鞭毛和纤毛的基本结构相同，两者的区别主要在于长度和数量。鞭毛较长，一个细胞常只有一根或少数几根；纤毛很短，但很多，常覆盖细胞全部表面。鞭毛和纤毛的基本结构成分都是微管。在鞭毛或纤毛的横切面上可以看到四周有 9 束微管，每束由两根微管组成，称为二联体微管，中央是两个单体微管，这种结构模式称为 9+2 排列。鞭毛和纤毛的基部与埋藏在细胞质中的基粒相连。基粒也是由 9 束微管构成，不过每束微管是由 3 根微管组成的，称为三联体微管，并且基粒的中央是没有微管的。许多单细胞藻类、原生动物及各种生物的精子都有鞭毛或纤毛。多细胞动物的一些上皮细胞，如人气管上皮细胞表面，也密生纤毛。鞭毛和纤毛的摆动可使细胞运动，如草履虫、眼虫的游泳运动；或者使细胞周围的液体或颗粒移动，如气管内表面上皮细胞的纤毛摆动，可将气管内的黏液和尘埃等异物移开。

（10）质体。质体（plastid）是植物细胞特有的细胞器，是与碳水化合物合成和储存有关的一类细胞器，在高等植物中分为叶绿体（chloroplast）、白色体（leucoplast）和有色体（chromoplast）三种。在低等植物中常称色素体或载色体。白色体主要存在于分生组织及不见光的细胞中。各种白色体可含有淀粉（如马铃薯的块茎中），也可含有蛋白质或油类。菜豆的白色体既含有淀粉又含有蛋白质。有色体含有各种色素。有些有色体含有类胡萝卜素，花、成熟水果及秋天落叶的颜色主要是这种质体所致。西红柿的红色来自一种含有特殊的类胡萝卜素和番茄红素的质体。叶绿体的形状、数目和大小随不同植物和细胞而不同。藻类一般每个细胞只有一个、两个或少数几个色素体。高等植物细胞中叶绿体通常呈椭圆形，数目较多，少者 20 个，多者可达 100 多个。叶绿体在细胞中的分布与光照有关。叶绿体的表面和线粒体一样有两层膜。叶绿体内部是一个悬浮在电子密度较低的基质之中的复杂膜系统。这一膜系统由一系列排列整齐的扁平囊组成。这些扁平囊称为类囊体（thylakoid）。有些类囊体有规律地重叠在一起称为基粒（granum）。每一基粒中类囊体的数目少者不足 10 个，多者可达 50 个以上。光合作用的色素和电子传递系统都位于类囊体膜上。在各基粒之间还有基质类囊体（stroma thylakoid）与基粒类囊体相连，从而使各类囊体的腔彼此相通。

（11）液泡。液泡是细胞质中由单层膜包围的泡，是普遍存在于植物细胞中的一种细胞器。原生动物的伸缩泡也是一种液泡。植物细胞中的液泡有其发生发展过程。年幼的细胞含有分散的小液泡，而在成长过程中这些小液泡就逐渐合并而发展成一个大液泡，占据细胞中央很大部分，而将细胞质和细胞核挤到细胞的周缘。植物液泡常含有无机盐、有机酸及各种色素，特别是花青素（anthocyanidin）等。细胞液是高渗的，所以植物细胞才能经常处于吸涨饱满的状态。细胞液中的花青素与植物颜色有关，花、果实和叶的紫色、深红色都是取决于花青素的。此外，液泡还是植物代谢废物囤积的场所，这些废物常以晶体的状态沉积于液泡中。

3）细胞核　　一切真核细胞都有完整的细胞核。哺乳动物血液中的红细胞、维管植物的筛管细胞等没有细胞核，但它们最初也是有核的，后来在发育过程中消失了。有些细胞是多核的，大多数细胞则是单核的，如真菌营养菌丝的细胞有单核、双核或多核的。遗传物质主要是位于核中。细胞核包括核被膜、染色质、核仁和核质等部分。

（1）核膜。核膜也称核被膜，包在核的外面，结构复杂，包括核膜和核纤层两部分。核膜由两层膜组成，厚 7～8nm。两膜之间为核周腔，宽 10～50nm。大多数细胞中，外膜延伸而与细胞质中糙面内质网相连。核膜内侧有核纤层，其成分是一种纤维蛋白，称核纤层蛋白（lamin）。核膜上有小孔，称核孔（nuclear pore），直径 50～100nm，数目不定，一般有几千个。在大的细胞，如两栖类卵母细胞，核孔可达百万。核孔构造复杂，含 100 种以上蛋白质，并与核纤层紧密结合，称为核孔复合体。

（2）染色质。细胞核中能被碱性染料强烈着色的物质，称为染色质（chromatin）。常分为常染色质（euchromatin）和异染色质（heterochromatin）。真核细胞染色质的主要成分是 DNA 和蛋白质，也含少量 RNA。染色质中的蛋白质分组蛋白和非组蛋白，组蛋白富含赖氨酸和精氨酸，两者都是碱性氨基酸，所以组蛋白是碱性的，能和带负电荷（磷酸基团）的 DNA 结合。染色质中组蛋白和 DNA 含量的比例一般为 1 : 1。组蛋白分为 5 种，它们各有不同的功能。非组蛋白种类很多，一些有关 DNA 复制和转录的酶，如 DNA 聚合酶和 RNA 聚合酶等都属于非组蛋白。

（3）核仁。在光学显微镜下观察，核仁一般为圆球形或卵球形的嗜碱性结构，1 个至多个，在蛋白质合成旺盛的细胞中，核仁通常较大。核仁组成成分包括 rRNA、rDNA 和核糖核蛋白。核仁的主要功能是 rRNA 基因存储、rRNA 合成加工及核糖体亚单位的装配场所。

（4）核基质。过去认为核基质是富含蛋白质的透明液体，因而又称为核液（nuclear sap）。染色质和核仁等都浸浮其中。现在已知，核基质不是无结构的液体，而是成纤维状的网，布满于细胞核中，网孔中充以液体。网的成分是蛋白质。核基质是核的支架，并为染色质提供附着的场所。

4）细胞壁　　动物细胞没有细胞壁，只有植物细胞具有细胞壁。细胞壁是包围在植物细胞原生质体外面的一个坚韧的外壳。它是植物细胞特有的结构，与液泡、质体一起构成了植物细胞与动物细胞相区别的三大结构特征。

细胞壁根据形成顺序和化学成分的不同分成三层：胞间层（intercellular layer）、初生壁（primary wall）和次生壁（secondary wall）。胞间层又称中层，存在于细胞壁的最外面，它的化学成分主要是果胶（pectin），这是一种无定形胶质，有很强的亲水性和可塑性，多细胞植物依靠它使相邻细胞彼此粘连在一起。果胶很易被酸或酶等溶解，从而导致细胞相互分离。初生壁是在细胞停止生长前原生质体分泌形成的壁层，存在于胞间层内侧。它的主要成分是纤维素（cellulose）、半纤维素（hemicellulose）和果胶。次生壁是细胞停止生长后，在初生壁内侧继续积累的细胞壁层。它的主要成分是纤维素，还有少量的半纤维素，并常含有木质（lignin）。

（1）细胞壁的功能：是支持和保护，同时还能防止细胞吸涨而破裂，保持细胞正常形态。植物细胞在次生加厚时，次生壁的某些部位，即初生纹孔场处不加厚，形成孔状，称为纹孔（pit）。原生质丝通过小孔而彼此相通，称胞间连丝（plasmodesmata），在高倍电子显微镜下，胞间连丝是直径约 40nm 的管状结构。

（2）细胞壁的化学组成：细胞壁最主要的化学成分为纤维素，纤维素和相对分子质量为 50 000～2 500 000。植物细胞壁中的其他化合物包括果胶质、半纤维素和非纤维素多糖。由于这些物质都是亲水性的，因此，细胞壁中一般含有较多的水分，溶于水中的任何物质都能随水透过细胞壁。

在植物体中，细胞壁常常会填充进其他物质。常见的物质有角质、栓质、木质、矿质等。角质和栓质是脂类物质，因此，角质化或栓质化的壁就不易透水，不透气，具有很好的保护作用；木质是亲水性的，它有很大的硬度，木质化的壁既加强了机械强度，又能透水；矿质主要是碳酸钙和硅化物，矿质化的壁也具有大的硬度，增加了支持力。细胞壁成分和性质上的这些差异，对于不同细胞更好地适应它所执行的功能具有重要意义。

2.1.4　植物细胞的后含物

后含物（ergastic substance）是细胞原生质体代谢的产物，其中大部分为贮藏物，少数为代谢产生的废物。后含物一般有糖类（淀粉粒）、蛋白质（糊粉粒）、脂肪（油滴）及其有关的物质（角质、栓质、蜡质、磷脂等），还有无机盐结晶（碳酸钙或草酸钙结晶）和其他有机物，如单宁、树脂、树胶、橡胶和植物碱等（图2.2）。这些物质有的存在于原生质体中，有的存在于液泡内。许多后含物对人类具有重要的经济价值。

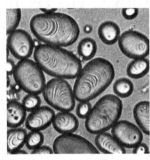
马铃薯淀粉粒

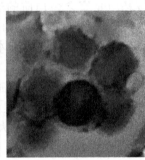
蓖麻蛋白糊粉粒

鸭跖草单晶

图 2.2　植物细胞常见的后含物（自曹建国）

2.2　细胞分裂和增殖

细胞增殖是生命的基本特征，物种的延续、个体的发育、机体的修复等都离不开细胞分裂和增殖。一个受精卵发育为初生婴儿，细胞数目增至 2×10^{12} 个，长至成年有 1×10^{14} 个，而成人体内每秒钟仍有数百万新细胞产生，以补偿血细胞、小肠黏膜细胞和上皮细胞的衰老和死亡。细胞分裂可分为无丝分裂（amitosis）、有丝分裂（mitosis）和减数分裂（meiosis）三种类型。

2.2.1　无丝分裂

无丝分裂又称为直接分裂，由 Remark 于 1841 年首次发现于鸡胚血细胞，表现为细胞核伸长，从中部缢缩，然后细胞质分裂，其间不涉及纺锤体形成及染色体变化，故称为无丝分裂。不论动物还是植物都存在无丝分裂现象，如所有的原核生物，植物的胚乳细胞，动物的胎膜、间充组织及肌肉细胞等。

2.2.2　有丝分裂

Fleming 于 1882 年在动物中发现，其特点是有纺锤体和染色体出现，子染色体被平均分配到子细胞。这种分裂方式普遍见于高等动植物细胞中。有丝分裂过程是一个连续的过程，具有周期性。为了便于描述，人为划分为间期（interphase）、前期（prophase）、中期（metaphase）、后期（anaphase）和末期（telophase）。其中间期包括 G_1 期、S 期和 G_2 期，主要进行 DNA 复制等准备工作。

1. 细胞周期

细胞周期（cell cycle）指自一次细胞分裂结束后开始到下一次细胞分裂结束为止所经历的过程，称为一个细胞周期。可分为分裂间期（interphase，gap）和分裂期（mitosis）。不同生物细胞周期略有差异。在恒定条件下，各种细胞的周期时间是恒定的。细菌在适宜条件下，一般每 20min 就分裂一次。但此种情况是较少的，绝大多数真核生物的细胞周期时间较长。例如，紫鸭跖草根尖细胞的周期约为 20h，其中分裂间期约 17.5h（G_1 期 4h，S 期 10.8h，G_2 期 2.7h），M 期 2.5h（前期 1.6h，中期 0.3h，后期及末期 0.6h）；人囊胚细胞周期为 19.5h，其中间期 18.5h（G_1 期 8h，S 期 6h，G_2 期 4.5h），M 期 1h（前期 24min，中期 5～6min，后期 10min，末期 20min）。

1）分裂间期　　分裂间期可分为 3 个阶段：G_1 期（gap1），指从有丝分裂完成到 DNA 复制之前的间隙时间，主要合成一些与分裂有关的酶，准备 DNA 合成原料等；S 期（synthesis phase），主要完成 DNA 合成；G_2 期（gap2），为细胞分裂做好准备。

2）分裂期　　从细胞分裂开始到结束为止的一个时期。可分为前、中、后、末 4 个时期（图 2.3）。

（1）前期：是指自有丝分裂期开始到核膜解体为止的时期。前期最显著的特征是染色质凝缩，染色质通过螺旋化和折叠，变短变粗，形成光学显微镜下可以分辨的染色体，每条染色体包含 2 个染色单体（chromatid）；核仁渐渐消失；前期末核膜破裂，于是染色体散于细胞质中。

（2）中期：是指自核膜破裂起到染色体排列在赤道面上姐妹染色体分开时的阶段。该阶段，染色体继续浓缩变短，与此同时，细胞形成纺锤体，纺锤体有两种类型，一种是星纺锤体，由一对中心粒分开形成，见于绝大多数动物细胞和某些低等植物细胞。另一种为无星纺锤体，纺锤体内无中心粒，见于高等植物细胞。每条染色体的两条染色单体其着丝粒分别通过纺锤丝与两极相连。通过极微管和着丝微管之间的相互作用，染色体向赤道面运动，最后各种力达到平衡，于是染色体就排列到赤道面上（equatorial plane）。中期持续时间一般较长。因中期染色体浓缩变粗，显示出该物种所特有的染色体数目和形态，因此适于做染色体的数目、形态、结构等特征的研究，可进行核型分析。

（3）后期：指每条染色体的两条姐妹染色单体分开并移向两极的过程。染色体的着丝粒在中期结束时一分为两个，然后两个染色单体的臂逐渐分开，当它们完全分开后在纺锤体的牵引下向两极移动。

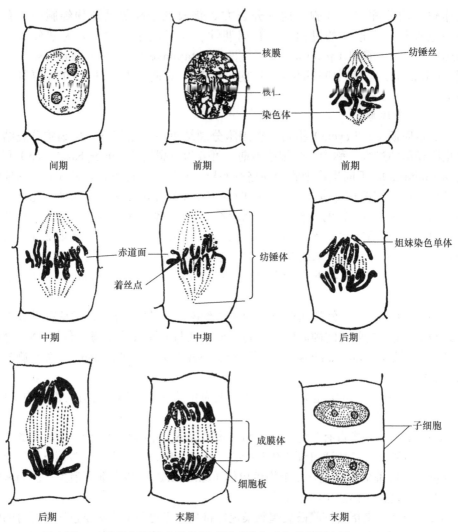

图 2.3 植物细胞的有丝分裂时期（引自王全喜和张小平，2012）

（4）末期：分离的两组染色体分别抵达两极后，在两组染色体的外围，核膜重新形成，染色体伸展延长，最后成为染色质。核仁也开始出现，细胞核恢复新间期时的形态。至此，细胞核的有丝分裂结束。

2. 细胞质分裂

在有丝分裂后期或末期，细胞质开始分裂，这一点动物细胞和高等植物细胞有所不同。动物细胞在末期结束后，中心体中的 2 个中心粒即开始复制而成 2 对中心粒，细胞膜在两极之间的"赤道"上形成一个由肌动蛋白微丝和肌球蛋白构成的环带。微丝收缩使细胞膜以垂直于纺锤体轴的方向向内凹陷，形成环沟，环沟逐渐加深，最后将细胞分割成为 2 个子细胞。

植物细胞质的分裂不是在细胞表面出现环沟，在细胞分裂的晚后期和末期，残留的纺锤体微管在细胞赤道面的中央密集成圆柱状结构，称为成膜体（图2.3），其内部微管以平行方式排列；同时，带有细胞壁前体物质的高尔基体或内质网囊泡也向细胞中央集中，它们在赤道面上彼此融合而成细胞板（图2.3），由细胞板发育为新的细胞壁，将2个子细胞分隔开来。

2.2.3　减数分裂

　　减数分裂（meiosis）的特点是DNA复制一次，而细胞连续分裂两次，形成单倍体的生殖细胞。一般而言，动物减数分裂产生单倍的配子，植物减数分裂产生单倍的孢子。单倍的配子通过受精作用又恢复二倍体，减数分裂过程中同源染色体间发生交换，使单倍的生殖细胞遗传多样化，增加后代的适应性，因此减数分裂不仅是保证生物物种染色体数目稳定的机制，而且也是物种适应环境变化不断进化的机制。

　　减数分裂过程如下。

　　1．减数分裂Ⅰ

　　1）间期　　有丝分裂细胞在进入减数分裂之前要经过一个较长的间期，称前减数分裂间期（premeiotic interphase），也可分为G_1期、S期和G_2期。实验过程中人们发现在G_1期和S期将麝香百合的花粉母细胞在体外培养，则发现细胞进行有丝分裂；如果将G_2晚期的细胞在体外培养则向减数分裂进行，这说明G_2期是有丝分裂向减数分裂转化的关键时期。

　　2）分裂期

　　（1）前期Ⅰ：减数分裂的特殊过程主要发生在前期Ⅰ，其通常被人为划分为5个时期：细线期（leptotene）、偶线期（zygotene）、粗线期（pachytene）、双线期（diplotene）和终变期（diakinesis）。

　　a．细线期：染色体呈细线状，具有念珠状的染色粒。持续时间最长，占减数分裂周期的40%。细线期虽然染色体已经复制，但光镜下分辨不出两条染色单体。由于染色体细线交织在一起，偏向核的一方，所以又称为凝线期（synizesis），在有些物种中表现为染色体细线一端在核膜的一侧集中，另一端放射状伸出，形似花束，称为花束期（bouquet stage）。

　　b．偶线期：持续时间较长，占有丝分裂周期的20%，是同源染色体配对的时期，这种配对称为联会（synapsis）。这一时期同源染色体间形成联会复合体（synaptonemal complex，SC）。在光镜下可以看到两条结合在一起的染色体，称为二价体（bivalent）。每一对同源染色体都经过复制，含4个染色单体，所以又称为四分体（tetrad）。

　　c．粗线期：持续时间长达数天，此时染色体变短，结合紧密，在光镜下只在局部可以区分同源染色体，这一时期是同源染色体的非姐妹染色单体之间发生交换的时期。在果蝇粗线期SC上具有与SC宽度相近的电子致密球状小体，称为重组节，与 DNA 的重组有关。

d. 双线期：联会的同源染色体相互排斥，开始分离，但在交叉（chiasma）上还保持着联系。双线期染色体进一步缩短，在电镜下已看不到联会复合体。交叉的数目和位置在每个二价体上并非固定的，而随着时间推移，向端部移动，这种移动现象称为端化（terminalization），端化过程一直进行到中期Ⅰ。

植物细胞双线期一般较短，但在许多动物中双线期停留的时间非常长。人的卵母细胞在五个月胎儿中已达双线期，而一直到排卵都停留在双线期，排卵年龄在12~50岁之间。成熟的卵细胞直到受精后，才迅速完成两次分裂，形成单倍体的卵核。在鱼类、两栖类、爬行类、鸟类及无脊椎动物的昆虫中，双线期的二价体解螺旋而形成灯刷染色体，这一时期是卵黄积累的时期。

e. 终变期：二价体显著变短，并向核周边移动，在核内均匀散开。所以，终变期是观察染色体的良好时期。由于交叉端化过程的进一步发展，故交叉数目减少，通常只有 1~2 个交叉。终变期二价体的形状表现出多样性，如 V 形、O 形等。核仁此时开始消失，核被膜解体，但有的植物，如玉米，在终变期核仁仍然很显著。

（2）中期Ⅰ：核仁消失，核被膜解体，是进入中期Ⅰ的标志。中期Ⅰ的主要特点是同源染色体排列在赤道面上。每个二价体有 4 个着丝粒、姐妹染色单体的着丝粒定向于纺锤体的同一极，故称联合定向（co-orientation）。

（3）后期Ⅰ：二价体中的两条同源染色体分开，分别向两极移动。由于相互分离的是同源染色体，所以染色体数目减半。但每个子细胞的 DNA 含量仍为 $2C$（DNA 的 C 值是指真核生物细胞中，单倍细胞核里所拥有的 DNA 含量，常用 pg 表示）。同源染色体随机分向两极，使母本和父本染色体重新组合，产生基因组的变异。例如，人类染色体是 23 对，染色体组合的方式有 223 个（不包括交换），因此除同卵孪生外，几乎不可能得到遗传上等同的后代。

（4）末期Ⅰ：染色体到达两极后，解旋为细丝状、核膜重建、核仁形成，同时进行胞质分裂。

（5）减数分裂间期：在减数分裂Ⅰ和Ⅱ之间的间期很短，不进行 DNA 的合成，有些生物没有间期，而由末期Ⅰ直接转为前期Ⅱ。

2. 减数分裂Ⅱ

减数分裂Ⅱ可分为前、中、后、末 4 个时期，与有丝分裂相似。通过减数分裂一个精母细胞形成 4 个精子，而一个卵母细胞形成一个卵子及 2~3 个极体。

第二篇

食品植物资源

扫码见
本章彩图

3.1　细胞的分化与组织、器官的形成

多细胞生物从受精卵开始，不断地分裂与分化，从而产生形态和功能各不相同的细胞，这些不同类型的细胞进一步发育为组织。在个体发育中，具有相同来源的同一类型或不同类型的细胞群组成的结构和功能单位称为组织。由一种类型的细胞构成的组织称为简单组织；由多种类型的细胞构成的组织称复合组织。多种不同的组织进一步组合形成具有一定形态结构和功能的单位称为器官。种子植物的器官可分为营养器官和繁殖器官两类，营养器官包括根、茎、叶，繁殖器官包括花、果实、种子。

3.2　植　物　组　织

植物组织可分为简单组织和复合组织。简单组织常分为分生组织、保护组织、薄壁组织、机械组织、输导组织和分泌结构；复合组织常分为维管组织（维管束）、木质部和韧皮部等。

3.2.1　简单组织

1. 分生组织

植物发育处于胚的时期，细胞都有分裂能力。在继续发育的过程中，细胞大多陆续分化而失去了分裂能力，只有特定的未分化组织的细胞仍保留着分裂能力，这样的组织即为分生组织。有些分生组织经常处于活跃的状态，不断分裂产生新细胞，如茎尖和根尖。有些分生组织常处于潜伏状态，只在条件适宜时才进行分裂，如腋芽内的分生组织。

分生组织细胞的细胞壁薄，细胞质浓厚，没有或只有很小而不明显的液泡（图3.1）。细胞排列紧密，没有细胞间隙。根据位置可分为顶端分生组织、侧生分生组织和居间分生组织三类。

根尖和茎尖分生组织细胞的分裂面和根、茎的长轴垂直，它们不断分裂的结果为根、茎提供了新细胞，使根和茎得以伸长生长，它们属于顶端分生组织。

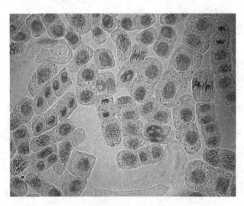

图3.1　洋葱根尖分生组织细胞
（自曹建国）

多年生植物的根、茎内部还有围绕中轴排成一环的分生组织层，称为形成层，包括维管形成层和木栓形成层。形成层细胞的分裂面和根、茎的周缘是平行的，分裂的结果使根和茎加粗，它们属于侧生分生组织。

　　居间分生组织是位于成熟组织之间的分生组织，如某些单子叶植物，特别是禾本科植物茎的节间基部及叶或叶鞘的基部都有明显的居间分生组织。

2．保护组织

　　植物的保护组织包括表皮和周皮。表皮覆盖在幼嫩组织的体表，一般是一层细胞，有时也可由多层细胞组成。表皮细胞大多扁平，形状不规则，彼此紧密镶嵌而成。表皮细胞的特点是细胞质少，液泡大，占据细胞中央大部分。茎、叶等的表皮层外面有角质层，其上还可覆盖以蜡质，可防止水分蒸发，也可以保护植物免受真菌等侵袭。叶表皮上有气孔，是气体出入的门户，气孔由 2 个保卫细胞组成，有调节气孔开关的能力（图 3.2）。

　　多年生木本植物茎干表皮细胞常因植物长粗而受到破坏，这时，植物会在表皮下方产生周皮，保护茎干。在植物的器官产生周皮时，一些成熟的细胞恢复分裂能力，成为木栓形成层。木栓形成层进行切向分裂，向外形成大量的木栓层，向内形成少量的薄壁细胞，叫栓内层。木栓层、木栓形成层和栓内层合在一起，称为周皮。周皮是次生结构的保护组织。周皮上的通气结构为皮孔。

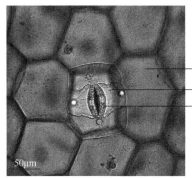

表皮细胞
副卫细胞
保卫细胞
50μm

图 3.2　鸭跖草叶片下表皮（示保护组织）
（自曹建国）

3．薄壁组织

　　薄壁组织的细胞壁薄，一般只有初生壁而无次生壁，细胞多为等径的形状，细胞质少，液泡较大，细胞排列松散，细胞间隙明显（图 3.3）。薄壁组织是植物体中分布最广的组织，各种器官（如根、茎、叶、花、果实和种子）中都含大量薄壁组织，因此也叫基本组织。叶中的薄壁细胞含叶绿体，光合作用在这些细胞中进行，被称为同化组织。根、茎表皮之下为皮层，也是薄壁组织，有储存营养物质的功能，称为贮藏组织。水稻、莲、睡莲等的根和茎中的通气组织也属于薄壁组织。此外，吸收组织是一类能从外界吸收水分和营养物质的薄壁组织，如根尖外层的表皮，其细胞壁和角质膜均薄，且部分外壁突出形成根毛，具有显著的吸收功能。

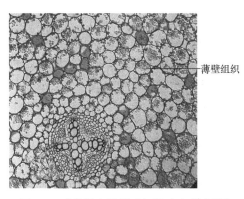

薄壁组织

图 3.3　毛茛根中的薄壁组织（自曹建国）

4. 机械组织

机械组织是植物体内起支持作用的组织。有了它，植物体才有了向高大生长的条件。机械组织可分为厚角组织和厚壁组织两类（图 3.4）。

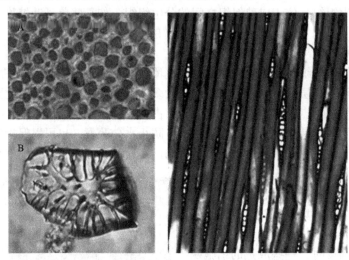

图 3.4　机械组织的类型（自曹建国）

A. 芹菜叶柄中的厚角组织；B. 梨果肉中的石细胞；C. 松树茎纵切示纤维细胞

厚角组织细胞是生活的细胞，其细胞壁在细胞的角隅处加厚。厚角组织的细胞壁主要由纤维素组成，另外还含有果胶，但不含木质，是初生壁性质。厚角组织是幼年植物和一些草本植物根、茎、叶柄的主要支持组织。

厚壁组织细胞是死细胞，其细胞壁全面加厚，所以更坚硬，支持作用更强。有时细胞壁可占据细胞大部分，细胞内腔不断缩小以至于几乎看不见。厚壁组织有两类：一类是纤维，如木纤维，细胞壁木质化，坚硬有力；又如韧皮纤维，细胞壁不木质化或只轻度木质化，故有韧性，如黄麻纤维、亚麻纤维等。另一类是石细胞，其形状不规则，是死细胞，细胞壁强烈加厚，梨果肉中的硬颗粒就是成团的石细胞。各种核果和种子的硬壳主要都是石细胞。

5. 输导组织

输导组织是植物体中担负物质长途运输的主要组织，细胞呈长管状，细胞间以不同方式相互联系，在整个植物体的各器官内成为一连续的系统。根据运输物质的不同分为两类：一类是输导水分及溶解于水中物质的导管和管胞；另一类是输导有机物质的筛管和筛胞（图 3.5）。导管普遍存在于被子植物木质部中，由许多管状死细胞以端壁连接而成。导管细胞幼时是生活细胞，细胞成熟过程中，导管分子直径显著增大，细胞间的横壁消失形成穿孔。穿孔的形成使导管中的横壁打通，成为一贯通的长管。根据导管的发育先后和侧壁木化增厚的方式不同，可将导管分为环纹、螺纹、梯纹、网纹和孔纹 5 种。筛管存在于被子植物韧皮部中，由一连串具有运输有机物质能力的管状细胞纵向连接而成。筛管细胞为长管形薄壁细胞，具活的

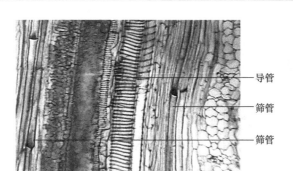

图 3.5　南瓜茎纵切示输导组织（自曹建国）

原生质体，在筛管细胞间连接的端壁上有许多筛孔，具筛孔的端壁称为筛板，筛管细胞间有较粗的联络索。筛管细胞旁有伴胞，与筛管运输物质有关。

6. 分泌结构

某些植物细胞能合成一些特殊的有机物或无机物，并把它们排出体外、细胞外或积累于细胞内，这种现象称为分泌现象。植物分泌物的种类繁多，有糖类、挥发油、有机酸、生物碱、单宁、树脂、油类、蛋白质、杀菌素、生长素、维生素及多种无机盐等，这些分泌物在植物的生活中起着多种作用。许多植物的分泌物还具有重要的经济价值，如橡胶、生漆、芳香油、蜜汁等。植物产生分泌物的细胞多样，分布方式也不尽相同，有的单个分散于其他组织中，有的集中分布，或特化成一定结构，称为分泌结构。根据分泌物是否排出体外，分泌结构可分成外分泌结构和内分泌结构两大类。

（1）外分泌结构是将分泌物分泌到植物体的表面，常见的类型有腺表皮、腺毛、蜜腺和排水器等。薰衣草、棉、烟草、天竺葵（图 3.6A、B）、薄荷等植物的茎和叶上具有腺毛。许多木本植物，如梨属、山核桃属、桦木属等，在幼小的叶片上具有黏液毛，分泌树胶类物质覆盖整个叶芽，给芽提供了一个保护性外套。食虫植物的变态叶上，有多种腺毛分别分泌蜜露、黏液和消化酶等，有引诱、黏着和消化昆虫的作用。蜜腺是一种分泌糖液的外分泌结构，存在于许多虫媒花植物的花部，如紫云英花的蜜腺是在雄蕊和雌蕊之间的花托表皮上，能分泌花蜜；旱金莲花距的内表皮上具有蜜腺，能分泌花蜜。

（2）内分泌结构的分泌物不被排到体外，包括分泌细胞、分泌腔、分泌道及乳汁管。分泌细胞可以是生活细胞或非生活细胞，但在细胞腔内都积聚有特殊的分泌物。它们一般为薄壁细胞，单个地分散于其他细胞之间，细胞体积通常明显地较周围细胞大，根据分泌物质的类型，可分为油细胞（樟科、木兰科、蜡梅科等）、黏液细胞（仙人掌科、锦葵科、椴树科等）、含晶细胞（桑科、石蒜科、鸭跖草科等）、鞣质细胞（葡萄科、景天科、豆科、蔷薇科等）及芥子酶细胞（白花菜科、十字花科）等。分泌腔和分泌道是植物体内贮藏分泌物的腔或管道。例如，柑橘叶及果皮中通常看到的黄色透明小点，便是溶生型分泌腔，最初在部分细胞中形

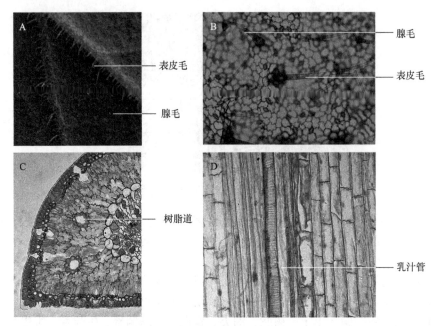

图 3.6　分泌结构的类型（自曹建国）

A、B. 天竺葵属茎上的腺毛和表皮毛；C. 松树的树脂道；D. 大蒜叶中的乳汁管

成芳香油，后来这些细胞破裂，内含物释放到溶生的腔内。松柏类木质部中的树脂道（图 3.6C）和漆树韧皮部中的漆汁道是裂生型分泌腔，它们是分泌细胞之间的中层溶解形成的纵向或横向的长形细胞间隙，完整的分泌细胞衬在分泌道的周围，树脂或漆液由这些细胞排出，积累在管道中。杧果属（*Mangifera*）的叶和茎中的分泌道就是这种类型。乳汁管是分泌乳汁的管状细胞。一般有两种类型，一种为无节乳汁管，它是一个细胞随着植物体的生长不断伸长和分枝形成的，长度可达几米以上，如夹竹桃科、桑科和大戟属植物的乳汁管；另一种称为有节乳汁管，是许多管状细胞在发育过程中彼此相连后，连接壁消失而形成的，如百合科（图 3.6D）、罂粟科、番木瓜科、芭蕉科、旋花科等植物的乳汁管。在同一植物体中有节乳汁管和无节乳汁管可同时存在，如橡胶树（*Hevea brasiliensis*）初生韧皮部中为无节乳汁管，在次生韧皮部中却是有节乳汁管。无节乳汁管随着茎的发育很早被破坏；而有节乳汁管则能保留很长时间，生产上采割的橡胶就是由它们分泌的。乳汁的成分极端复杂，往往含有碳水化合物、蛋白质、脂肪、单宁物质、植物碱、盐类、树脂及橡胶等。各种植物乳汁的成分和颜色也不相同，如罂粟的乳汁含有大量的植物碱，菊科的乳汁常含有糖类，番木瓜的乳汁含有木瓜蛋白酶。一些科、属植物的乳汁中含有橡胶，它是萜烯类物质，呈小的颗粒悬浮于乳汁中。含胶多的植物种类成为天然橡胶的来源，其中最著名的有橡胶树、印度橡胶树（*Ficus elastica*）、橡胶草（*Taraxacum kok-saghyz*）、灰白银胶菊（*Parthenium argentatum*）和杜仲（*Eucommia ulmoides*）等。

3.2.2　复合组织

1. 维管组织（维管束）

维管组织是在蕨类和种子植物中以输导组织为主体，由输导、机械、薄壁等几种组织组成的复合组织，主要由木质部和韧皮部构成，起输导水分和营养物质的作用，并有一定支持和储藏功能。维管组织在植物体内常呈束状，称为维管束，维管束由初生木质部和初生韧皮部共同组成，如叶片中的叶脉、柑橘果皮内的橘络、丝瓜的瓜络等，主要存在于茎和叶中。双子叶植物的维管束在初生木质部和初生韧皮部间存在着形成层，可以产生新的木质部和新的韧皮部，因此，它是可以继续进行发育的，称为无限维管束。单子叶植物维管束中没有形成层，不能再发育出新的木质部和韧皮部，称为有限维管束。根据维管束中木质部和韧皮部的位置不同，又可分为外韧维管束、双韧维管束、周韧维管束、周木维管束和辐射维管束等类型。植物体中的维管束相互连接构成维管系统。

2. 木质部

木质部是维管组织的组成部分，由管胞（裸子植物）、导管（被子植物）、木纤维、木薄壁细胞等类型的细胞构成，是主要起运输水分作用的复合组织，兼有支持和储藏功能。

3. 韧皮部

韧皮部也是维管组织的组成部分，由筛胞（裸子植物）、筛管（被子植物）、伴胞、韧皮纤维和韧皮薄壁细胞等类型的细胞构成，是主要运输有机营养物质的复合组织，兼有支持和储藏功能。

3.3　植物的营养器官

根、茎和叶与植物营养物质的吸收、合成、运输和贮藏有关，因此称为营养器官。

3.3.1　根

1. 根的生理功能

根是植物适应陆地生活在进化中逐渐形成的器官，它具有吸收、固着、输导、合成、储藏和繁殖等功能。

2. 根系

一株植物地下部分根的总和称为根系。根系有两种基本类型，即直根系和须根系。有明显的主根和侧根之分的根系，称为直根系，如松、柏、棉、油菜、蒲公英等的根系。无明显的主根和侧根之分的根系，或根系全部由不定根及其分支组成，粗细相近，无主次之分，而呈须状的根系，称为须根系，如禾本科的稻、麦，以及鳞茎植物葱、韭、蒜、百合等单子叶植物和某些双子叶植物的根系，如车前。

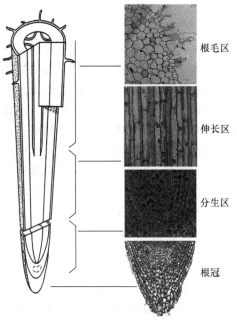

根毛区

伸长区

分生区

根冠

图 3.7 根尖的结构（引自曹建国等，2012）

3. 根的结构

1）根尖的结构 根尖是指根的顶端到着生根毛部分的这一段，它是根中生命活动最旺盛、最重要的部分。根的伸长、水分和养料的吸收、根内组织的形成等主要是在根尖进行的。因此，根尖的损伤会直接影响到根的继续生长和吸收作用的进行。根尖可以分为根冠、分生区、伸长区和成熟区 4 个部分（图 3.7）。

（1）根冠。根冠位于根的先端，一般圆锥状，由许多排列不规则的薄壁细胞组成，其作用是保护根的顶端分生组织。根尖不断地向下生长，遇到砂砾，容易遭受伤害。根冠在前端，和土壤中的砂砾不断地发生摩擦，遭受伤害，死亡脱落，对分生区起保护作用。有些根冠的外层细胞还能产生黏液，使根尖穿越土粒缝隙时减少摩擦。

（2）分生区。分生区是位于根冠内的顶端分生组织，包括原分生组织和初生分生组织。原分生组织位于前端，由原始细胞及其最初的衍生细胞构成，细胞较少分化；初生分生组织位于原分生组织后方，由原分生组织的衍生细胞组成，初生分生组织的活动形成根的初生结构。

（3）伸长。伸长区位于分生区稍后方的部分，细胞分裂已逐渐停止，且体积扩大，细胞沿根的长轴方向延伸。伸长区一般长 2～5mm。伸长区除细胞的显著延伸外，细胞也在加速分化，最早的筛管和环纹导管往往出现在这个区域。

（4）成熟区。成熟区是位于伸长区后方的部分，它的各种细胞已停止伸长，并且多已分化成熟。成熟区表皮常产生根毛，也称根毛区。根毛是由表皮细胞外壁延伸而成，是根的特有结构，一般呈管状，角质层极薄，不分枝，长 0.08～1.5mm，数目多少不等。根毛在发育中和土壤颗粒密切结合，这是由于它的外壁上存在着黏液和果胶质，加强了这种接触，有利于根毛的吸收和固着作用。伸长区和具根毛的成熟区是根的吸收力最强的部分，失去根毛的成熟区部分，主要是进行输导和支持功能。

2）根的初生结构 根初生分生组织的活动叫作初生生长，初生生长产生的各种成熟组织属于初生组织，它们共同组成根的初生结构。因此，在根尖的成熟区做一横切面，就能看到根的全部初生结构，由外至内分别为表皮、皮层和维管柱 3 个部分（图 3.8）。

（1）表皮。根的成熟区最外面具有表皮，一般由一层表皮细胞组成。表皮细胞近长方形，细胞的纵轴和根的纵轴平行，排列整齐紧密。根的表皮细胞壁相对植物其他部位较薄，角质层薄，不具气孔；部分表皮细胞的外壁向外突起，延伸成根毛。

（2）皮层。皮层是表皮以里，维管柱以外的部分，由薄壁细胞组成，细胞壁薄，细胞间排列疏松，具有细胞间隙。很多单子叶植物根皮层最外面的一至数层细胞排列紧密，没有细胞间隙，叫外皮层。皮层最内的一层细胞排列整齐紧密，无细胞间隙，称为内皮层。双子叶植物内皮层细胞的径向壁和横向壁的初生壁上常有栓质化和木质化增厚成带状的壁结构，成一整圈，称凯氏带。凯氏带不透水，并与质膜紧密结合在一起，致使根部吸收的物质自皮层进入维管柱时，必须经过内皮层细胞的原生质体，而质膜的选择透性使根对所吸收的物质有了选择性。因此，内皮层的这一结构对于根的吸收作用具有特殊意义。

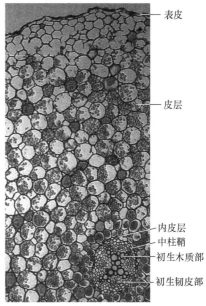

图 3.8　根的初生结构（自曹建国）

（3）维管柱。维管柱是内皮层以内的部分，结构比较复杂，包括中柱鞘和初生维管组织。中柱鞘是维管柱的最外面一层或几层薄壁组织细胞，其外紧贴着内皮层。它保持着潜在的分生能力。部分的维管形成层、木栓形成层、不定芽、侧根和不定根都可由中柱鞘的细胞产生。初生维管组织包括初生木质部和初生韧皮部，它们相间排列，各自成束。不同植物的根中，木质部的束数是相对稳定的。例如，烟草、油菜、萝卜、胡萝卜、芥菜等是 2 束，这种根称为二原型；紫云英、豌豆等是 3 束，称为三原型；蚕豆、落花生、棉、向日葵等是 4 束，称为四原型；茶、马铃薯是 5 束，葱是 6 束，葡萄、菖蒲、棕榈、鸢尾、玉米等多于 6 束，这些多于 4 束的，统称为多原型。

3）侧根的发生　　主根、侧根和不定根所产生的分支根，统称为侧根。侧根起源于中柱鞘。当侧根开始发生时，中柱鞘的某些细胞开始分裂。最初的几次分裂是平周分裂，使细胞层数增加，因而新生的组织就产生向外的突起。以后的分裂，包括平周分裂和垂周分裂是多方向的，使原有的突起继续生长，形成侧根的根原基。以后根原基的分裂、生长、逐渐分化出生长点和根冠。生长点的细胞继续分裂、增大和分化，并以根冠为先导向前推进。由于侧根不断生长所产生的机械压力和根冠所分泌的物质能溶解皮层和表皮细胞，使侧根较顺利无阻地依次穿越内皮层、皮层和表皮，露出母根以外，进入土壤。

4）根的次生结构　　一年生双子叶植物和大多数单子叶植物的根都由初生生长完成它们的一生，而大多数双子叶植物和裸子植物的根却经过次生生长，形成次生结构。

　　根的次生结构是由次生分生组织的活动产生的，根内次生分生组织，即侧生分生组织，包括维管形成层和木栓形成层（图3.9）。

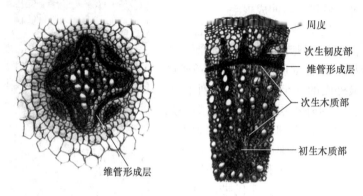

图3.9　根的次生结构

　　（1）维管形成层的发生及其活动。维管形成层发生时，首先初生木质部与初生韧皮部之间的薄壁细胞恢复分裂能力，成为维管形成层的最初部分，为条状；以后逐渐向两侧扩展，直到初生木质部顶端处，在该处和中柱鞘相接，这时中柱鞘细胞也恢复分裂能力，参与维管形成层的形成。至此，条状的维管形成层彼此相衔接，成为完整、连续的波状形成层环。在维管形成层的活动中，位于韧皮部内侧的维管形成层部分，由于形成早，分裂快，所产生的次生维管组织数量多，把凹陷处的形成层向外推移，最后使整个形成层成为一个完整的圆形。

　　维管形成层出现后，主要是进行平周分裂。维管形成层向内分裂产生新的木质部，加在初生木质部的外方，称为次生木质部；向外分裂形成新的韧皮部，加在初生韧皮部的内方，称为次生韧皮部。次生木质部和次生韧皮部，合称次生维管组织，是根次生结构的主要部分。在次生木质部和次生韧皮部内，还有一些径向排列的薄壁细胞群，分别称为木射线和韧皮射线，总称为维管射线。维管射线是次生结构中新产生的组织，它从维管形成层处向内外贯穿次生木质部和次生韧皮部，作为横向运输的结构。次生木质部导管中的水分和无机盐可以经维管射线运至维管形成层和次生韧皮部。次生韧皮部中的有机养料可以通过维管射线运至维管形成层和次生木质部。维管射线的形成使根的维管组织内有轴向系统（导管、管胞、筛管、伴胞、纤维等）和径向系统（射线）之分。

　　（2）木栓形成层的发生及其活动。由于每年增生新的次生维管组织，表皮和皮层因内部组织的增加而受挤压、破坏和剥落。这时，根的中柱鞘细胞恢复分裂能力，形成木栓形成层。木栓形成层进行平周分裂，向外方产生大量木栓层细胞，覆盖在根表面，起保护作用，向内形成少量薄壁组织，即栓内层。木栓形成层和它所形成的木栓层和栓内层总称周皮，是根加粗后所形成的次生保护组织。最早的木栓形成层产生于中柱鞘，以后，新木栓形成层的发生就逐渐内移，可深达次生韧皮部的外方，并继续形成新的木栓层，因此，根的外面始终有木栓层覆盖。

3.3.2　茎

茎是组成植物地上部分的枝干，主要功能是输导和支持，其次还有储藏和繁殖功能。

1．茎的形态

茎的外形多数呈圆柱形，有些植物的茎呈三角形（如莎草）、方形（如蚕豆、薄荷）或扁平形（如昙花、仙人掌）。茎上着生叶的部位称为节，两个节之间的部分称为节间。在节上着生叶，在叶腋和茎的顶端具有芽。多年生落叶乔木和灌木的冬枝，除了节、节间和芽以外，还可以看到叶痕、维管束痕、芽鳞痕和皮孔等（图 3.10）。茎上叶脱落后留下的痕迹叫叶痕。在叶痕内，叶柄和茎内维管束分离后留下的痕迹称维管束痕。鳞芽展开时，其外的鳞片脱落后留下的痕迹即为芽鳞痕。皮孔是周皮上的通气结构，是植物气体交换的通道。

图 3.10　桃茎外形
（引自曹建国等，2012）

2．茎的类型

1）茎的生长习性　　不同植物的茎在长期的进化过程中，有各自的生长习性，形成了 4 种不同的类型。

（1）直立茎。茎的生长方向与根相反，是背地性的，垂直向上生长，这种茎叫直立茎，大多数植物为直立茎，如玉米、柳树等。

（2）攀缘茎。茎细长柔软而不能直立，必须利用一些变态器官，如卷须、吸盘、气生根等攀缘于其他物体之上，才能向上生长，这样的茎叫攀缘茎，如丝瓜、葡萄、豌豆、爬山虎、常春藤等。

（3）缠绕茎。茎也是细长，茎本身缠绕于其他物体上，不形成特殊的攀缘器官，如牵牛、紫藤、山药等。具有攀缘茎和缠绕茎的植物，统称藤本植物。

（4）匍匐茎。有些植物的茎是平卧在地面上蔓延生长的，这种茎叫匍匐茎。匍匐茎节间长，节上生有不定根，如草莓、甘薯等。

2）茎的分枝　　分枝是植物生长时普遍存在的现象，一般具有规律性。种子植物的分枝方式有以下 3 种类型。

（1）单轴分枝。植物在生长过程中有明显的顶端优势，由顶芽不断向上生长形成主轴，侧芽发育形成侧枝，侧枝又以同样的方式形成次级侧枝，但主轴的生长明显，并占绝对优势。这种分枝方式叫单轴分枝，如裸子植物和一些被子植物（如杨树）等。

（2）合轴分枝。主干的顶芽在生长季节中，生长迟缓或死亡，或顶芽为花芽，就由紧接着顶芽下面的腋芽伸展，代替原有的顶芽，每年同样地交替进行，使主干继续生长，这种主干是由许多腋芽发育而成的侧枝联合组成，称为合轴分枝，如香樟、黄杨等。

（3）假二叉分枝。具对生叶的植物在顶芽停止生长后，或顶芽是花芽，在花芽开花后，由顶芽下的两侧腋芽同时发育成二叉状分枝，称为假二叉分枝，如丁香、七叶树等。

3. 茎的结构

1）芽

（1）芽的概念和类型。芽是处于幼态而未伸展的枝、花或花序。芽可以分为不同的类型，按芽发生的位置可分为定芽和不定芽。定芽又可分为顶芽和腋芽两种。一般生在主干或侧枝顶端的芽叫顶芽。着生在叶腋处的芽叫腋芽。产生于茎的节间、老茎、根或叶上，这些没有固定着生部位的芽，被称为不定芽。

按芽鳞的有无分为裸芽和鳞芽。大多数多年生的木本植物，芽外部形成鳞片，包被在芽的外面，保护幼芽越冬，称鳞芽。一年生植物和一些两年生植物，芽外没有芽鳞包被，这种芽叫裸芽，如黄瓜、棉花、油菜等。

按芽形成的器官性质分为枝芽、花芽和混合芽。芽发育开放后形成茎和叶，叫枝芽，枝芽是枝条的原始体。芽发育开放后形成花或花序的为花芽，花芽是花的原始体，由花部原基构成。如果一个芽开放后既产生枝叶又有花形成，称为混合芽，混合芽是枝和花的原始体。

按芽的生理活动状态分为活动芽和休眠芽。在当年生长季节可以开放形成新枝、花或花序的芽，叫活动芽，一般一年生草本植物的芽都是活动芽。多年生木本植物，通常只有顶芽和顶芽附近的侧芽能够生长，为活动芽，而下部的芽在生长季节不活动，保持休眠状态，始终以芽的形式存在，称为休眠芽。

（2）芽的结构。将枝芽纵切，可以看到其由顶端分生组织（即生长点）、叶原基、幼叶和腋芽原基构成（图3.11）。顶端分生组织位于枝芽上端，叶原基是近顶端分生组织下面的一些突起，是叶的原始体。由于芽的逐渐生长和分化，叶原基越向下越长，较下面的已长成为幼叶。腋芽原基是在幼叶叶腋内的突起，将来形成腋芽，腋芽以后会发育成侧枝，因此，腋芽原基也称为侧枝原基或枝原基。枝芽内叶原基、幼叶等各部分着生的轴，称为芽轴。

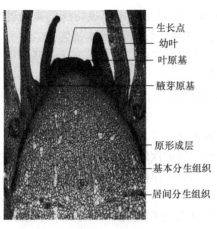

图 3.11　芽的结构（自曹建国）

2）茎的初生结构　植物茎的初生结构是由初生分生组织活动产生的，双子叶植物茎的初生结构从外到内包括表皮、皮层和维管柱3个部分（图3.12）。

（1）表皮。茎的表皮细胞为狭长形，它的长轴和茎的纵轴平行，表皮细胞内有发达的液泡，暴露在空气中的切向壁比其他部分厚，具角质层，有时还有蜡质，这些特点既能控制蒸腾，也能增强表皮的坚韧性，是地上茎表皮细胞常具的特征。表皮上除了有气孔外，有时还分化出各种形式的毛状体，包括分泌挥发油、黏液等的腺毛。毛状体中较密的茸毛可以反射强光、降低蒸腾，坚硬的毛可以防止动物侵害。

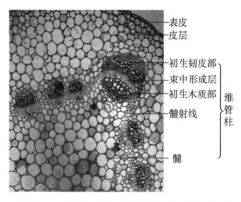

图 3.12　花生茎的初生结构（自曹建国）

（2）皮层。皮层位于表皮内方，是表皮和维管柱之间的部分，为多层薄壁细胞所组成，排列疏松，有明显的胞间隙。在许多茎中，皮层的外围分化出一圈连续或不连续的厚角组织或厚壁组织（纤维或石细胞），起增加支撑的作用。

（3）维管柱。维管柱是皮层以内的部分，多数双子叶植物茎的维管柱包括维管束、髓和髓射线等部分。

a. 维管束。维管束轮状排列成一圈，一般初生韧皮部在外，初生木质部在内，组成在同一半径上内外相对排列的维管束，属外韧维管束，是种子植物中的普遍类型。在初生木质部和初生韧皮部之间存在着由顶端分生组织保留下来的束中形成层，将来可分裂产生新的木质部和韧皮部，属于无限维管束。初生韧皮部是由筛管、伴胞、韧皮纤维和韧皮薄壁细胞组成，其主要功能是输导有机物。初生木质部由导管、木纤维和木薄壁细胞组成，主要功能是输导水分和无机盐，并兼有支持作用。

b. 髓。髓是茎的中心部分，一般由薄壁细胞组成，通常能贮藏各种内含物，如单宁、晶体和淀粉粒等。有些植物茎的髓中有石细胞。有些在髓的周围部分有紧密排列的小细胞，称为环髓带。有些植物茎在生长过程中，节间部分的髓常被拉开，形成片状髓或髓腔。

c. 髓射线。髓射线是维管束之间的薄壁组织，位于皮层和髓之间，在横切面上呈放射状，外连皮层，内通髓，为初生射线，有横向运输的作用。同时髓、髓射线和皮层一起，也是茎内贮藏营养物质的组织。

3）茎的次生结构　　多年生双子叶植物茎与其根一样，除了初生结构以外，还有侧生分生组织产生的次生结构。侧生分生组织和根中一样，也包括维管形成层与木栓形成层两类。维管形成层和木栓形成层细胞分裂、生长和分化，产生次生结构的过程叫次生生长。次生结构也包括次生维管组织（次生木质部和次生韧皮部）和次生保护组织（周皮）（图3.13）。

（1）维管形成层的发生及其活动。维管形成层形成时，首先出现了束中形成层。当束中形成层开始活动后，初生维管束之间与束中形成层部位相当的髓射线薄壁细胞也脱分化，恢复分裂能力，形成次生分生组织，叫束间形成层。束间形成层与束中形成层相连接，形成一个连续的维管形成层环。维管形成层主要进行平周分

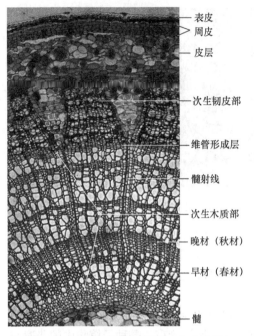

表皮
周皮
皮层

次生韧皮部

维管形成层

髓射线

次生木质部

晚材（秋材）

早材（春材）

髓

图 3.13　四年生椴树茎横切（自曹建国）

裂，向外形成次生韧皮部细胞，添加在原有的初生韧皮部的内方；向内形成次生木质部细胞，添加在原有的初生木质部的外方。由于形成层内方的次生木质部不断增加，使茎不断增粗。

双子叶植物次生韧皮部的组成基本上和初生韧皮部相似，包括筛管、伴胞、韧皮薄壁组织和韧皮纤维，有时还具有石细胞（如麻栎、水青冈）或乳汁管（如三叶橡胶、杜仲），此外，还具有韧皮射线。形成层产生次生韧皮部的量要比次生木质部少；筛管的输导作用通常只能维持一至两年，就被新生筛管分子所更新，这些衰老的筛管及一些韧皮薄壁细胞渐渐被挤毁；在木本植物老茎中，次生韧皮部又是木栓形成层发生的场所，此处的周皮一旦形成，其外方的部分韧皮部

就会死亡，成为干树皮的一部分。因此，茎中次生韧皮部比次生木质部要少得多。

维管形成层产生次生木质部细胞的数量远较次生韧皮部为多。因此，就木本植物来说，茎的绝大部分是次生木质部。次生木质部是树木的主要输水结构和支持结构，也是木材的来源。双子叶植物茎的次生木质部在组成上和初生木质部基本相似，包括导管、管胞、木薄壁组织和木纤维。次生木质部还具有木射线，木射线细胞是薄壁细胞，细胞壁常木质化。

多年生木本植物的次生木质部又称木材，在形成过程中可出现生长轮和心材、边材等形态特征。生长轮习惯上称为年轮，是维管形成层季节性活动的结果。在温带，随着气候逐渐变暖，春、夏季里，维管形成层分裂活动渐渐增强，产生的细胞数量增多，导管和管胞的口径大而壁较薄，木纤维成分较少，因而木材质地较疏松，颜色较浅，称为早材或春材；夏末秋初气候条件渐不适宜树木生长时，形成层活动随之减弱，产生的细胞数量减少，导管和管胞口径小而壁较厚，木纤维较多，使这部分木材质地致密，色泽较深，称为晚材或秋材。一年之中，由早材到晚材是逐渐过渡的；但经冬季休眠，在第一年晚材与第二年早材之间的变化则是明显的，因而形成了明显的同心圆环。同一年内形成的早材和晚材构成一个生长轮，可依其计算树木的年龄。由于生长轮实际反映的是生长环境的变迁和植物本身的生长状况，因此，可以结合当地气候条件和抚育管理措施对生长轮进行比较分析，从中总结出树木快速生长的规律，并从树木生长的变化中了解当地历年及远期气候变化的情况和规律。

茎的构造通常是通过茎的横向、径向和切向三个切面来了解的。横切面是与茎的纵轴垂直所做的切面。在横切面上可以看到导管、管胞、木薄壁细胞和木纤维等的直径大小和横切面的形状，所见射线是从中心向四周发射的辐射状线条，显示射线的长度和宽度。径向切面是通过茎的轴心与纵轴平行的切面，看到的组成分子（包括射线在内）都是纵切面，尤其是射线的高度和长度清晰可见。切向切面也称弦向切面，是不经轴心且垂直于茎的半径所做的纵切面。所见的导管、管胞、木薄壁细胞和木纤维都是纵切面，可以看到它们的长度、宽度和细胞两端的形状；所见射线是横切面，轮廓呈纺锤状。

（2）木栓形成层的发生及其活动。次生维管组织的不断增加，特别是次生木质部的增加，使茎的直径不断加粗。表皮便被内部生长所产生的压力挤破，失去其保护作用。于是，在次生维管组织的外方，几乎与次生维管组织同时产生次生保护组织，起保护作用。茎的次生保护组织形成时，茎外围的表皮或皮层细胞恢复分裂能力，形成木栓形成层。木栓形成层细胞主要进行平周分裂，向外分裂形成木栓层，向内形成栓内层。木栓层层数多，其细胞形状与木栓形成层类似，细胞排列紧密，无胞间隙，成熟时为死细胞，细胞壁栓质化，不透水，不透气；栓内层细胞层数少，多为1～3层。木栓层、木栓形成层和栓内层三者合称周皮，是茎的次生保护组织。当茎继续增粗时，在原有的周皮失去作用前，其内部又产生新的木栓形成层。新的木栓形成层产生的位置不断内移，最后则在次生韧皮部中产生。

周皮上有皮孔，使茎和外界进行气体交换。皮孔常在气孔下发生，气孔之下的细胞有不同方向的分裂，形成一团松散的组织，此后，该处产生木栓形成层，木栓形成层在该处向外分裂，产生一些细胞，与前面产生的细胞合称为补充组织。补充组织细胞的增加使表层细胞破裂，形成了在茎表面肉眼可见的裂缝，即皮孔。皮孔的形状、颜色及大小因植物而异，可作为鉴别树种的依据之一。

3.3.3 叶

叶的主要生理功能是光合作用和蒸腾作用，它们在植物的生活中具有重要意义。

1. 叶的形态

植物也通常可分为单叶和复叶。个叶柄上只生一张叶片，称为单叶。一个叶柄上生许多小叶，称为复叶。

单叶一般由叶片、叶柄和托叶三部分组成（图3.14）。具叶片、叶柄和托叶三部分的叶，称为完全叶，如梨、桃、豌豆和月季等植物的叶。只具一或两个部分的，称为不完全叶。

1）叶片的形态　植物叶片形态多样，表现为叶形不同、叶尖不同、叶基不同、叶缘不同等（图3.15）。

（1）叶形。叶片的形状主要根据叶片的长

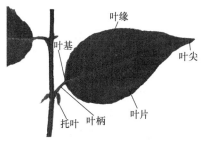

图 3.14　叶的组成（自曹建国）

蜡梅　　　女贞　　　白玉兰　　　石楠　　　贴梗海棠　　　桑

羊蹄甲　　　　木芙蓉　　　　鹰爪枫　　　　构树

八角金盘　　　　羽裳槭　　　　五叶地锦　　　　盐肤木

图 3.15　叶类型的多样性（自曹建国）

度和宽度的比值及最宽处的位置来决定。常见的有下列几种。

　　a. 针形：叶细长，先端尖锐，称为针叶，如黑松和云杉。

　　b. 线形：叶片狭长，全部的宽度约略相等，两侧叶缘近平行，称为线形叶，也称带形或条形叶，如稻、麦、韭、水仙和冷杉。

　　c. 披针形：叶片较线形为宽，由下部至先端渐次狭尖，称为披针形叶，如柳、桃。

　　d. 椭圆形：叶片中部宽而两端较狭，两侧叶缘成弧形，称为椭圆形叶，如女贞、石楠（图3.15）、多花黄精。

　　e. 卵形：叶片下部圆阔，上部稍狭，称为卵形叶，如桑、蜡梅（图3.15）、向日葵、苎麻。倒卵形，叶片上部圆阔，下部稍狭，如白玉兰（图3.15）。

　　f. 菱形：叶片成等边斜方形，称菱形叶，如菱、乌桕。

　　g. 心形：与卵形相似，但叶片下部更为广阔，基部凹入似心形，称为心形叶，如紫荆。

　　h. 肾形：叶片基部凹入成钝形，先端钝圆，横向较宽，似肾形，称为肾形叶，如积雪草、天竺葵。

　　（2）叶尖。就叶尖而言，有以下一些主要类型。

　　a. 渐尖：叶尖较长，或逐渐尖锐，如蜡梅（图 3.15）、菩提树。

　　b. 急尖：叶尖较短而尖锐，如荞麦。

　　c. 钝形：叶尖钝而不尖，或近圆形，如厚朴。

　　d. 截形：叶尖如横切成平边状，如鹅掌楸、蚕豆。

　　e. 短尖：叶尖具有突然生出的小尖，如树锦鸡儿、锥花小檗。

　　f. 骤尖：叶尖尖而硬，如虎杖、吴茱萸。

　　g. 微缺：叶尖具浅凹缺，如苋、苜蓿。

　　h. 倒心形：叶尖具较深的尖形凹缺，而叶两侧稍内缩，如羊蹄甲（图 3.15）、酢浆草。

　　（3）叶基。就叶基而言，主要的形状有渐狭、钝形、心形、截形等。此外，还有耳形、箭形、戟形、匙形、偏斜形等。

　　（4）叶缘。

　　a. 全缘：叶缘平整的，如女贞、白玉兰（图 3.15）等。

　　b. 波状：叶缘稍显凸凹而呈波纹状的，如胡颓子。

　　c. 皱缩状：叶缘波状曲折较波状更大，如羽衣甘蓝。

　　d. 齿状：叶片边缘凹凸不齐，裂成细齿状的，称为齿状缘，其中又有锯齿、牙齿、重锯齿、圆齿等各种情况。

　　e. 缺刻：叶缘凹凸程度大，形成裂片状。有的缺刻不规则，有的规则，称为叶裂。叶裂可分为羽状叶裂、掌状叶裂（八角金盘、羽裂槭，见图 3.15）；浅裂、中裂、深裂和全裂。

　　2）叶脉　　叶脉是贯穿在叶肉内的维管组织及外围的机械组织，是叶内输导组织和支持结构，叶脉通过叶柄的维管组织与茎内的维管组织相连。叶脉在叶片中分布的形式叫脉序。在种子植物中脉序主要有网状脉序、平行脉序、叉状脉序 3 种类型（图 3.16）。

桑（网状脉序）　　　　　　美人蕉（平行脉序）　　　　银杏（叉状脉序）

图 3.16　叶脉类型（自曹建国）

（1）网状脉序。网状脉序具有明显的主脉，由主脉分支形成侧脉，侧脉再经多级分支，在叶片内连接成网状。网状脉序是多数双子叶植物的叶脉类型。网状脉序可分为羽状网脉和掌状网脉。羽状网脉具有一条明显的主脉，主脉向两侧发出各级侧脉，组成网状；掌状网脉由叶基发出多条主脉，各主脉再分支组成网状。

（2）平行脉序。平行脉序是各条叶脉近于平行，主脉与侧脉间有细脉相连。平行脉序是部分单子叶植物叶脉的特征。平行脉序可分为直出平行脉和侧出平行脉两类。直出平行脉是各叶脉由叶基部平行直达叶尖，如玉米、小麦。侧出平行脉是中央主脉明显，侧脉垂直于主脉且彼此平行，直达叶缘，如香蕉、美人蕉。

（3）叉状脉序。叉状脉序是叶脉作二叉分枝，并可有多级分支，如裸子植物银杏。叉状脉序是一种比较原始的脉序，在蕨类植物中较为普遍，而在种子植物中少见。

3）复叶　　复叶的叶柄，称为叶轴或总叶柄，叶轴上所生的许多叶，称为小叶，小叶的叶柄称为小叶柄。复叶依小叶排列的不同状态而分为羽状复叶、掌状复叶和三出复叶。羽状复叶是指小叶排列在叶轴的左右两侧，似羽毛状，如盐肤木（图3.15）、紫藤、月季、槐等；掌状复叶是指小叶都生在叶轴的顶端，排列似掌状，如五叶地锦（图3.15）、牡荆、七叶树等；三出复叶是指每个叶轴上生3个小叶，如果3个小叶柄是等长的，称为三出掌状复叶，如橡胶树；如果顶端小叶柄较长，就称为三出羽状复叶，如鹰爪枫、苜蓿等。

4）叶序和叶镶嵌　　叶在茎上有一定规律的排列方式，称为叶序。叶序基本上有4种类型，即互生、对生、轮生和簇生。互生叶序是茎的每个节上只生一片叶，与上下相邻的叶交互而生。互生叶序的叶呈螺旋状排列在茎上，如白杨。对生叶序是茎的每一节上生有两片叶，并相对排列，如丁香、薄荷、石竹等。若两个相邻节上的对生叶交叉成垂直方向，称为交互对生。轮生叶序是茎的每一节上着生有三片或三片以上的叶，并做辐射状排列，如夹竹桃、百合等的叶。还有一些植物，其节间极度缩短，使叶簇生于短枝上，称簇生叶序，如银杏、落叶松等植物短枝上的叶。

叶在茎上的排列，不论是哪一种叶序，相邻两节的叶，总是不相重叠而呈镶嵌状态，这种同一枝上的叶，以镶嵌状态的方式排列而不重叠的现象，称为叶镶嵌。叶镶嵌使茎上的叶片互不遮蔽，利于光合作用的进行，同时也使茎上的负载平衡。

5）异形叶性　　一般情况下，一种植物具有一定形状的叶，但有些植物却在一个植株上有不同形状的叶。这种同一植株上具有不同叶形的现象，称为异形叶性。异形叶性的发生常由于不同的生态条件或不同发育阶段而造成，如慈姑、水毛莨、桉树等。

2. 叶的结构

植物的叶片多为绿色扁平体，成水平方向伸展，上下两面受光不同。一般将向光的一面称为上表面或近轴面；背光的一面称为下表面或远轴面。

1）叶片的结构　　叶片是叶的主要组成部分，其基本结构由 3 部分构成，即表皮、叶肉和叶脉。下面以双子叶植物为例介绍叶片的结构（图 3.17）。

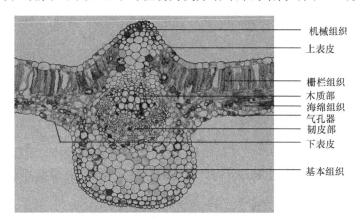

图 3.17　双子叶植物（海桐）叶的结构（引自曹建国等，2012）

（1）表皮。表皮覆盖着整个叶片，有上、下表皮之分。表皮通常由一层生活细胞组成，但也有多层细胞组成的，称为复表皮，如夹竹桃和印度橡胶树。表皮细胞表面观为不规则形，细胞彼此紧密嵌合，没有胞间隙，不含叶绿体。在横切面上，表皮细胞的形状十分规则，呈扁的长方形或方形，外壁较厚，常具角质层。多数植物叶的角质层外还有一层不同厚度的蜡质层。叶的表皮具有较多的气孔，气孔由保卫细胞和它们之间的通气孔组成。如果副卫细胞存在，副卫细胞及气孔又共同组成气孔器或称气孔复合体。

（2）叶肉。叶肉是上、下表皮之间的绿色薄壁组织的总称，是叶的主要部分，内含丰富的叶绿体。一般在异面叶中，近上表皮部位的叶肉细胞排列整齐，细胞呈长柱形，长轴和叶表面垂直，呈栅栏状，称为栅栏组织。栅栏组织的下方，即近下表皮部分的绿色组织，形状不规则，排列不整齐，疏松且具较多间隙，呈海绵状，称为海绵组织。海绵组织和栅栏组织对比，排列较疏松，间隙较多，细胞内含叶绿体较少。叶片上面绿色较深，下面较浅，就是由于两种组织内叶绿体的含量不同所致。光合作用主要是在叶肉中进行。

（3）叶脉。叶脉是埋在叶肉中的维管组织，有输导和支持的作用。主脉和大的侧脉结构比较复杂，包含一至数个维管束，木质部在近轴面，韧皮部在远轴面，在木质部和韧皮部之间有形成层，不过形成层活动有限，只产生少量的次生结构。维管束包埋在叶肉组织中，在其上、下两侧，常有厚壁组织或厚角组织分布，具有支持叶片的功能。大型叶脉不断分支，形成次级侧脉，叶脉越细结构越简化。

2）叶柄的结构　　在一般情况下，叶柄在横切面上常呈半月形、三角形或近圆形。叶柄的结构与茎类似，由表皮、基本组织和维管组织组成。叶柄的最外层为表皮，表皮上有气孔，并常具有表皮毛，表皮以内大部分是薄壁组织，紧贴表皮之下为数层厚角组织，内含叶绿体。维管束呈半圆形分布在薄壁组织中，它相当于茎维管束的一部分，通过叶迹与茎的维管组织相联系。维管束的结构与幼茎中的维管束相似，每一维管束外常有厚壁组织分布。

3.3.4　营养器官的变态

在自然界中，由于环境的变化，植物器官因适应某一特殊环境而改变它原有的功能，因而也改变其形态和结构，经过长期的自然选择，已成为该种植物的特征，这种由于功能的改变所引起的植物器官形态和结构上的变化称为变态。

1. 根的变态

根的变态有贮藏根、气生根和寄生根 3 种主要类型。

1）贮藏根　　贮藏根是越冬植物的一种适应，所贮藏的养料可供来年生长发育时的需要，使根上能抽出枝来，并开花结果。根据来源，贮藏根可分为肉质直根和块根两大类。

（1）肉质直根。肉质直根主要由主根发育而成。一株上仅有一个肉质直根，并包括下胚轴和节间极短的茎，如胡萝卜、萝卜、甜菜和人参等。

（2）块根。块根主要是由不定根或侧根发育而成，因此，在一株上可形成多个块根，如甘薯（图 3.18）、大丽菊等。块根多为异常生长所致，如甘薯除正常位置的形成层外，维管形成层可以在各个导管或导管群周围的薄壁组织中发育，向着导管的方向形成几个管状分子，背向导管产生几个筛管和乳汁管，同时，在这两个方向上还有大量的贮藏薄壁组织细胞产生（图 3.18）。

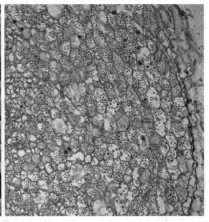

图 3.18　甘薯及其块根内的贮藏组织（自曹建国）

贮藏根大都可以食用或药用，如胡萝卜、萝卜、甘薯可以食用；麦冬块根可入药。

2）气生根　　气生根就是生长在地面以上空气中的根，包括支柱根、攀缘根和呼吸根三种。

（1）支柱根。支柱根主要是一种支持结构，可以伸入土壤，起支持作用，如玉米茎节上生出的一些不定根。

（2）攀缘根。如常春藤（图 3.19）、络石、凌霄等的茎细长柔弱，不能直立，其上生不定根，以固着在其他树干、山石或墙壁等表面而攀缘上升，称为攀缘根。

（3）呼吸根。生在海岸腐泥中的红树、木榄和落羽杉、水松等，它们都有许多支根从土中向上生长，挺立在空气中。呼吸根外有呼吸孔，内有发达的通气组织，有利于通气和贮存气体，以适应土壤中缺氧的情况，维持植物的正常生长。

3）寄生根　　根伸入寄主茎的组织内，彼此的维管组织相通，吸取寄主体内的养料和水分，这种根称为寄生根，也称为吸器，如菟丝子（图 3.20）。槲寄生虽也有寄生根，并伸入寄主组织内，但它本身具绿叶，能制造养料，它只是吸取寄主的水分和盐类，因此是半寄生植物。

2. 茎的变态

茎的变态可以分为地上茎和地下茎两种类型（图 3.21）。

1）地上茎的变态

（1）茎刺。茎转变为刺，称为茎刺或枝刺，如山楂、酸橙的单刺，皂荚的分枝刺。

图 3.19　常春藤的攀缘根
（自曹建国）

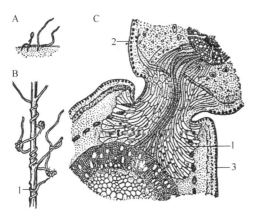

图 3.20　菟丝子

A. 菟丝子幼苗；B. 菟丝子寄生在柳枝上；C. 菟丝子根伸入寄主茎内的横切面

1. 寄生根；2. 菟丝子茎横切面；3. 寄主茎横切面（引自王全喜等，2012）

（2）茎卷须。许多攀缘植物的茎细长，不能直立，部分茎和茎端变态形成卷须，称为茎卷须，如葡萄、爬山虎（卷须顶端带有吸盘）、南瓜、黄瓜。

（3）叶状茎。茎转变成叶状，扁平，呈绿色，能进行光合作用，称为叶状茎或叶状枝。假叶树的侧枝变为叶状枝，叶退化为鳞片状，叶腋内可生小花。

（4）肉质茎。茎肥厚多汁，呈扁圆形、柱形或球形等多种形态，能进行光合作用，部分植物的肉质茎可以食用，如仙人掌、莴苣。

2）地下茎的变态

（1）根状茎。简称根茎，即横

葡萄 茎卷须　　　　爬山虎 茎卷须　　　　假叶树 叶状茎　　　　酸橙 茎刺

芦苇 根状茎　　　　姜 根状茎　　　　洋葱 鳞茎　　　　慈姑 球茎

图 3.21　茎的变态（自曹建国）

卧地下，像根，但有顶芽和明显的节与节间，节上有退化的鳞片状叶，叶腋有腋芽，可发育出地下茎的分支或地上茎，有繁殖作用。同时，节上有不定根，如竹类、莲、姜、芦苇等。

（2）块茎。马铃薯的块茎是由根状茎的先端膨大，积累养分所形成。块茎上有许多凹陷，称为芽眼，幼时具退化的鳞叶，后脱落。整个块茎上的芽眼呈螺旋状排列。

（3）鳞茎。由许多肥厚的肉质鳞叶包围的扁平或圆盘状的地下茎，称为鳞茎，如百合、洋葱、蒜等。

（4）球茎。球状的地下茎，节和节间明显，节上有退化的鳞片状叶和腋芽，顶端有一个显著的顶芽，茎内贮藏着大量的营养物质，有繁殖作用，如荸荠、慈姑、芋等，它们都是根状茎先端膨大而成。

3. 叶的变态

叶的变态类型常见的有以下 6 种类型。

1）苞片和总苞　　生在花下面的变态叶，称为苞片。一般较小，绿色，但亦有大型而呈各种颜色的。苞片数多而聚生在花序外围的，称为总苞。苞片和总苞有保护花芽或果实的作用，有些还有吸引昆虫的作用，如鱼腥草的白色总苞。

2）鳞叶　　叶的功能特化或退化成鳞片状，称为鳞叶。鳞叶有两种情况：一种是木本植物鳞芽外的鳞叶，常呈褐色，具茸毛或有黏液，有保护芽的作用，也称芽鳞；另一种是地下茎上的鳞叶，有肉质的和膜质的两类。肉质鳞叶出现在鳞茎上，鳞叶肥厚多汁，含有丰富的贮藏养料，有的可食用，如洋葱、百合的鳞叶；洋葱除肉质鳞叶外，尚有膜质鳞叶包被；膜质鳞叶，如球茎（荸荠、慈姑）、根茎

菝葜 托叶卷须

豌豆 叶卷须　　　　　　　　豪猪刺 叶刺　　　　　　　　猪笼草 捕虫叶

图 3.22　叶的变态（自曹建国）

（藕、竹鞭）上的鳞叶，为褐色干膜状，是退化的叶。

　　3）叶卷须　　由叶或叶的一部分变成卷须状，称为叶卷须。豌豆的羽状复叶先端的一些叶片变成卷须，菝葜的托叶变成卷须（图 3.22）。这些都是叶卷须，可以起攀缘的作用。

　　4）捕虫叶　　有些植物具有能捕食小虫的变态叶，称为捕虫叶。具捕虫叶的植物，称为食虫植物或肉食植物。捕虫叶有囊状（如狸藻）、盘状（如茅膏菜）、瓶状（如猪笼草，图 3.22）等。

　　5）叶状柄　　有些植物的叶片不发达，而叶柄转变为扁平的片状，并具叶的功能，称为叶状柄。台湾相思树只在幼苗时出现几片正常的羽状复叶，以后产生的叶，其小叶完全退化，仅存叶状柄。

　　6）叶刺　　由叶或叶的部分（如托叶）变成刺状，称为叶刺。叶刺腋中有芽，以后发展成短枝，枝上具正常的叶，如小檗科豪猪刺长枝上的叶变成刺（图 3.22），刺槐的托叶变成刺。

3.4　种子植物的繁殖器官

3.4.1　花

　　从植物系统进化和形态学的角度来看，花实际上是一种不分枝且节间短缩的、适于生殖的变态短枝。花柄是枝条的一部分，花托是花柄顶端膨大的部分，花萼、花冠、雄蕊和雌蕊是着生于花托上的变态叶。在植物的个体发育中，花的分化标志着植物从营养生长转入生殖生长。花是被子植物所特有的有性生殖器官，是形成雌、雄生殖细胞和进行有性生殖的场所。被子植物通过花器官完成受精、结果、产生种子等一系列有性生殖过程，以繁衍后代，延续种族。

1. 花的组成

一朵完整的花可分为6个部分，即花梗（花柄）、花托、花萼（田萼片构成）、花冠（由花瓣构成）、雄蕊群和雌蕊群（图3.23）。

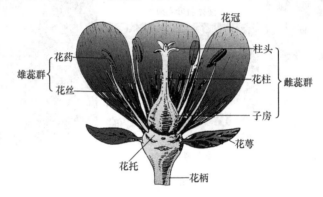

图 3.23 花的基本组成部分（引自王全喜等，2012，重新上色）

1）花柄　　花柄又称花梗，是花着生的小枝，也是花与茎相连的通道。花柄的内部结构和茎相同，内有维管系统，维管束成筒状分布于基本组织中。当果实形成时，花柄变为果柄。

2）花托　　花托是花柄或小梗的顶端部分，一般略膨大，花的其他各部分按一定的方式排列其上。花托的形状随植物种类而异，有的圆柱状，如木兰；有的圆锥状，如草莓；也有中央部分凹陷呈碗状，如桃、蔷薇等；或膨大呈倒圆锥形，如莲。柑橘的花托在雌蕊基部形成膨大的盘状，能分泌蜜汁，称为花盘。此外，有的花托在雌蕊群基部向上延伸成柄状，称雌蕊柄，如落花生，它的雌蕊柄在花完成受精作用后迅速延伸，将先端的子房插入土中，形成果实，所以也称子房柄；西番莲、苹婆属等植物的花托在花冠以内的部分延伸成柄，称为雌雄蕊柄或两蕊柄；也有花托在花萼以内的部分伸长成花冠柄，如剪秋萝和某些石竹科植物。

3）花萼　　花萼是花的外轮花被，由若干萼片组成。萼片多为绿色的叶状体，在结构上类似叶，有丰富的绿色薄壁细胞，但无栅栏、海绵组织的分化。有的植物花萼大而具颜色，呈花瓣状，有利于昆虫的传粉，如飞燕草。棉的花朵除花萼外，最外面还有一轮绿色的瓣片，称副萼。

4）花冠　　花冠位于花萼的上方或内方，是花的内轮花被，由若干彼此分离或结合的花瓣组成，排列为一轮或多轮，结构上由薄壁细胞组成。花冠中含有花青素或有色体，颜色绚丽多彩。有些植物的花冠中含有挥发油，能释放芳香气味；也有的花冠具有蜜腺，分泌蜜汁。花冠除了有保护内部的幼小雄蕊和雌蕊的作用外，主要是招引昆虫进行传粉。花冠的花瓣有分离的，称离瓣花，如桃、玫瑰、油菜；

也有结合的，称合瓣花，如南瓜、牵牛、甘薯。

5）雄蕊群　雄蕊群是一朵花中雄蕊的总称，由一定数目的雄蕊所组成，位于花被的内方或上方，在花托上呈螺旋状或轮状排列。雄蕊同样有分离和联合的变化。花药完全分离而花丝联合成 1 束的称单体雄蕊，如棉、锦葵；花丝如联合成 2 束的称二体雄蕊，如蚕豆、豌豆等；花丝合成为 3 束的为三体雄蕊，如小连翘；合为 4 束以上的为多体雄蕊，如金丝桃。雄蕊的花丝分离而花药互相联合的称聚药雄蕊，如菊科、葫芦科等植物。

每个雄蕊由花丝和花药两部分组成。花丝通常细长，一端着生在花托上，另一端连着花药，将花药伸展在一定的空间位置，以便散发花粉。花药着生于花丝顶端，是雄蕊产生花粉粒的部位。

6）雌蕊群　雌蕊群是一朵花中雌蕊的总称，位于花中央或花托顶部。每一雌蕊由柱头、花柱和子房 3 部分组成。构成雌蕊的单位称为心皮，是具生殖作用的变态叶。有些植物，一朵花中的雌蕊只由一个心皮构成，称为单雌蕊，如蚕豆、大豆。更多种类植物的雌蕊是由几个心皮构成的，属复雌蕊；其中有的心皮各自分离，因而各雌蕊也彼此分离，形成一朵花内多数雌蕊，称为离生雌蕊，如玉兰、莲等；还有的植物各个心皮互相联合，组成一个雌蕊，称为合生雌蕊，如棉、番茄等。

柱头位于雌蕊的上部，是承接花粉粒的地方，常常扩展成各种形状。风媒花的柱头多呈羽毛状，增加接收花粉粒的表面积。多数植物的柱头能分泌水分、糖类、脂类、酚类、激素和酶等物质，有助于花粉粒的附着和萌发。花柱位于柱头和子房之间，一般较细长，是花粉萌发后，花粉管进入子房的通道。花柱对花粉管的生长能提供营养及某些趋化物质，有利于花粉管进入胚囊。

子房是雌蕊基部膨大的部分，是雌蕊最主要的部分，由子房壁、胎座和胚珠组成。由一个心皮形成的子房，称为单子房，只有一室，如牡丹、豌豆；由多个心皮组成的子房，称为复子房，复子房中可由数个心皮合为一室或数室，如黄瓜为一室，烟草为二室，牵牛为三室，月见草为五室等。多室复子房的室数，一般与心皮的数目相同。也有因产生假隔膜而室数多于心皮数的。

胚珠着生于子房内，子房内胚珠的数目常一至多个不等。胎座是子房中着生胚珠的部位。由于心皮的数目、连接情况及胚珠着生的部位等不同，形成不同的胎座类型。边缘胎座：单子房，一室，胚珠着生于腹逢线上，如豆科植物。中轴胎座：复子房，数个心皮边缘内卷，汇合成隔，直达子房中央，将子房分为数室，胚珠着生于中央交汇处的中轴周围，如柑、苹果、梨等。侧膜胎座：复子房，一室或假数室，胚珠着生于腹逢线上，如油菜（假 2 室）、西瓜、黄瓜等。特立中央胎座：复子房，子房的隔膜消失而成一室，由心皮基部和花托上端愈合，向子房中生长成为特立中央的短轴，胚珠着生于其上，如石竹、马齿苋等。此外，还有胚珠着生于子房基部为基生胎座（如向日葵、大黄），以及胚珠着生于子房室顶部为顶生胎座（如桑、榆）。

雌蕊子房着生于花托上，根据它与花的其他部分（花萼、花冠、雄蕊群）相对位置的不同通常分为以下 3 类。①上位子房：子房仅以底部连生于花托顶端，花的其他部分着生于子房下方的花托四周。上位子房的花也称下位花，如毛茛、牡丹、水稻、桃等。②半下位子房：子房下半部陷生于花托中，并与其愈合，花萼、花冠、雄蕊群环绕子房四周而着生于花托边缘，故称为半下位子房，这种花则称为周位花，如蔷薇、月季、樱花等。③下位子房：子房全部陷生于花托或花筒中，并与它们的内侧愈合，仅柱头和花柱外露，花萼、花冠、雄蕊群着生于子房以上的花托或花筒边缘，此为下位子房，这种花称为上位花。子房陷生于花托的植物较少，一般见于葫芦科、蜡梅科、仙人掌科、番杏科、檀香科等少数科中；多数植物的下位子房是被花筒包围发育形成，如苹果、梨等。

2．花序

被子植物的花有的是单独一朵生在茎枝顶上或叶腋部位，称单生花，如玉兰、牡丹、芍药、莲、桃等。但大多数植物的花是按一定排列顺序着生在特殊的总花柄上。花在总花柄上有规律地排列方式，称为花序。花序的总花柄或主轴，称花轴，也称花序轴。

不同的花序其主轴的长短、分枝或不分枝、各花有无花柄，以及各花开放的顺序等有所差异。花序主要分为两大类，一类是无限花序，另一类是有限花序。

1）无限花序　　无限花序的特点是花序的主轴在开花期间，可以持续生长，向上伸长，不断产生苞片和花芽。各花的开放顺序是花轴基部的花先开，然后向上方依次开放。如果花序轴短缩，各花密集呈一平面或球面时，开花顺序是先从边缘开始，然后向中央依次开放。无限花序又可以分成以下几种类型（图3.24）。

（1）简单花序。各种花序的花轴都不分枝，属于简单花序。

a．总状花序。花轴单一，较长，自下而上依次着生有柄的两性花，各花的花柄大致长短相等，开花顺序由下而上，如紫藤、荠菜、油菜。

b．伞房花序。花序轴较短，着生在花轴上的花的花柄长短不一，基部花的花柄较长，越近顶部的花柄越短，各花分布近于同一水平上，如梨、苹果、山楂等。

c．伞形花序。花轴短缩，大多数花着生在花轴的顶端，每朵花有近等长的花柄，因而各花在花轴顶端的排列呈圆顶形，开花的顺序是由外向内，如人参、五加、常春藤等。

d．穗状花序。花轴直立，较长，上面着生许多无柄的两性花，如车前、马鞭草等。

e．葇荑花序。花轴上着生许多无柄或具短柄的单性花（雌花或雄花），有花被或花被缺如，有的花轴柔软下垂，但也有直立的，开花后一般整个花序一起脱落，如杨、柳、栎、枫杨等。

f．肉穗花序。花轴粗短，肥厚而肉质化，上生多数单性无柄的小花，如玉米、香蒲的雌花序。有的肉穗花序外面还包有一片大型苞叶，称为佛焰苞，这类花序称佛焰花序，如半夏、天南星等。

g．头状花序。花序轴缩短呈球形或盘形，上面密生许多近无柄或无柄的花，苞片常聚成总苞，生于花序基部，如菊、蒲公英、向日葵等。

总状花序
（油菜）

伞房花序（山楂）　　　　　复伞房花序（石楠）　　　　　伞形花序（刺五加）

肉穗花序（玉米）　　　　　葇荑花序（白桦）　　　　　复伞形花序（蛇床）

穗状花序
（车前）

隐头花序（薜荔）　　　　　隐头花序（薜荔）　　　　　头状花序（旋复花）

图 3.24　无限花序的类型（自曹建国）

　　h. 隐头花序。花轴肥大而呈凹陷状，很多无柄小花着生在凹陷的腔壁上，几乎全部隐没不见，仅留一小孔与外界相通，为昆虫进山腔内传播花粉的通道。小花多单性，雄花分布在内壁上部，雌花分布在下部，如无花果、薜荔等。

　　（2）复合花序。无限花序的花轴具分枝，每一分枝上又呈现上述的一种花序，这类花序称复合花序。常见的有以下几种。

　　a. 圆锥花序。或称复总状花序，在长花轴上分生许多小枝，每小枝自成一总状花序，如南天竹、稻、燕麦、凤尾兰等。

　　b. 复穗状花序。花轴有 1 或 2 次分枝，每小枝自成一个穗状花序，即小穗，如小麦、马唐等。

　　c. 复伞形花序。花轴顶端丛生若干长短相等的分枝，各分枝又成为一个伞形花序，如胡萝卜、前胡、小茴香等。

d. 复伞房花序。花轴上的分枝成伞房状排列，每一分枝又自成一个伞房花序，如花楸属。

2）有限花序　　有限花序也称聚伞类花序，与无限花序相反，其花轴顶端由于顶花先开放，而限制了花轴的继续生长，各花的开放顺序是由上而下，或由内而外。有限花序可分为以下几种类型（图 3.25）。

螺旋状聚伞花序（聚合草）

蝎尾状聚伞花序（鸢尾）

二歧聚伞花序（冬青卫矛）

多歧聚伞花序（泽漆）

图 3.25　有限花序的类型（聚合草自吴波；其他自曹建国）

（1）单歧聚伞花序。主轴顶端先生一花，然后在顶花的下面主轴的一侧形成一侧枝，同样在枝端生花，侧枝上又可分枝着生花朵如前，所以整个花序是一个合轴分枝。如果分枝时，各分枝成左、右间隔生出，而分枝与花不在同一平面上，称蝎尾状聚伞花序，如委陵菜、唐菖蒲。如果各次分出的侧枝都向着一个方向生长，则称螺旋状聚伞花序，如勿忘草。

（2）二歧聚伞花序。顶花下的主轴向着两侧各分生一枝，枝的顶端生花，每枝再在两侧分枝，如此反复进行，如卷耳、繁缕、大叶黄杨等。

（3）多歧聚伞花序。主轴顶端发育一花后，顶花下的主轴上又分出三数以上的分枝，各分枝又自成一小聚伞花序，如泽漆、益母草等。

3. 花的发育

1）花药的发育和花粉粒的形成　　雄蕊是由花丝和花药两部分组成。花药是雄蕊产生花粉的主要部分，多数被子植物的花药是由 4 个花粉囊组成，分为左、右两半，中间由药隔相连，也有少数种类花药的花粉囊仅 2 个，同样分列药隔的左、右两侧。花粉囊外由囊壁包围，内生许多花粉粒。

雄蕊最早由雄蕊原基发育而来，幼期花药最外层为原表皮，里面主要为基本分生组织，将来参与药隔和花粉囊的形成。在幼期花药近中央处逐渐分化出原形成层，它是药隔维管束的前身。

在花药发育过程中，花药在 4 个角隅处细胞分裂较快，在 4 个棱角处的表皮细胞内侧分化出一或几纵列的孢原细胞。孢原细胞体积和细胞核均较大，细胞质也较浓，通过一次平周分裂，形成内外两层细胞，外层为初生壁细胞（周缘细胞），内层为造孢细胞。初生壁细胞再进行平周分裂和垂周分裂，产生呈同心排列的数层细胞，自外向内依次为药室内壁、中层和绒毡层，它们连同包被整个花药的表皮构成了花药壁。

药室内壁位于表皮下方，通常为单层细胞。在花药接近成熟时，此层细胞径向增大明显，细胞壁除外切向壁外，其他各面的壁多产生不均匀的条纹状加厚，加厚成分一般为纤维素，或在成熟时略为木质化。药室内壁在发育后期又称为纤维层。由于在同侧两个花粉囊交接处的花药壁细胞保持薄壁状态，无条纹状加厚，也称为唇细胞，花药成熟时，药室内壁失水，其细胞壁的加厚特点所形成的拉力，致使花药在抗拉力弱的薄壁细胞处裂开，花粉囊随之相通，花粉沿裂缝散出。

中层位于药室内壁的内方，通常由 1～3 层细胞组成。当花粉囊内造孢细胞向花粉母细胞发育而进入减数分裂时，中层细胞内的贮藏物质逐渐被消耗而减少；同时由于受到花粉囊内部细胞增殖和长大所产生的挤压，中层细胞变得扁平且较早地解体而被吸收。

绒毡层是花药壁的最内层细胞，它与花粉囊内的造孢细胞直接相连。绒毡层细胞及其细胞核均较大，细胞质浓，细胞器丰富。初期细胞中含单核，后来则常成为双核、多核结构，表明绒毡层细胞具有高度的代谢活性，可为花粉粒的发育提供营养物质和结构物质。它们合成和分泌的胼胝质酶，能适时地分解花粉母细胞和四分体的胼胝质壁，使幼期单核花粉粒互相分离而保证正常的发育；合成的蛋白质转运到花粉壁，构成花粉外壁蛋白质，在花粉与雌蕊的相互作用中起识别作用。随着花粉粒的形成发育，绒毡层细胞逐渐退化解体。

当花粉囊壁组织逐渐发育分化时，花粉囊内部的造孢组织也相应分裂形成许多小孢子母细胞（花粉母细胞）；小孢子母细胞也可以由造孢细胞不经分裂直接发育而成。花粉母细胞初期通常为多边形，稍后渐近圆形，体积和细胞核较大，细胞质浓，没有明显的液泡，与周围的花药壁层细胞有明显的区别。花粉母细胞进行减数分裂形成 4 个子细胞。刚形成的这 4 个子细胞是连在一起的，叫作四分体。四分体的 4 个细胞很快就彼此分开，游离在药室中，成为单核花粉粒（小孢子）。单核花粉粒接着进行一次有丝分裂，形成大、小 2 个细胞，大的为营养细胞，小的为生殖细胞。营养细胞具有大液泡和大量细胞质，富含淀粉、脂肪等营养物质，与花粉管的形成和生长有关。生殖细胞刚分裂形成时，紧贴着小孢子的壁，呈凸透镜状，只有少量的细胞质。以后，生殖细胞再进行一次有丝分裂，形成 2 个精子。精子即雄配子，成熟花粉粒也就是雄配子体（图 3.26）。

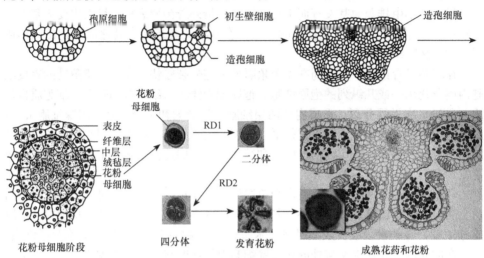

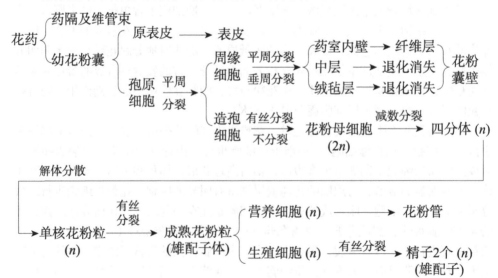

图 3.26　花药发育的各个阶段（自曹建国、戴锡玲）
（RD，减数分裂）

　　花粉粒的形状多种多样，有圆球形、椭圆形、三角形、四方形、五边形及其他形状。不同植物种类的花粉粒大小差别非常大。花粉外壁的形态变化也非常多，有光滑、刺状、粒状、瘤状、棒状、穴状等各式纹饰。外壁具有萌发孔或萌发沟，其形状、数目等也常随不同植物而异。

　　现将花药的结构及花粉粒的发育过程归纳表解如下。

2）胚珠的发育和胚囊的形成　　胚珠是种子的前身，起源于子房内壁的胎座处。首先，胎座内的一些细胞进行分裂，产生突起，形成胚珠原基，原基的前端成为珠心，基部分化为珠柄。随后，珠心基部表皮层细胞分裂较快，产生一环状突起，并向上扩展成为珠被，逐渐将珠心包围，仅在珠心前端留一小孔，称珠孔。胚珠通常具一层或两层珠被。维管束进入之处，即胚珠基部珠被、珠心和珠柄愈合的部位，叫作合点。

最初，珠心是一团均匀一致的薄壁细胞，在珠被原基刚开始形成时，珠心内部的细胞发生变化。在靠近珠孔一端的珠心表皮下分化出一个孢原细胞。孢原细胞不分裂直接发育成为胚囊母细胞（大孢子母细胞）或进行一次平周分裂，形成内、外2个细胞，外侧的为周缘细胞，内侧的为造孢细胞。周缘细胞经过分裂使珠孔附近的珠心细胞增加数目和层次，而造孢细胞则发育为胚囊母细胞。胚囊母细胞进行减数分裂形成4个单倍的大孢子。这4个细胞中，靠近珠孔的3个常消失，只有远离珠孔的1个细胞继续发育成为单核胚囊。单核胚囊发生3次有丝分裂，第一次分裂形成2个子核，分别移到胚囊的两极，以后每个核又相继进行2次分裂，每极各形成4个核。这3次分裂都是核分裂，不伴随细胞质分裂和新壁的形成，因此，胚囊中出现了8个游离核。接着，每一端的4核中，各有1核移向胚囊的中央，这2个核称为极核。留于胚囊两端的其余细胞核外围产生细胞壁，分化成细胞。靠近珠孔端的3个核分化成为1个较大的卵细胞和2个较小的助细胞；位于合点端的3个细胞核分化成3个反足细胞。2个极核所在的大型细胞称为中央细胞。至此，单核胚囊已发育成为成熟胚囊，即被子植物的雌配子体，它具有7个细胞共8个核，其中的卵细胞即为雌配子，成熟胚囊即为雌配子体（图3.27）。

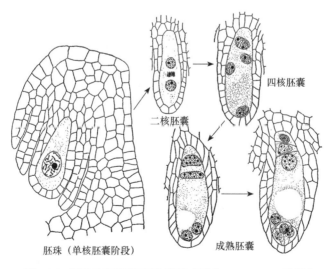

图3.27　胚珠和胚囊发育示意图（引自 Haupt 1953 重编）

现将胚珠的结构和胚囊的发育过程归纳表解如下。

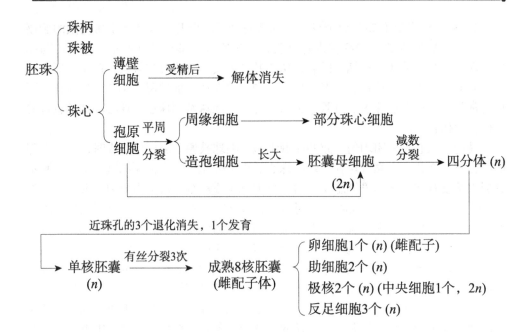

4．开花、传粉和受精

1）开花　　当雄蕊中的花粉和雌蕊中的胚囊达到成熟时期，或是二者之一已经成熟，这时原来由花被紧紧包住的花张开，露出雌、雄蕊，为下一步的传粉做准备，这一现象称为开花。

各种植物在开花年龄和开花季节上常有差别。一、二年生植物，生长几个月后就开花，一生中仅开花一次。多年生植物常要生长多年后才开花。大多数多年生木本植物和草本植物到达成熟期后，能年年开花。植物的花期长短也有差异，有的仅几天，如桃、梨、杏等；有的可持续1～2个月或更长时间，如棉、蜡梅等；有些热带植物，如柠檬、桉树，可以终年开花。各种植物的开花习性是植物在长期演化过程中形成的遗传特性，但在一定程度上也常因纬度、海拔高度、坡向、气温、光照、湿度等环境条件的影响而发生变化。

2）传粉　　由花粉囊散出的成熟花粉，借助一定的媒介力量，被传送到同一花或另一花的雌蕊柱头上的过程，称为传粉。传粉一般有两种方式，一种是自花传粉，即雄蕊的花粉落到同一朵花雌蕊柱头上的过程，如小麦、大麦、蚕豆、芝麻等。另一种是异花传粉，即一朵花的花粉传到另一朵花的雌蕊柱头上的过程，异花传粉还可分为同株异花传粉和异株异花传粉。

大多数植物都为异花传粉。植物进行异花传粉，必须依靠各种外力的帮助，才能把花粉传布到其他花的柱头上去。传送花粉的媒介有风力、昆虫、鸟和水，最为普遍的是风和昆虫。各种不同外力传粉的花，往往产生一些特殊的适应性结构，使传粉得到保证。虫媒花一般具有大而艳丽的花被，常有香味或其他气味，有分泌花蜜的蜜腺，这些都是招引昆虫的适应特征。此外，虫媒花的花粉粒较大，数量较风媒花的少，表面粗糙，有黏性，易黏附于访花采蜜的昆虫体上而被传播开去，如油菜、向日葵、瓜类。风媒花常形成穗状花序或荑荑花序，花被一般不鲜艳，小或退化，无香味，不具蜜腺；能产生大量小而轻、外壁光滑、干燥的花粉粒，如水稻、玉米、苎麻等。

3）受精作用　　传粉作用完成后，花粉便在柱头上萌发出花粉管，管内产生的雄性配子（即精子），通过花粉管的伸长，直达胚珠的胚囊内部，与卵细胞和极核互相融合。花内两性配子互相融合的过程称受精作用。

被子植物的卵细胞和极核同时和 2 个精子分别完成融合的过程，称为双受精，是被子植物有性生殖的特有现象。双受精作用具有重要的生物学意义。一方面，通过单倍体的雌配子卵细胞与单倍体的雄配子精子的结合，形成一个二倍体的合子，恢复植物体原有的染色体数目，保持物种的稳定性；并且将父、母本具有的遗传物质组合在一起，形成具有双重遗传性的合子，既加强了后代个体的生活力和适应性，又为由合子发育的新一代植株可能出现某些新性状、新变异提供基础。另一方面，由受精的中央细胞发育成三倍体的胚乳，同样兼有父、母本的遗传性，作为新一代植物胚期的养料，可以使子代的生活力更强、适应性更广。所以，双受精作用是植物界有性生殖过程中最进化、最高级的形式。

3.4.2　种子

种子植物受精作用完成后，胚珠发育成种子，它是所有种子植物特有的器官。种子植物中的裸子植物，因为胚珠外面没有包被，所以胚珠发育成种子后是裸露的；被子植物的胚珠是包在子房内，卵细胞受精后，子房发育为果实，胚珠发育为种子，因此，种子受到果实的包被。

1．种子的结构

种子的结构包括胚、胚乳和种皮三部分，是分别由受精卵（合子）、受精的极核和珠被发育而成。大多数植物的珠心部分在种子形成过程中被吸收利用而消失，也有少数种类的珠心继续发育，直到种子成熟，成为种子的外胚乳。虽然不同植物种子的大小、形状及内部结构存在差异，但它们的发育过程却是大同小异的。

2．胚的发育

种子里的胚是由合子（受精卵）发育来的，合子是胚的第一个细胞，胚将发育成新一代的植物体。下面以荠菜为例说明双子叶植物胚的发育过程。合子是一个高度极性化的细胞，经短暂休眠后不均等地横向分裂为 2 个细胞，靠近珠孔端的是基细胞，远离珠孔的是顶端细胞。基细胞略大，经连续横向分裂，形成一列由 6～10 个细胞组成的胚柄。顶端细胞先经过二次纵分裂成为 4 个细胞，即四分体时期；然后，各个细胞再横向分裂一次，成为 8 个细胞的球状体，即八分体时期。八分体的各细胞先进行一次平周分裂，再经过各个方向的连续分裂，成为一团组织。以上各个时期都属原胚阶段。以后由于这团组织的顶端两侧分裂生长较快，形成二个突起，迅速发育，成为 2 片子叶，又在子叶间的凹陷部分逐渐分化出胚芽。与此同时，球形胚体下方的胚柄顶端一个细胞，即胚根原细胞，和球形胚体的基部细胞也不断分裂生长，一起分化为胚根。胚根与子叶间的部分即为胚轴。这一阶段的胚体在纵切面看多少呈心脏形。不久，由于细胞的横向分裂，使子叶和胚轴延长，而胚轴和子叶由于空间地位的限制也弯曲成马蹄形。至此，一个完整的胚体已经形成，胚柄退化消失（图 3.28）。

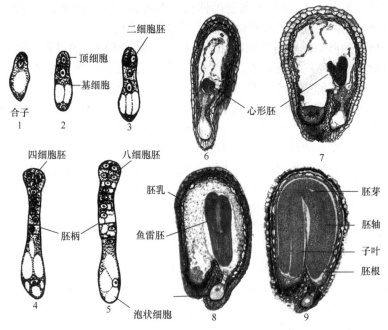

图 3.28　荠菜胚发育（自曹建国）

1～9 为发育过程

3. 胚乳的发育

种子里的胚乳是贮藏养料的部分，由 2 个极核受精后发育而成，所以是三核融合的产物。极核受精后，不经休眠就发育成胚乳。胚乳的发育，一般有核型、细胞型和沼生目型 3 种方式。以核型方式最为普遍，核型胚乳发育时，初生胚乳细胞在最初的发育时期细胞核分裂多次，形成很多游离的核，不伴随细胞壁的形成，各个细胞核保留游离状态，分布在同一细胞质中。胚乳核分裂进行到一定阶段，在游离核之间形成细胞壁，进行细胞质的分隔，即形成胚乳细胞，整个组织称为胚乳。胚乳细胞在发育的后期积累淀粉、蛋白质、脂肪等营养物质。多数双子叶植物和单子叶植物属于此类型。

4. 种皮的形成

种皮是由胚珠的珠被随着胚和胚乳的发育而同时发育成的。珠被有 1 层的，也有 2 层的，前者发育成的种皮只有 1 层，如向日葵、胡桃；后者发育成的种皮通常可以有 2 层，即外种皮和内种皮，如油菜、蓖麻等。但在许多植物中，一部分珠被的组织被胚吸收，所以只有一部分的珠被成为种皮；有的种子的种皮是由 2 层珠被中的外珠被发育而成，如大豆、蚕豆；也有的是 2 层珠被中的内珠被发育而来的，如水稻、小麦等。被子植物种子的种皮多数是干燥的，但也有少数种类是肉质的，如石榴种子的种皮，其外表皮为多汁的细胞层所组成，是种子的可食部分。

5. 种子的基本类型

被子植物种子的形态结构根据子叶数目和胚乳的有无可分为以下 4 种类型。

1）双子叶植物有胚乳种子　蓖麻、柿、烟草、辣椒和番茄等植物的种子属于这种类型。

蓖麻的种子具有两层种皮，外种皮坚硬光滑并有花纹。种子的一端有由外种皮延伸而成的海绵状突起结构，称为种阜。种阜遮盖于种子之外，有吸水作用，有利于种子萌发。种脐不明显，靠近种阜。在种子略平的一面，其中央有一纵棱，称为种脊，它是倒生胚珠的珠柄与珠被愈合处留于种皮上的痕迹。种皮以内为含有大量脂肪的白色胚乳。紧贴胚乳的为两片大而薄的子叶，其上有明显脉纹；两片子叶的基部与胚轴相连，胚轴上方是胚芽，下方是胚根（图 3.29）。

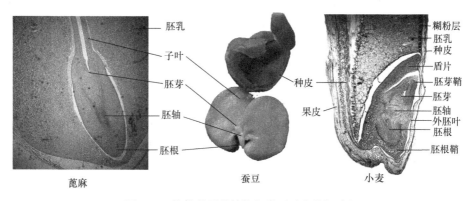

图 3.29　植物种子的结构与类型（自戴锡玲）

2）双子叶植物无胚乳种子　豆类、瓜类、油菜、棉、桃、柑橘等植物的种子属于这种类型。它们的种子成熟时，胚乳已被吸收，营养物质贮藏在发达的子叶中。

蚕豆种子的种皮光滑，种脐为一椭圆形深色疤痕位于种子的一侧，其一端有一细小种孔，胚根先端靠近种孔。种子萌发时，胚根由种孔伸出（图 3.29）。

3）单子叶植物有胚乳种子　洋葱、小麦、玉米和水稻等的种子为此类型。

禾本科植物中的谷类作物，它们的富含营养物质的籽粒通常称为种子。其实，从形态发生上看，籽粒是含单粒种子的果实，只因果皮和种皮完全愈合，种子无法从果皮中分离出来。

小麦籽粒的一端有果毛，腹面有一纵行的腹沟，外层为果皮和种皮的复合结构。胚乳发达，占籽粒中的绝大部分，贮藏大量养料。紧贴种皮的 1～2 层胚乳细胞，细胞中充满糊粉粒，称为糊粉层。糊粉层以内的其余大部分是含淀粉粒为主的胚乳组织。胚位于籽粒基部的一侧，体积较小，包括胚芽、胚芽鞘、胚轴、胚根、胚根鞘和子叶（盾片）。胚轴上与子叶相对的外侧，还有一个小突起，称为外胚叶（图3.29）。

4）单子叶植物有胚乳种子　　水生植物眼子菜、慈姑和泽泻等的种子为这种类型。慈姑的种子很小，仅有种皮和胚两部分，种皮薄，胚弯曲，具长筒形子叶一片。

3.4.3　果实

受精作用以后，花的各部分起了显著的变化，花萼（宿萼种类例外）、花冠一般枯萎脱落，雄蕊和雌蕊的柱头及花柱也都凋谢，仅子房或是子房以外其他与之相连的部分迅速生长，逐渐发育成果实。

1. 果实的形成

果实有单纯由子房发育而成的，也可以由花的其他部分，如花托、花萼、花序轴等一起参与组成。组成果实的组织称为果皮，通常可分为3层结构，最外层是外果皮，中层是中果皮，内层是内果皮。有些果实里，3层果皮分界比较明显，如肉果中的核果类；也有分界不甚明确，甚至互相混合，无从区别的。果皮的发育是一个十分复杂的过程，常常不能单纯地和子房壁的内、中、外层组织对应起来。

2. 果实的类型

果实的类型可以从不同方面来划分。

1）真果和假果　　果实的果皮单纯由子房壁发育而成的，称为真果，多数植物的果实是这一情况。除子房外，还有其他部分参与果实组成的，如花被、花托以至于花序轴，这类果实称为假果，如苹果、瓜类、凤梨等。

2）单果、聚合果和聚花果

（1）单果。由一朵花中的一个单雌蕊或复雌蕊参与形成的果实，称为单果。单果按果皮的性质来划分，分为肉果和干果两类。

a. 肉果。肉果的特征是果皮肉质化，往往肥厚多汁，在成熟过程中常出现一系列生理变化，如糖类由淀粉转化成可溶性糖；有机酸亦可转变为糖类；单宁也氧化成为不溶状态，从而增加了果实的甜味，减少酸味和涩味；质体中的叶绿素破坏，细胞液出现花青素，使果实的颜色有所转变；果肉细胞中产生某些挥发性脂类物质，使果实变香；果肉细胞的胞间层由于果胶酶的作用而溶解，使果肉软化，成为色、香、味三者兼备的可食部分。肉果又可按果皮来源和性质不同分为以下几类（图3.30）。

浆果。浆果是由复雌蕊的上位子房或下位子房发育而来的。外果皮薄，中果皮、内果皮和胎座均肉质化，浆汁丰富，含一至多粒种子。由上位子房发育来的有番茄、葡萄、柿和茄子等；由下位子房发育而来的，如香蕉。

核果。核果是由单雌蕊或复雌蕊的上位子房或下位子房发育来的，具有坚硬果核的一类肉果。外果皮薄，中果皮厚，多为肉质化，内果皮石质化，由石细胞构成硬核，含一粒种子，如桃、梅、杏和李等。核桃为2心皮下位子房发育成的核果。

番茄（浆果）　　　　　　蟠桃（核果）　　　　　　黄瓜（瓠果）

柑橘（柑果）　　　　　　苹果（梨果）　　　　　　梨（梨果）

图 3.30　肉果的主要类型（自曹建国）

柑果。柑果是由复雌蕊具中轴胎座的上位子房发育而成的，为柑橘类植物特有的一类肉果。外果皮厚，外表革质，内部分布许多油腔；中果皮较疏松，具多分枝的维管束；内果皮膜质，分为若干室，向内产生许多多汁的毛囊。

梨果。梨果是由复雌蕊的下位子房和花筒愈合发育而成的一类肉质假果。花筒与外、中果皮均肉质化，无明显分界，内果皮木质化，较易分辨。中轴胎座，常分隔为 5 室，每室含 2 粒种子，如梨、苹果和山楂等。

瓠果。瓠果是由 3 个心皮组成，具侧膜胎座的下位子房发育而成的假果，为葫芦科瓜类所特有的一种肉质假果。其外面为花托与外果皮愈合形成的坚硬果壁。南瓜、冬瓜和黄瓜的食用部分为肉质的中果皮和内果皮，西瓜的主要食用部分为发达的胎座。

b. 干果。干果可分为裂果与闭果。

i. 裂果。果实成熟后，果皮干燥，有的果皮能自行开裂，为裂果。裂果又分为以下几种类型（图 3.31）。

荚果。荚果是由单雌蕊的上位子房发育来的，子房 1 室，边缘胎座，成熟时沿背缝线和腹缝线开裂，为豆科植物特有的一类干果，如大豆、豌豆和菜豆等。有些豆科植物的荚果比较特殊，如落花生和合欢的荚果在自然情况下不开裂；山蚂蝗、含羞草和决明的荚果呈分节状，每节含种子一粒，成熟时，分节断落；槐的荚果为圆柱形分节，呈念珠状；苜蓿的荚果螺旋状，边缘有齿刺。

蓇葖果。蓇葖果是由单雌蕊或离生单雌蕊的子房发育来的，成熟时，沿腹缝线或背缝线开裂，含一至多粒种子。牡丹、乌头、飞燕草、假苹婆为沿腹缝线开裂，木兰和辛夷为沿背缝线开裂。

假苹婆（蓇葖果）　　　　　大豆（荚果）

乌桕（蒴果）　　　亚麻（蒴果）　　　大果卫矛（蒴果）　　　油菜（角果）

图3.31　裂果的主要类型（自曹建国）

角果。角果是由2心皮复雌蕊的子房发育来的，侧膜胎座，子房1室，或从腹缝线合生处向中央生出假隔膜，将子房分隔为2室，为十字花科植物特有的开裂干果。油菜和甘蓝的角果很长，称为长角果，荠菜的角果短阔，称为短角果。

蒴果。蒴果是复雌蕊的上位子房或下位子房发育而来的，每室含有多数种子的一类开裂干果，如乌桕、亚麻、大果卫矛等。蒴果果实成熟时有几种开裂方式，常见的有室背开裂、室间开裂、室轴开裂、盖裂、孔裂等。

ⅱ. 闭果。果实成熟后，果皮干燥，但果皮仍闭合不开裂的，为闭果。闭果又分为以下几种类型（图3.32）。

瘦果。瘦果是由1~3心皮组成，上位子房或下位子房发育来的，内含1粒种子的一种不裂干果。成熟时，果皮革质或木质，容易与种子分离。1心皮构成的瘦果如白头翁；2心皮瘦果如向日葵、鬼针草；3心皮瘦果如荞麦。

颖果。颖果是由2~3心皮组成的，含1粒种子，果皮与种皮愈合，不能分离，为禾本科植物特有的一类不裂干果，如小麦、水稻和玉米等。

坚果。坚果是复雌蕊的下位子房发育来的，含1粒种子，果皮坚硬木质化的一种不裂干果。坚果外面常有壳斗（花序的总苞），如板栗、麻栎和栓皮栎等。

翅果。翅果由单雌蕊或复雌蕊的上位子房形成的，部分果皮向外扩延成翼翅的一种不裂干果，如臭椿、槭、枫杨和榆等。

分果。分果由2个或2个以上心皮组成的复雌蕊的子房发育来的，形成2室或数室，果实成熟时，子房室按心皮数分离成若干各含1粒种子的分果瓣，为不裂干果。胡萝卜和芹菜等的分果由2个心皮的下位子房发育而成，成熟时分离为2个分

鬼针草（瘦果）

水稻（颖果）

蒙古栎（坚果）

榆（翅果）

苘麻（分果）

图 3.32 闭果的主要类型（自曹建国）

果瓣，分悬于中央果柄的上端，常称为双悬果，双悬果是伞形科植物的主要特征之一；锦葵的果实由多个心皮组成，成熟时则分为多个分果瓣。

胞果。胞果亦称"囊果"，是由合生心皮形成的一类果实，具 1 枚种子，成熟时干燥而不开裂。果皮薄、疏松地包围种子，极易与种子分离，如藜、滨藜、地肤等。

（2）聚合果。一朵花中有许多离生雌蕊，以后每一雌蕊形成一个小果，相聚在同一花托之上的果实称为聚合果，如五味子、莲、草莓、悬钩子等（图 3.33）。

（3）聚花果。由整个花序发育而来的果实称为聚花果或花序果，也称复果，如桑、凤梨、无花果、菠萝蜜等（图 3.33）。

五味子（聚合果）

草莓（聚合果）

菠萝蜜（聚花果）

图 3.33 聚合果和聚花果（自曹建国）

第4章 植物资源的基本类群

扫码见
本章彩图

4.1 藻类植物

4.1.1 藻类植物的主要特征

藻类（algae）是指一群具有光合作用色素、能独立生活的自养原植体植物。藻类植物具有以下特征，藻类是单细胞或多细胞的低等植物，不具有根、茎、叶的分化；细胞内一般都含有光合色素，能进行光合作用，是能独立生活的一类自养植物；藻类的生殖器官一般为单细胞，少数高等藻类生殖器官为多细胞的，但每个细胞都直接参与繁殖，形成孢子或配子；合子（受精卵）萌发不形成胚，是无胚植物。

藻类在自然界中几乎到处都有分布，绝大部分生活在水中（如淡水、海水），此外还有相当部分藻类也生活在潮湿的岩石、墙壁、土表、树干上，有的藻类能与真菌共生，形成共生复合体，如地衣。有的藻类还能生长在动、植物体内，如鱼腥藻属（*Anabaena*）生长在满江红属（*Azolla*）的组织内，小球藻属（*Chlorella*）生长在动物水螅（*Hydra*）体内，这种方式称为内生。有30~40种藻类常在腐殖质丰富的黑暗环境中生活，失去叶绿素，行腐生生活，如绿球藻属（*Chloroccum*）、眼虫藻属（*Euglena*）、小球藻属、衣藻属的有些种类。

藻类是植物界中最为原始的一个类群，也是最为复杂多样的一个类群。依据藻体形态、细胞壁、细胞核、载色体、光合色素、光合产物、鞭毛、繁殖方式和生境等特征，藻类可分为11个门，即蓝藻门、裸藻门、金藻门、绿藻门、黄藻门、轮藻门、硅藻门、隐藻门、褐藻门、甲藻门和红藻门。各门的主要特征及代表植物见表4.1。

4.1.2 藻类主要资源植物

1. 蓝藻门（Cyanophyta）

1）主要特征　　蓝藻细胞是地球上最古老、最原始的一群植物，在33亿~35亿年前与细菌一起出现在地球上，到寒武纪时期蓝藻特别繁盛。蓝藻大多生于淡水，少数生于海洋中，能适应多种环境。

表 4.1　藻类 11 个门的主要特征及代表植物

门	细胞壁成分	主要色素	光合产物	鞭毛数目、长度和着生位置	习性	代表植物
蓝藻门	黏肽或肽聚糖	叶绿素 a、蓝藻藻蓝素、蓝藻藻红素	蓝藻颗粒体、蓝藻淀粉	无	多淡水产，少海产，少亚气生	发菜、鱼腥藻、微囊藻、颤藻

续表

门	细胞壁成分	主要色素	光合产物	鞭毛数目、长度和着生位置	习性	代表植物
裸藻门	周质体，无细胞壁	叶绿素 a、b	裸藻淀粉	2 条，顶生	主要淡水产	裸藻、扁裸藻
绿藻门	纤维素	叶绿素 a、b	淀粉（植物淀粉）	2 条或更多，顶生	多淡水产，少海产、少亚气生	衣藻、团藻、水绵、石莼
轮藻门	纤维素	叶绿素 a、b	淀粉	精子具 2 条，顶生	淡水	轮藻、丽藻
甲藻门	纤维素	叶绿素 a、c	淀粉（α-1,4-支链葡聚糖）	1 条侧生，1 条后生	海产，淡水产	多甲藻、角甲藻
隐藻门	无细胞壁	叶绿素 a、c	淀粉	2 条不等长	淡水产，海产	隐藻、蓝隐藻
金藻门	果胶质，含硅质	叶绿素 a、c	昆布多糖（β-1,3-葡聚糖）	1 条或 2 条，顶生	主要淡水产	合尾藻、锥囊藻
黄藻门	果胶质为主，少量 SiO$_2$ 及纤维素	叶绿素 a、c	油、金藻昆布糖	2 条近顶生，略偏向腹部，不等长	主要淡水产	黄丝藻、无隔藻
硅藻门	果胶质，硅质，无纤维素	叶绿素 a、c	昆布多糖（β-1,3-葡聚糖）	仅精子具 1 条	淡水产，海产	小环藻、羽纹藻、直链藻
褐藻门	藻胶酸，褐藻糖胶，纤维素	叶绿素 a、c	昆布多糖（β-1,3-葡聚糖）	仅精子具 2 条侧生	几乎全海产	海带、鹿角菜
红藻门	外层果胶质（琼脂糖、半乳糖），内层纤维素	叶绿素 a、d	红藻淀粉（肝多糖，类似于 α-1,4-支链葡聚糖）	无	绝大多数为海产，少淡水产	紫菜、多管藻

资料来源：戴锡玲等，2016

　　蓝藻细胞具有明显的细胞壁，原生质体分化为中心质和周质两部分，细胞无细胞器和细胞核，为原核生物。中心质存在于细胞中央，含有的 DNA 以细纤丝状存在，无核膜和核仁结构，但有核物质的功能，称原核或拟核。中心质的周围是周质，在周质中可看到类囊体（光合作用片层），是由膜层形成扁平封闭的小囊，其表面有叶绿素 a、藻胆体、叶黄素等；光合作用的产物为蓝藻颗粒体和蓝藻淀粉，分散在周质中，也是营养贮藏物质。藻胆体由藻蓝蛋白和藻红蛋白组成，两者分别是由蓝藻藻蓝素和蓝藻藻红素与组蛋白结合成的颗粒体。蓝藻细胞壁的主要成分为黏肽或肽聚糖，此外，还含有脂多糖、脂蛋白，不含纤维素。

　　蓝藻有单细胞个体、群体和丝状体，群体类型有的还具有胶质鞘，胶质鞘常可耐旱、耐高温等。蓝藻可通过细胞分裂进行繁殖，也可通过藻殖段和产生厚壁孢子进行繁殖。

许多蓝藻都有固氮功能，可和固氮细菌相媲美。有一些丝状蓝藻的藻丝上常含有特殊细胞，叫异形胞。异形胞是藻丝上一种比营养细胞大的特殊细胞，内常呈无色透明状。营养细胞形成异形胞时，细胞内的贮藏物或颗粒体解体，类囊体破碎，形成新的膜，并在细胞壁外分泌出新的壁物质，因而异形胞的壁较厚。异形胞可萌发形成新的藻丝体；异形胞可形成内生孢子及在异形胞处藻体常断裂形成藻殖段，与生殖有关。此外，在异形胞中常形成固氮酶系统，能进行固氮作用。

蓝藻约有150属，1500种，全部包括在蓝藻纲（Cyanophyceae）中，一般分为3个目：色球藻目（Chroococcales）、管胞藻目（Chamaesiphonales）和颤藻目（Osillatoriales）。

2）代表植物　蓝藻常见植物有色球藻属（*Chroococcus*）、微囊藻属（*Microcystis*）、管胞藻属（*Chamaesiphon*）、颤藻属（*Oscillatoria*）、鱼腥藻属（*Anabaena*）、念珠藻属（*Nostoc*）、螺旋藻属（*Spirulina*）、席藻属（*Phormidium*）、单歧藻属（*Tolypothrix*）、柱孢藻属（*Cylindrospermum*）、真枝藻属（*Stigonema*）植物等。可食用的蓝藻主要有以下种类。

（1）念珠藻属（*Nostoc*），属于颤藻目（Oscillatoriales）念珠藻科（Nostocaceae）。植物体是由一列细胞组成不分枝的丝状体。丝状体常无规则地集合在一个公共的胶质鞘中，形成肉眼能看到或看不到的球状体、片状体或不规则的团块。丝状体细胞圆形，排成一行如念珠状。丝状体有或无个体胶质鞘。异形胞壁厚。以藻殖段进行繁殖。丝状体上有时有厚壁孢子。念珠藻属生长于淡水中、潮湿土壤上或岩石上。本属的地木耳（*N. commune*）和发菜（*N. flagelliforme*）（图4.1）可供食用。

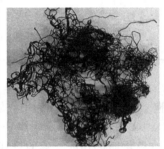

地木耳　　　　　　　　发菜　　　　　　　　葛仙米

图4.1　蓝藻代表植物（地木耳、葛仙米自曹建国；发菜自王全喜）

（2）葛仙米（*Nostoc commune*），属于念珠藻科，古名天仙菜、珍珠菜，俗称地木耳。葛仙米生长在山区无工业污染的水域。藻体细胞圆球形，连成弯曲不分枝的念珠状丝状体，外被胶质鞘，许多丝状体再集合成群，被总胶质鞘包围，群体呈球形，蓝绿色或橄榄绿色（图4.1）。葛仙米内含15种氨基酸（人体所需8种氨基酸占7种）、干物质总蛋白高达52%～56%，维生素C含量接近鲜枣，维生素B_1、维生素B_2含量较高，含矿物质15种，即磷、硫、钙、钾、铁、锶、钇、铅、硅、镁、钡、锗、锌、铜、锰，还有藻类淀粉和其他糖类。蛋白质含量高于黄豆，含钙量为蔬菜中少见，碳水化合物高于许多蔬菜，提供热量适中，为良好的天然保健食品。

（3）螺旋藻（*Spirulina*），属于颤藻科（Oscillatoriaceae）螺旋藻属。藻体丝状，螺旋状弯曲，单生或集群聚生，原产北非。它含有 50% 的蛋白质及丰富的维生素，非洲当地人收集后晒干，做糕点食用。中国、美国和墨西哥等国已制成商品出售，能防治营养不良症，增强免疫力。

2.　绿藻门（Chlorophyta）

1）主要特征　　绿藻分布在淡水和海水中，淡水产种类约占 90%，海产种类约占 10%。绿藻门植物有单细胞、群体、丝状体和叶状体等类型。

绿藻细胞有细胞壁，内层为纤维素，外层为果胶质；具有真正的细胞核；细胞质中具有进行光合作用的细胞器，称为色素体，色素体与高等植物的叶绿体结构类似，主要色素为叶绿素 a 和叶绿素 b、α-胡萝卜素和 β-胡萝卜素及一些叶黄素类；色素体内有蛋白核，贮藏的物质主要有淀粉和油类。有少数单细胞和群体类型的营养细胞前端有鞭毛，终生能运动。绝大多数绿藻的营养体不能运动，只在繁殖时形成的游动孢子和配子有鞭毛。

绿藻的繁殖有营养繁殖、无性生殖和有性生殖。无性生殖可形成游动孢子或静孢子。有性生殖的生殖细胞叫配子，两个配子结合形成合子，合子直接萌发成新个体，或经过减数分裂形成孢子，再发育成新个体。有性生殖又有同配生殖、异配生殖和卵式生殖三种。①在形状、结构、大小和运动能力等方面完全相同的两个配子结合，称为同配生殖；②在形状和结构上相同，但大小和运动能力不同，大而运动能力迟缓的为雌配子，小而运动能力强的为雄配子，这两种配子的结合称为异配生殖；③在形状、大小和结构上都不相同的配子，大而无鞭毛不能运动的为卵，小而有鞭毛能运动的为精子，精卵结合称为卵式生殖。绿藻中有性生殖除了上述三种外，还有接合生殖，即由两个没有鞭毛能变形的配子结合的一种生殖方式。

绿藻门是藻类植物中最大的 1 个门，约有 350 个属，5000～8000 种，分成绿藻纲（Chlorophyceae）和接合藻纲（Conjugatae, Conjugatophyceae）。绿藻纲分为 13 个目，即多毛藻目（Polyblepharidales）、四片藻目（Tetraselmidales）、团藻目（Volvocales）、四孢藻目（Tetrasporales）、绿球藻目（Chlorococcales）、丝藻目（Ulotrichales）、胶毛藻目（Chaetophorales）、石莼目（Ulvales）、橘色藻目（Trentepohliales）、鞘藻目（Oedogoniales）、刚毛藻目（Cladophorales）、管藻目（Siphonales）、环藻目（Sphaeropleales）；接合藻纲分为 2 个目，即双星藻目（Zygnematales）和鼓藻目（Desmidiales）。

2）代表植物　　绿藻常见植物有衣藻属（*Chlamydomonas*）、团藻属（*Volvox*）、小球藻属（*Chlorella*）、栅藻属（*Scenedesmus*）、盘星藻属（*Pediastrum*）、水网藻属（*Hydrodictyon*）、十字藻属（*Crucigenia*）、绿球藻属（*Chlorococcum*）、四角藻属

（*Tetraedron*）、丝藻属（*Ulothrix*）、石莼属（*Ulva*）、浒苔属（*Enteromorpha*）、礁膜属（*Monostroma*）、刚毛藻属（*Cladophora*）、松藻属（*Codium*）、水绵属（*Spirogra*）、双星藻属（*Zygnema*）、转板藻属（*Mougeotia*）、新月藻属（*Closterium*）和鼓藻属（*Cosmarium*）等植物。可食用绿藻主要有以下种类。

（1）小球藻（*Chlorella vulgaris*），属于绿球藻目小球藻科（Chlorococcaceae）小球藻属，是广泛分布于淡水、土壤及潮湿树干上的单细胞藻类。藻体圆球形，没有鞭毛，色素体杯形，繁殖极快（图 4.2）。细胞含丰富的蛋白质、多种维生素及抗生素（小球藻素），是很好的粮食代用品，也是理想的牲畜饲料。

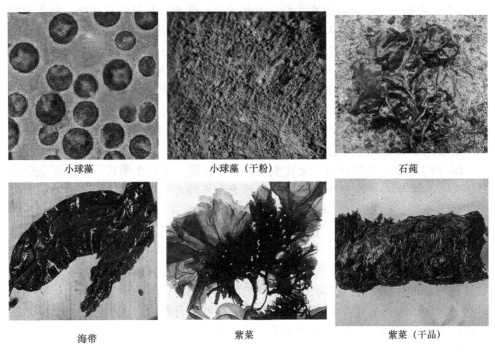

| 小球藻 | 小球藻（干粉） | 石莼 |
| 海带 | 紫菜 | 紫菜（干品） |

图 4.2　真核藻类代表植物（海带、紫菜自戴锡玲；石莼自曹建国）

（2）石莼（*Ulva lactuca*），属于石莼目石莼科（Ulvaceae）石莼属。植物体是大型多细胞片状体，由两层细胞构成。片状体呈椭圆形、披针形、带状等。植物体下部长出无色的假根丝，假根丝生在两层细胞之间并向下生长，伸出植物体外，互相紧密交织，构成假薄壁组织状的固着器，固着于岩石上。藻体细胞排列不规则但紧密，细胞间隙富有胶质，细胞单核，载色体片状，位于片状体细胞的外侧，有 1 枚蛋白核。可供食用，俗称海白菜或海青菜（图 4.2）。

（3）水绵属（*Spirogyra*），属于接合藻目双星藻科（Zygnemataceae），是淡水中一种多细胞丝状体，细胞圆柱形，有一至多条长带状的色素体，螺旋盘绕于细胞外周。秋季开始有性生殖，2 个水绵丝靠拢并列，细胞分别向对方长出管状突起，双方突起相遇，打通，而成一系列接合管。细胞中原生质收缩成圆球，相当于配子；一个水绵丝中的配子从接合管进入另一水绵丝的细胞中，与其中配子融合而成二倍体的合子。合子外有厚壁，能耐受干旱和严寒。第二年春，合子减数分裂而产生单倍体的水绵丝。

绿藻中可食用的还有溪菜、刚毛藻、礁膜、浒苔、海松等。

3. 褐藻门（Phaeophyta）

1）主要特征　　褐藻几乎全为海产，是多细胞植物体，有大型带状和分枝的丝状体。藻体含有叶绿素 a、叶绿素 c、胡萝卜素及叶黄素，其中以胡萝卜素及叶黄素较多，因此常呈褐色。贮藏的物质主要是褐藻淀粉和甘露醇。许多褐藻细胞中含有大量碘，如在海带属的藻体中，碘占鲜重的 0.3%，而每升海水中仅含碘0.0002%，因此，它是提取碘的工业原料。

褐藻门大约有 250 属，1500 种。根据它们世代交替的有无和类型，一般分为3 个纲，即等世代纲（Isogeneratae）、不等世代纲（Heterogeneratae）和无孢子纲（Cyclosporae）。

2）代表植物　　褐藻常见植物有水云属（Ectocarpus）、海带属（Laminaria）、鹿角菜属（Pelvetia）、黑顶藻属（Sphacelaria）、网地藻属（Dictyota）和马尾藻属（Sargassum）等。可食用褐藻主要有以下种类。

（1）海带（Laminaria japonica），属于海带属（图 4.2），原是苏联远东地区、日本和朝鲜北部沿海的特产，后来由日本传到大连沿海，并逐渐在辽东和山东半岛的肥沃海区生长，是我国常见植物。海带要求水温较低，夏季平均温度不超过20℃，而孢子体生长的最适温度是 5～10℃。海带是海岸植物中个体较大，质柔味美，营养价值和经济价值较高的一种海藻。不仅含碘量高达 0.2%～0.4%，可作为药用，而且是优良的海产蔬菜。每 100g 海带干品中含有胡萝卜素 0.57mg、维生素 B$_1$ 0.09g、维生素 B$_2$ 0.36mg、烟酸 1.6mg、蛋白质 8.2g、脂肪 0.1g、糖 57g、无机盐 12.9g、钙 2.25g、铁 0.15g、粗纤维 9.8g、热量 262kcal。海带是人类摄取钙、铁的宝库。海带还是经济价值很高的工业原料，特别是所含的糖类、褐藻酸、甘露醇等。

（2）昆布（Ecklonia kurome），属于翅藻科昆布属，也称鹅掌菜。藻体深褐色，革质，固着器分支状，柄部圆柱状，上部叶状带片扁平，不规则羽状分裂，表面略有皱褶。该科常见的还有裙带菜（Undaria pinnatifida），两者均可食用和作为昆布入药。

可食用褐藻还有羊栖菜和鹿角菜等。

4. 红藻门（Rhodophyta）

1）主要特征　　红藻门植物体多数是多细胞的，少数是单细胞的，藻体有简单的丝状体，也有形成假薄壁组织的叶状体或枝状体。藻体一般较小，高 10cm 左右，少数可超过 1m 以上。载色体中含有叶绿素 a 和 d、类胡萝卜素和叶黄素类。此外，还有不溶于脂肪而溶于水的藻红素和藻蓝素。一般是藻红素占优势，故藻体多呈红色。藻红素能吸收穿透力较强的绿、蓝和黄光等短波光，因而红藻可在深水中生活，甚至有的种在深达 100m 处生长。红藻细胞中的贮藏物为红藻淀粉，它是一种肝糖类多糖，以小颗粒状存在于细胞质中。

红藻门约有 558 属，3740 余种，又分 2 个亚纲，即紫菜亚纲（Bangioideae）和真红藻亚纲（Florideae）。

2）代表植物　红藻常见植物有紫球藻属（*Porphyridium*）、紫菜属（*Porphyra*）、多管藻属（*Polysiphonia*）、串珠藻属（*Batrachospermum*）、海索面属（*Nemalion*）、珊瑚藻属（*Corallina*）、仙菜属（*Ceramium*）、松节藻属（*Rhodomela*）、石花菜属（*Gelidium*）、海萝属（*Gloiopeltis*）和江蓠属（*Gracilaria*）等。可食用红藻主要有以下种类。

（1）紫菜属（*Porphyra*），植物体为叶状体，有卵形、竹叶形、不规则圆形等多种形态，边缘多少有些皱褶，一般高 20～30cm，宽 10～18cm。基部楔形或圆形，以固着器固着于海滩岩石上。藻体薄，紫红色、紫色或紫蓝色，单层或 2 层细胞，外有胶层。细胞单核。1 枚星芒状载色体，中轴位，有蛋白核。藻体生长为弥散式（图 4.2）。

紫菜的种类很多，现已发现的就有 70 多种，主要品种有坛紫菜、条斑紫菜、圆紫菜等。晒干的紫菜含有 25%～35% 的粗蛋白和 50% 的糖。在糖中，有 2/3 是可溶性能消化的五碳糖。紫菜含有丰富的维生素和矿物质，特别是维生素 B_{12}、维生素 B_1、维生素 B_2、维生素 A、维生素 C、维生素 E 等，还含有胆碱、胡萝卜素、硫胺素、烟酸、碘等。它具有清热利尿、补肾养心、降低血压、促进人体代谢等多种功效。紫菜富含二十碳五烯酸（EPA）和二十二碳六烯酸（DHA），可以预防人体衰老；它含有大量可以降低有害胆固醇的牛磺酸，有利于保护肝脏。紫菜的 1/3 是食物纤维，可以保持肠道健康。紫菜中较丰富的胆碱对记忆衰退有改善作用。海苔就是条斑紫菜的商品名。

（2）琼枝（*Eucheuma gelatinae*），为红翎菜科琼枝藻属。藻体平卧，表面紫红色或黄绿色，软骨质，具不规则叉状分支，一面常有锥状突起，生于大干潮线附近的碎珊瑚上或石缝中。全藻含琼脂、多糖及黏液质。琼胶（琼脂）可作微生物培养基，也可食用。

（3）紫球藻属（*Porphyridium*），该属植物体为单细胞，细胞圆形或椭圆形。载色体星芒状，中轴位，有蛋白核，无淀粉鞘。常生活于潮湿的地上和墙角，可作纯培养。

除紫菜和紫球藻外，红藻中的海索面、石花菜、海萝、麒麟菜、鸡冠菜、江篱等都是营养价值很高的藻类，含有大量糖、蛋白质、脂肪、无机盐、各种维生素和有机碘。

4.2 菌 类 植 物

4.2.1 菌类的主要特征

菌类植物为异养有机体，不进行光合作用，由吸收作用摄取营养；固着生活，是典型的不动有机体，但可以出现游动时期的游动孢子。菌类有明显的细胞壁，有细胞核，行有性生殖和无性繁殖。菌类植物约有 90 000 余种，可分为细菌门、黏菌门和真菌门。

4.2.2　菌类主要资源植物

1．细菌门（Bacteriophyta）

1）主要特征　　细菌是微小的单细胞生物，平均体长 2～3μm，宽 0.5μm，在高倍显微镜或电子显微镜下才能观察清楚。它有细胞壁，其化学成分为黏质复合物；没有细胞核，属于原核生物。绝大多数细菌不含叶绿素，是异养植物；通常在形态上分为球菌、杆菌和螺旋菌 3 种类型。细菌的繁殖方法为细胞分裂，不进行有性生殖。细菌的裂殖速度快，在最适的条件下，20～30min 就能分裂 1 次，并可继续分裂若干次。

细菌约有 2000 多种，分布十分广泛，几乎遍布地球的各个角落，空气、水、土壤，甚至生物体内外都有细菌的存在。

2）代表植物　　在自然界中分布着大量腐生细菌，它和其他腐生真菌联合起来，把动物、植物的尸体和排泄物及各种遗弃物分解为简单物质，直至变为水、二氧化碳、氨、硫化氢或其他无机盐类。

细菌虽不能直接食用，但与食品工业密切相关，在酿酒工业及面包食品生产中，作为酸化剂的乳酸是由细菌发酵产生的，如德氏乳酸杆菌（*Lactobacillus delbrueckii*）、保加利亚乳酸杆菌（*L. bulgaricus*）、赖氏乳酸杆菌（*L. leichmannii*）等都能生产 D (-)-乳酸；瑞士乳酸杆菌（*L. helveticus*）、嗜酸乳酸杆菌（*L. acidophilus*）、弯曲乳酸杆菌（*L.curvatus*）可以生产 DL- 乳酸。

工业上常通过发酵的方法利用细菌制取氨基酸，如利用微球菌（*Micrococcus glulamicus*）、黄杆菌（*Brevibacterium flavum*）、二歧短杆菌（*Brevibacterium divaricatum*）制取谷氨酸；用黄色杆菌的赖氨酸类似物 AEC［S-(α-氨基乙基)-L-半胱氨酸］的抗性变异体可以生产赖氨酸；谷氨酸微球菌（*M. glutamicus*）的氨基酸缺陷型突变株可以用来生产鸟氨酸。

2．黏菌门（Myxomycota）

1）主要特征　　黏菌是介于动物和真菌之间的生物。黏菌在生长期或营养期为裸露的无细胞壁多核的原生质团，称变形体（plasmodium），其营养体构造、运动或摄食方式与原生动物中的变形虫相似，但在繁殖时期产生具纤维质细胞壁的孢子，又具真菌的性状。

黏菌门约有 500 种，一般分为 3 个纲，即集胞菌纲（Acrasiomycetes）、黏菌纲（Myxomycetes）和根肿菌纲（Plasmodiophoromycetes）。黏菌大多数生于森林中阴暗和潮湿的地方，如腐木上、落叶上或其他湿润的有机物上。

2）代表植物　　大多数黏菌为腐生菌，无直接的经济意义，只有极少数黏菌寄生在经济植物上，危害寄主，如芸薹根肿菌（*Plasmodiophora brassicae*）侵害十字花科植物根部，使根的薄壁组织膨大而患根肿病。目前，人们研究较多的有盘基网柄菌（*Dictyostelium discoideum*）、发网菌属（*Stemonitis*）和多头绒泡菌（*Physarum polycephalum*）等。

3．真菌门（Eumycota）

1）主要特征　　除少数单细胞真菌外，绝大多数的真菌是由菌丝（hypha）构成的，称菌丝体（mycelium）。菌丝有的分隔，有的不分隔，分别称为有隔菌丝和无隔菌丝。无隔菌丝是多核的，有隔菌丝每个细胞内含 1 或 2 个核。某些真菌在环境条件不良或繁殖的时候，菌丝互相密结，菌丝体变态成菌丝组织体，常见的有根状菌索、子座和菌核。

真菌的细胞不含叶绿素，是典型的异养生物。真菌的生活方式可分为寄生和腐生。凡从活的动物、植物体吸取养分的称为寄生；从动植物尸体及无生命的有机物质吸取养料的称为腐生。寄生和腐生一般无严格的界限。

绝大部分真菌细胞均有细胞壁，某些低等真菌的细胞壁为纤维素，高等真菌细胞壁的主要成分为几丁质。菌丝细胞内贮存的养分主要是肝糖，少量的蛋白质和脂肪及微量的维生素。

真菌的繁殖通常有营养繁殖、无性生殖和有性生殖 3 种。其中，无性生殖发达，形成各式孢子。

据统计，世界上已被描述的真菌约有 10 000 属，12 余万种。按照 Ainsworth（1973）的系统，真菌分 5 个亚门：鞭毛菌亚门、接合菌亚门、子囊菌亚门、担子菌亚门和半知菌亚门。各亚门的主要特征及代表植物见表 4.2。

表 4.2　真菌 5 个亚门的主要特征及代表植物

亚门	菌丝体	无性生殖	有性生殖	代表植物
鞭毛菌亚门	无隔多核菌丝体	游动孢子或分生孢子	卵孢子	水霉
接合菌亚门	无隔多核菌丝体	孢囊孢子	接合孢子	根霉
子囊菌亚门	有隔单核菌丝体，少数单细胞	分生孢子	子囊孢子	青霉、曲霉、麦角菌
担子菌亚门	有隔单核或双核菌丝体	分生孢子或粉孢子	担孢子	伞菌、锈菌
半知菌亚门	有隔菌丝体	分生孢子	不详	稻瘟病菌

资料来源：戴锡玲等，2016

2）代表植物　　食用菌是一类具有高等子实体的大型真菌，俗称蘑菇或蕈，自然界共有各类食用、药用菌 5000 多种，我国目前已知的食用菌近 900 种，其中已经人工驯化栽培或利用菌丝体进行发酵培养的有近百种，如香菇、蘑菇、金针菇、黑木耳、牛肚菌、榛蘑、竹荪（图 4.3）等。已经药用的或已经试验证明有药效的有 500 多种，如茯苓、安络小皮伞、灵芝、冬虫夏草、猴头菇等。

我们的祖先早在 6000～7000 年前的仰韶文化时期就采食蘑菇。2000 年前的《礼记》等著作中也有关于古代采用食用菌的记述。现代研究认为，食用菌不但蛋

香菇	牛肚菌	木耳
银耳	松茸	榛蘑

图 4.3　真菌代表植物（自曹建国）

白质及各种微量元素，如铁、锌、硒等的含量非常丰富，而且富含人体必需的 8 种氨基酸、多糖和腺苷等成分，对促进人的大脑发展、增强生理机能、提高机体的免疫力等具有明显作用。

（1）蘑菇属［伞菌属（*Agaricus*）］，属于担子菌亚门，菌盖肉质，形状规则，多为伞形，菌柄中生，肉质，易与菌盖分离；有菌环，菌褶离生，初期白色或淡色，后变为紫褐色或黑色。孢子印为暗紫褐色，孢子紫褐色。本属生于地上，许多种可供食用。

蘑菇（*Agaricus campestris*）是最常见的滋味鲜美的食用菌之一，生于园地、旷野、林缘或粪土上。在夏季园地的沃土上，常发现一片白色绒毛，即菌丝体，不久就见到菌索，在菌索上出现白色直径 1 至数毫米的小球，称担子果原基；再过几日，就形成广卵形或近球形，直径数厘米纯白色的菌蕾。不久，菌蕾展开成伞状的担子果。担子果肉质，上部为菌盖（伞盖），充分展开时，直径可达 10~20cm。菌盖初期呈半球形，渐平展呈伞状，盖面光滑，有时后期有毛状鳞片，颜色纯白色至近白色，并带淡褐色，菌盖下为菌柄，连在菌盖的中央，与盖面同色。在菌盖未展开前，菌柄短而粗，中实；充分发展时，菌柄近圆柱形，长 5~12cm，粗 1~3cm，内部松软，稍空，菌环白色，膜质，附于菌柄上部，老熟的担子果，菌环脱落。菌盖内部为菌肉，白色，肉质，由双核的长管状菌丝构成。在菌肉的下部有辐射状排列的薄片状菌褶，其基部与柄离生，中部宽，初期白色，后变为粉红色，最后变为黑褐色。从菌褶的横断面可以看到由 3 层组织构成，表面为子实层，是一层棒状细胞，其下面为子实层基，由等直径细胞构成，最里边是由长管形细胞构成的菌髓，这些细胞的长轴与子实层平行。子实层是由棒状的担子和近同形不育细胞侧丝相间排列的单层网状层。担子实质上是有性繁殖器官，单细胞，双核（雌、雄各 1）。先行核配，形成双相的合子核；再经减数分裂，形成 4 个单相核；然后在担子的顶端产生 4 个突起，称担子小柄，每个核流入突起中，形成担孢子。担孢子棕色或深棕色，2 个为雌性，2 个为雄性。

（2）香菇（*Lentinus edodes*），又名香蕈、香信、香菰、椎茸，属担子菌亚门伞菌目光茸菌科香菇属。香菇是我国一种著名的食药兼用菌。菌蕾圆形，表面茶褐色，皮有绿色鳞片，肉质嫩厚，干菇有特有的香味（图 4.3）。据分析，每 100g 干品中，含水分 13g，脂肪 1.8g，碳水化合物 54g，粗纤维 7.8g，灰分 4.9g，钙 124mg，磷 415mg，铁 25.3mg，维生素 B_1 0.07mg，维生素 B_2 1.1g，烟酸 18.9g，蛋白质 2.35g，其中谷氨酸为 17.5%。含有 18 种氨基酸，7 种为人体所必需。所含麦角甾醇，可转变为维生素 D，有增强人体抗疾病和预防感冒的功效；腺嘌呤和胆碱可预防肝硬化和血管硬化；酪氨酸氧化酶有降低血压的功效；双链核糖核酸可诱导干扰素产生，还有抗病毒作用。《本草纲目》认为，香菇甘平无毒。《医学纂要》认为，香菇甘寒，可托痘毒。《日用本草》认为，香菇益气，不饥、治风破血。《本经逢原》认为，香菇大益胃气。《现代实用中药》认为，香菇为补维生素 D 的要剂，预防佝偻病，并治贫血，香菇多糖具有明显的降低血脂的作用。民间将香菇用于解毒，益胃气和治风破血。香菇的人工栽培在我国已有 800 多年的历史，我国目前已是世界上香菇生产的第一大国。

（3）平菇［侧耳（*Pleurotus ostreatus*）］，属于担子菌亚门伞菌目侧耳科侧耳属，风味浓郁，是一种低脂肪、高蛋白的食用菌，是世界各国广泛生产和消费的五大食用菌品种之一，已被联合国粮食及农业组织（FAO）列为解决世界营养源问题最重要的食用菌品种，提倡发展中国家的贫困地区进行平菇生产，以缓解蛋白质匮乏的问题。我国民间早在 700 年前就已经采食平菇，称其为"天花菌"或"天花菜"。1245 年，南宋陈仁玉的《菌谱》上已有记载。1330 年，开始有栽培。1972 年以来，河南首先用棉籽壳生料栽培平菇成功。1978 年，河北晋县（今河北省晋州市）用棉籽壳栽培又获得大面积高产，从而引发我国广大乡村及城郊普遍栽培和消费，其总产量仅次于香菇。

（4）银耳（*Tremella fuciformis*），属于担子菌亚门银耳科银耳属的腐生菌。子实体（图 4.3）乳白色或带淡黄色，半透明，由许多薄而皱褶的菌片组成，呈菊花状。野生银耳主要产于长江以南山区，多生长在阴湿山区栎属或其他阔叶树的腐木上。银耳是一种滋补性食用菌，能补肾强精，滋阴养胃，润肺止咳。

（5）牛肝菌（*Boletus edulis*），担子菌亚门牛肝菌科著名食用菌。牛肝菌营养丰富，味道鲜美，具有清热解烦、养血和中、助消化、追风散寒、补虚提神之功效。民间常用于治疗感冒咳嗽，食积腹胀，脾虚神疲及妇女白带过多等症。

（6）松茸（*Tricholoma matsutake*），担子菌亚门口蘑科口蘑属。松茸（图 4.3）性平味甘，可治脾胃虚弱、肺燥咳嗽等。其具有很高的营养价值，被誉为"蘑菇之王"。

（7）鸡枞（*Collybia albuminosa*），担子菌亚门白蘑科著名的野生食用菌。鸡枞菌性平味甘，有补益肠胃、疗痔止血之功效，可治脾虚纳呆、消化不良、痔疮出血等症。鸡枞菌色泽洁白，肉质细嫩。

（8）根霉属（*Rhizopus*），属于接合菌亚门毛霉目（Mucorales），最常见的是匍枝根霉（*Rhizopus stolonifer*），又称黑根霉或面包霉。它生于面包、馒头和富含淀粉质的食物上，使食物腐烂变质。匍枝根霉的孢子囊球形，内生大量孢子，孢子落到基质上，萌发出芽管，发展为菌丝体，在基质表面蔓延出大量的匍匐枝。在匍匐枝的一些紧贴基质处生出假根，伸进基质吸取营养。在假根的上方生出 1 至数条直立的孢囊梗，其顶端膨大形成孢子囊，幼孢子囊的中央为囊轴，外围发育为孢囊孢子。米根霉（*R. oryzae*）的淀粉酶可用于制曲和酿酒，华根霉（*R. chinonsis*）可生产乳酸。

（9）毛霉属（*Mucor*），属于毛霉目（Mucorales），它和根霉属的主要区别为无匍匐枝，孢子梗单株从菌丝上发生，分枝或不分枝。毛霉属和根霉属用途很广，它们含大量的淀粉酶，能分解淀粉为葡萄糖，这种糖化作用是酿酒的第一步，酿酒的第二步是由酵母菌的发酵作用把葡萄糖发酵为酒。酿酒业必须先利用毛霉和根霉制成酒曲后再酿酒。在酿造工业上，利用酵母、曲霉、毛霉和根霉等菌种造酒。

（10）酵母菌属（*Saccharomyces*），属于子囊菌亚门酵母菌目，有 30 余种，是子囊菌中最低等的类型。酵母菌属是单细胞，主要行出芽生殖，有时生出的芽不脱落，可形成数个细胞连成的假菌丝。其有性生殖多由 2 个营养细胞结合，合子经减数分裂形成具 4～8 个子囊孢子的子囊。子囊裸露，不形成子囊果。该属喜生于含糖丰富的基质中，能将葡萄糖、果糖、甘露糖等单糖吸收到体内，在一系列酶的作用下酵解，产生二氧化碳和乙醇，并借此获得生命活动所需的能量。酿造工业上可用其生产乙醇来造酒，并将这一过程称为发酵。在食品工业上，用酵母菌发酵产生的二氧化碳制作面包、馒头等发酵食物。

4.3　地　衣　植　物

4.3.1　地衣植物的主要特征

地衣是某些真菌和藻类共生，形成的具有高度遗传稳定性的特殊植物体。构成地衣体的真菌，绝大部分属于子囊菌亚门的盘菌纲（Discomycetes）和核菌纲（Pyrenomycetes），少数为担子菌亚门的伞菌目和非褶菌目（多孔菌目）的某几个属。地衣体中的菌丝缠绕藻细胞，并从外面包围藻类。藻类光合作用制造的有机物大部分被菌类所夺取，藻类和外界环境隔绝，不能从外界吸取水分、无机盐和二氧化碳，只好依靠菌类供给，它们是一种特殊的共生关系。菌类控制藻类，地衣体的形态几乎完全由真菌决定。

地衣的形态基本上可分为 3 种类型：①壳状（crustose）地衣体是壳状物，菌丝与基质紧密相连接，有的还生假根伸入基质中，因此，很难剥离，如生于岩石上的茶渍衣属（*Lecanora*）和生于树皮上的文字衣属；②叶状（foliose）地衣体呈叶片状，四周有瓣状裂片，常由叶片下部生出一些假根或脐，附着于基质上，易与基质剥离，如生在草地上的地卷衣属、脐衣属（*Umbilicaria*）和生在岩石上或树皮上的梅衣属；③枝状（fruticose）地衣体树枝状，直立或下垂，仅基部附着于基质上，如直立地上的石蕊属（*Cladonia*）、石花属（*Ramalina*），悬垂分枝生于云杉、冷杉树枝上的松萝属。

叶状地衣的构造可分为上皮层、藻胞层、髓层和下皮层。上皮层和下皮层均由致密交织的菌丝构成。藻胞层是在上皮层之下由藻类细胞聚集成的一层。髓层介于藻胞层和下皮层之间，由一些疏松的菌丝和藻细胞构成，这样的构造称异层地衣（heteromerous lichen），如蜈蚣衣属（*Physcia*）、梅衣属。藻细胞在髓层中均匀地分布，不在上皮层之下集中排列成一层，即无藻胞层，这种构造称同层地衣（homolomerous lichen），如猫耳衣属（*Leptogium*）。

地衣植物全世界有 500 余属，25 000 余种。大部分地衣是喜光性植物，要求新鲜空气，因此，在人烟稠密，特别是工业城市附近见不到地衣。地衣一般生长很慢，数年内才长几厘米。地衣能忍受长期干旱，干旱时休眠，雨后恢复生长，因此，可以生长在峭壁、岩石、树皮上或沙漠中。地衣耐寒性很强，因此，在高山带、冻土带和南、北极，其他植物不能生存，而地衣独能生长繁殖，常形成地衣群落。

4.3.2　地衣主要代表植物

地衣体中含有淀粉和糖类，多种地衣可供食用，如石耳、石蕊（图 4.4）、冰岛衣等。北欧一些国家用地衣提取淀粉、蔗糖、葡萄糖和乙醇。在北极和高山苔原带，分布着面积巨大的地衣群落，为驯鹿和鹿等动物的主要饲料。地衣可用于医药，我国古代祖先就利用地衣作药材，松萝、石蕊、石耳是沿用已久的中药。肺衣可用于治疗肺病、肺气喘；狗地衣可治狂犬病；绿皮地卷可治小儿鹅口疮；地衣酊可治疗结核性淋巴腺炎。

（1）石蕊属（*Cladonia*）。果柄单一中空，柱状或树枝状多分枝，末端扩大或否。果柄皮层菌丝排列方向与果柄垂直。子囊盘蜡盘形。孢子无色，单胞，稀为 2～4 胞，卵形、长椭圆形至纺锤形（图 4.4）。藻类为共球藻。石蕊可以生津、润咽、解热、化痰。

（2）松萝属（*Usnea*）。地衣体丛枝状，直立、半直立至悬垂。枝体圆柱形至棱柱形，通常具软骨质中轴。子囊盘茶渍型，果托边缘往往有纤毛状小刺。子囊内含 8 个孢子，无色，单胞，椭圆形（图 4.4）。地衣体内含松萝酸，为抗生素和吲哚的

梅衣　　　　　　　　　　石蕊　　　　　　　　　　松萝

图 4.4　地衣代表植物（自曹建国）

原料。用松萝酸研制的用于治疗外科化脓药物已见成效；用它制成的消化脓剂、外科杀菌剂可使伤口防腐，促进愈合；用松萝酸治疗宫颈糜烂、乳头龟裂等都有效。用松萝酸制软膏，治外伤、烧伤的效果比用青霉素的效果还好。松萝用于疗痰、治疟、催吐和利尿。长松萝（*Usnea longissima*）是该属最常见的一种，分布普遍。

（3）梅衣属（*Parmelia*）。地衣体叶状，较薄，上、下皮层间无膨胀空腔。上表面灰色、灰绿色、黄绿色至褐色，具粉芽或裂芽，或无。下表面淡色、褐色至黑色，边缘淡色，有假根。子囊盘散生于上表面，子囊内有 8 个孢子，孢子无色，单胞，近圆形至椭圆形（图 4.4）。

（4）文字衣属（*Graphis*）。地衣体壳状，生于树皮上，表生或内生，无皮层或具微弱的皮层。子囊盘曲线形，稀为长圆形，深陷于基物表面或突出。盘面狭缝状，有时缝隙较宽。子囊内含 4～8 个孢子，孢子无色，熟后暗色，长椭圆形或腊肠形，双胞至多胞。

（5）地卷衣属（*Peltigera*）。地衣体叶状或鳞片状。子囊盘半被果形，生于裂片的顶端表面或叶缘表面，或在叶面中央并凹陷。子囊盘大，子囊内含 4～8 个孢子，孢子长椭圆形至近针形，无色或淡褐色。

4.4　苔藓植物

4.4.1　苔藓植物的主要特征

苔藓植物是一群小型的绿色植物，在生活史中有两种植物体，二者进行世代交替。苔藓的植物体为叶状体或茎叶体，为配子体，在世代交替中占优势；孢子体不能独立生活，寄生在配子体上。

苔藓植物的有性生殖器官发生于配子体上，雌性生殖器官称颈卵器，颈卵器的外形如瓶状，上部是细狭的颈部，下部是膨大的腹部。颈部的外壁由 1 层细胞构成，中间有 1 串颈沟细胞。腹部的外壁由多层细胞构成，中间有 1 个大的卵细胞。在卵细胞与颈沟细胞之间为腹沟细胞。雄性生殖器官称为精子器，精子器的外形多呈棒状或球状，精子器的外壁由 1 层细胞构成，精子器内具有多数精子。苔藓植物的受精必须借助于水，精子通过破裂的颈沟细胞与腹沟细胞而与卵结合，形成合子，合子不经过休眠即开始分裂而形成胚。苔藓植物有颈卵器和胚的出现，是高级适应性状。因此，将苔藓植物、蕨类植物和种子植物合称为有胚植物，并列于高等植物范畴之内。

由胚发育成的孢子体通常分为 3 个部分：上端为孢子囊，又称孢蒴，孢蒴下有蒴柄，蒴柄最下部有基足，基足伸入配子体的组织中吸收养料，以供孢子体的生长，故孢子体寄生于配子体上。孢蒴中含有大量孢子，产生孢子的组织称造孢组织，造孢组织产生孢子母细胞，每个孢子母细胞经过减数分裂形成 4 个孢子，孢子成熟后散布于体外。

孢子在适宜的生活环境中萌发成丝状体，称原丝体，原丝体生长一个时期后，在原丝体上再生成配子体。

苔藓植物约有 23 000 种，遍布于世界各地，多适生于阴湿的环境中。我国约有 2800 多种。根据其营养体的形态结构，分为苔纲（Hepaticae）、角苔纲（Anthocerotae）和藓纲（Musci），它们的主要特征见表 4.3。

表 4.3　苔藓 3 个纲的主要特征

	特征	苔纲	角苔纲	藓纲
配子体	形态	叶状体或茎叶体	叶状体	茎叶体
	假根	单细胞	单细胞	单列多细胞
	中肋	无	无	多数有
原丝体		不发达	不发达	发达
孢子体	蒴柄	不发达	无	发达或不发达
	蒴帽	无	无	有
	蒴轴	无	有	有
	蒴盖	无	无	有
	蒴齿	无	无	有
	环带	无	无	有
	弹丝	有	假弹丝	无

资料来源：戴锡玲等，2016

4.4.2　苔藓主要代表植物

1. 地钱

地钱（*Marchantia polymorpha*）为地钱属（*Marchantia*）植物，是苔纲的代表植物。它分布广泛，喜生于阴湿的土地上，常见于林内、墙隅。植物体为绿色分叉的叶状体，平铺于地面。地钱是雌雄异株植物，有性生殖时，在雄株的中肋上生出雄生殖托，圆盘状，具长柄。雄生殖托内生有许多精子器腔，每 1 腔内生 1 个精子器，精子器腔有小孔与外界相通。精子器卵圆形，其壁由 1 层细胞构成，下有 1 个短柄与雄生殖托组织相连。成熟精子器内具大量精子，精子细长，顶端生有 2 条等长鞭毛。在雌株的中肋上，生有雌生殖托，伞形，下垂 8～10 条指状芒线，在两芒线间生有 1 列倒挂的颈卵器，每行颈卵器的两侧各有 1 片薄膜将其遮住，称蒴苞，颈卵器瓶状，具有颈部及腹部和 1 个短柄。

地钱的孢子体分为 3 个部分，顶端为孢子囊（孢蒴），孢子囊基部有 1 个短柄（蒴柄），短柄先端伸入组织内而膨大，即为基足。当无性生殖时，孢蒴内细胞有的经减数分裂后形成同型孢子；有的不经减数分裂而伸长，细胞壁螺旋状加厚而形成弹丝。孢蒴成熟后，撑破由颈卵器基部细胞发育的假蒴苞而伸出于外，由顶部不规则裂开，孢子借弹丝的作用散布出去。孢子同型异性，在适宜的环境中萌发为雌性或雄性的原丝体，原丝体呈叶状，进一步发育形成新的植物体。

地钱也具有营养繁殖方式，在其植物体背面中肋上的绿色胞芽杯中生有胞芽，胞芽一端具细柄，成熟时胞芽由柄处脱落，散发于土中，萌发成新的植物体。由于地钱是雌雄异株，都可以产生胞芽，胞芽发育形成的新植物体，性别不变，与母体相同。除胞芽外，植物体较老的部分，逐渐死亡腐烂，而幼嫩部分分裂成为两个新植物体，这也是苔藓植物中较为普遍的营养繁殖方式。

2．葫芦藓

葫芦藓（*Funaria hygrometrica*）为葫芦藓属（*Funaria*）植物，也是藓纲的代表植物。葫芦藓为土生喜氮的小型藓类，常见于田园、庭园、路旁，遍布全国。植物体高约 2cm，直立，丛生，有茎、叶的分化。茎短小，基部生有假根。叶丛生于茎的上部，卵形或舌形。叶有明显的 1 条中肋，除中肋外由 1 层细胞构成。葫芦藓为雌雄同株植物，但雌、雄生殖器官分别生在不同的枝上。产生精子器的枝顶端叶形较大，而且外张，形如一朵小花，为雄器苞，雄器苞中含有许多精子器和侧丝。精子器棒状，基部有小柄，内生精子。侧丝由 1 列细胞构成，呈丝状，但顶端细胞明显膨大，分布于精子器之间，能保存水分，保护精子器。产生颈卵器的枝，枝顶端有顶芽，其中有瓶状颈卵器数个。

葫芦藓在生殖季节里，精子器的精子逸出，借助水游到颈卵器附近，进入成熟的颈卵器内，卵受精后形成合子。合子不经过休眠，即在颈卵器内发育为胚，胚逐渐分化形成基足、蒴柄和孢蒴，而成为孢子体。基足伸入母体内，吸收养料。蒴柄初期生长较快，将孢蒴顶出颈卵器之外，被撕裂的颈卵器部分附着在孢蒴的外面，形成蒴帽。蒴帽于孢蒴成熟后即行脱落。

孢子体寄生在配子体上，其主要部分是孢蒴，孢蒴的构造较为复杂，可分为 3 个部分，即顶端为蒴盖，中部为蒴壶，下部为蒴台。孢蒴成熟后，孢子散出孢蒴外，在适宜的环境中萌发成为原丝体。原丝体是由绿丝体、轴丝体和假根构成。葫芦藓每一个孢子发生的原丝体，可以产生几个芽。每一个芽都能形成一个新植物体。

4.4.3　苔藓植物的价值

虽然苔藓植物目前还没有可食用的记录，但在其他方面还有诸多用途。例如，有的种类可直接用于医药方面，如金发藓属（*Polytrichum*）的部分种（即本草中的土马骔）有清热解毒的作用，全草能乌发、活血、止血、利大小便。暖地大叶藓（*Rhodobryum giganteum*）对治疗心血管病有较好的疗效。仙鹤藓属、金发藓属等植物的提取液对金黄色葡萄球菌有较强的抗菌作用，对革兰氏阳性菌有抗菌作用。

另外，苔藓植物因其茎、叶具有很强的吸水、保水能力，在园艺上常用于包装运输新鲜苗木，或作为播种后的覆盖物，以免水分过量蒸发。此外，泥炭藓（*Sphagnum palustre*）或其他藓类所形成的泥炭可作燃料及肥料。总之，随着人类对自然界认识的逐步深入，对苔藓植物的研究利用也将进一步得到发展。

4.5　蕨　类　植　物

4.5.1　蕨类植物的主要特征

在蕨类植物生活史中有两种植物体，即孢子体和配子体，二者都能独立生活。孢子体远比配子体发达，并有根、茎和叶的分化，体内有维管组织。配子体结构简单，成熟的配子体又称原叶体，只有 1～2mm 大小。

蕨类植物的孢子体一般为多年生草本。除极少数原始种类仅具假根外，均生有吸收能力较好的不定根。茎通常为根状茎，少数为直立的树干状或其他形式的地上茎，有些原始的种类还兼具气生茎和根状茎。蕨类植物的中柱类型主要有原生中柱、管状中柱、网状中柱和多环中柱等。木质部的主要成分为管胞，也有一些蕨类具有导管，如一些石松纲植物和真蕨纲中的蕨（*Pteridium aquilinum*）。蕨类植物的叶有小型叶和大型叶两类。小型叶如松叶蕨、石松等的叶，没有叶隙和叶柄，只具 1 个单一不分枝的叶脉。大型叶有叶柄，维管束有或无叶隙，叶脉多分枝。蕨类植物的叶有仅进行光合作用的，称营养叶或不育叶；也有些叶主要作用是产生孢子囊和孢子，称孢子叶或能育叶。有些蕨类的营养叶和孢子叶是不分的，而且形状相同，称同型叶；也有孢子叶和营养叶形状完全不相同的，称异型叶。

蕨类植物的孢子体进行无性生殖，产生孢子囊。在小型叶蕨类中孢子囊单生在孢子叶的近轴面叶腋或基部，孢子叶通常集生在枝的顶端，形成球状或穗状，称孢子叶球或孢子叶穗。较进化的真蕨类孢子囊通常生在孢子叶的背面、边缘或集生在一个特化的孢子叶上，往往由多数孢子囊聚集成群，称孢子囊群或孢子囊堆。水生蕨类的孢子囊群生在特化的孢子果（或孢子荚）内。孢子形成时是经过减数分裂的，所以孢子的染色体是单倍的。多数蕨类产生的孢子大小相同，称孢子同型，而卷柏和少数水生蕨类的孢子有大小之分，称孢子异型。无论是同型孢子还是异型孢子，在形态上都可分为两类：一类是肾形，单裂缝，两侧对称的两面型孢子；另一类是圆形或钝三角形，三裂缝，辐射对称的四面型孢子。

孢子在适宜条件下萌发后，经过丝状体、片状体，最后发育形成配子体。成熟的配子体小型，结构简单，生活期较短。大多数蕨类的配子体为绿色、具有腹背分化的叶状体，能独立生活，在腹面产生颈卵器和精子器，其内分别产生卵和精子，在有水的条件下受精。受精卵发育成胚，幼胚暂时寄生在配子体上，长大后配子体死亡，孢子体即行独立生活。

蕨类植物分布广泛，除了海洋和沙漠外，无论在平原、森林、草地、岩缝、溪沟、沼泽、高山和水域中都有它们的踪迹，尤以热带和亚热带地区为其分布中心，约有 12 000 种，我国约有 2600 种，约占世界总数的 1/5。1978 年，我国蕨类植物学家秦仁昌教授将蕨类植物门分为 5 个亚门，即石松亚门（Lycophytina）、水韭亚门（Isoephytina）、松叶蕨亚门（Psilophytina）、楔叶亚门（Sphenophytina）和真蕨亚门（Filicophytina）。

4.5.2　蕨类主要资源植物

自古以来我国劳动人民就喜欢食用蕨类植物的嫩叶和叶柄。最早的记载是《诗经》中的"山有蕨薇"。其实人们常说的蕨菜是所有嫩叶和叶柄可食的蕨类植物的统称。例如，蕨、朝鲜蛾眉蕨、东北角蕨、荚果蕨、问荆、水蕨等，它们不仅营养丰富且无污染，又清新爽口，大多数在食用的同时还有治疗疾病的作用，可谓"药食同源"，一举两得，因此备受人们的青睐。除了鲜食外还可以将其干制、盐渍、罐制加工后内销或出口。此外，观音座莲、狗脊、金毛狗、肾蕨等的根状茎或叶柄可以提取淀粉（称为蕨粉），它的营养价值不亚于藕粉，不但可食，也可酿酒。民间还有用某些有药用价值的蕨类植物代茶饮用的习俗，如卷柏茶、石韦茶、瓦韦茶等。国外报道可将蕨的根茎干燥粉碎后烤制面包。

我国具有食用价值的蕨类植物有 70 余种，隶属于 22 科。

（1）紫萁属（*Osmunda*），根状茎粗短，直立或斜升。叶簇生于茎顶端，幼叶拳曲并被棕色绒毛，成熟叶平展，绒毛脱落，为一回至二回羽状复叶，有孢子叶和营养叶之分，营养叶比孢子叶生长期长，生孢子的羽片缩短成狭线形，红棕色，无叶绿素，先于营养羽片枯萎。该属有紫萁（*Osmunda cinnamomea*）、桂皮紫萁（分株紫萁）（*O. cinnamomea* var. *asiatica*）、南方紫萁（*O. cinnamomea* var. *fokiensis*）、日本紫萁（*O. japonica*）、宽叶紫萁（*O. javanica*）等代表植物。

（2）蕨（*Pteridium aquilinum* var. *latiusculum*），是蕨科多年生植物，高达 1m 左右。茎为根状茎，有分枝，横卧地下，在土壤中蔓延生长，其上生不定根并被有棕色的茸毛。叶为 2～4 回羽状复叶，呈三角形，幼叶拳曲，成熟后平展，有长而粗壮的叶柄（图 4.5）。

（3）水蕨（*Ceratopteris thalictroides*），又叫龙头菜，是水蕨科多汁水生植物，植株幼嫩时多汁柔软，根状茎短而直立，粗根生于淤泥。叶两型、簇生，孢子叶圆柱形，肉质，光滑无毛，营养叶直立或幼时漂浮，狭长圆形（图 4.5）。可食用部分的营养价值很高，内含丰富的蛋白质、碳水化合物和维生素等，无论凉拌、做汤还是炒食，味道都十分鲜美可口，且其具有活血解毒、明目清凉、止痛止血等药用功效。

蕨（成熟叶）　　　　　蕨（嫩叶）　　　　　水蕨

猴腿蹄盖蕨　　　　　蛇足石杉　　　　　庐山石韦

图 4.5　蕨类代表植物（自曹建国）

此外，蚌壳蕨科（Dicksoniaceae）的金毛狗（*Cibotium barometz*），骨碎补科（Davalliaceae）的骨碎补（*Davallia mariesii*），裸子蕨科（Hemionitidaceae）的凤丫蕨（*Coniogramme japonica*）、南岳凤丫蕨（*C. centro-chinensis*）、普通凤丫蕨（*C. intermedia*）、长羽凤丫蕨（*C. longissima*）、乳头凤丫蕨（*C. rosthornii*）、疏网凤丫蕨（*C. wilsonii*）、中华凤丫蕨（*C. intermedia*），蹄盖蕨科（Athyriaceae）的多齿蹄盖蕨（*Athyrium multidentatum*）、短叶蹄盖蕨（东北蹄盖蕨）（*A. brevifrons*）、中华蹄盖蕨（*A. sinense*）、猴腿蹄盖蕨（*A. multidentatum*）（图 4.5）、菜蕨（*Callipteris esculenta*）、东北角蕨（*Cornopteris crenulato-serrulata*）、蛾眉蕨（*Lunathyrium acrostichoides*）、朝鲜蛾眉蕨（*L. coreanum*），球子蕨科（Onocleaceae）的荚果蕨（*Matteuccia struthiopteris*）、中华荚果蕨（*M. intermedia*）、东方荚果蕨（*M. orientalis*），槲蕨科（Drynariaceae）的槲蕨（*Drynaria fortune*）、中华槲蕨（*D. baronii*）等也都可以食用。此外，蛇足石杉（*Huperzia serrata*）和庐山石韦（*Pyrrosia sheareri*）（图 4.5）等可以药用。

4.6　裸子植物

4.6.1　裸子植物的主要特征

裸子植物（Gymnospermae）的植物体分为孢子体和配子体。孢子体特别发达，大多为多年生木本植物，多数是单轴分枝，维管系统发达；木质部大多数只有管胞，极少数有导管；韧皮部只有筛胞而无筛管和伴胞。叶多为针形、条形或鳞形，极少数为扁平的阔叶；叶表皮有较厚的角质层和下陷的气孔，气孔排列成浅色的气孔带，更适应陆生环境。裸子植物的配子体退化，寄生在孢子体上。

　　裸子植物繁殖时产生雄球花和雌球花。小孢子叶（雄蕊）聚生成小孢子叶球（雄球花），每个小孢子叶下面生有贮满小孢子（花粉）的小孢子囊（花粉囊）。雄配子体由小孢子（单核花粉粒）发育而成，又称成熟花粉，多数仅由 4 个细胞组成。大孢子叶丛生或聚生成大孢子叶球，大孢子叶常变态为珠鳞（松柏类）、珠领（银杏）、珠托（红豆杉）、套被（罗汉松）和羽状大孢子叶（苏铁），其上可产生胚珠，在胚珠的珠心内由大孢子母细胞减数分裂形成大孢子。雌配子体由大孢子发育而成，位于胚珠的珠心内，又称胚乳。雌配子体的近珠孔端产生颈卵器［百岁兰属（*Welwitschia*）、买麻藤属（*Gnetum*）除外］，但结构简单，仅有 2～4 个颈壁细胞露在外面。颈卵器内有 1 个卵细胞和 1 个腹沟细胞，无颈沟细胞，比起蕨类植物的颈卵器更为退化。

　　大孢子叶的腹面生有胚珠，但胚珠裸露，不被大孢子叶所形成的心皮包被，胚珠成熟后形成种子。而被子植物的胚珠则被心皮所包被，这是被子植物与裸子植物的重要区别。传粉时花粉粒由风力（少数例外）传播，花粉可直接到达并经珠孔进入胚珠内，在珠心上方萌发，形成花粉管，进入胚囊（雌配子体），其内的精子和卵细胞受精。从传粉到受精这个过程，在裸子植物需经相当长的时间。有些种类在珠心的顶部具有花粉室（pollen chamber），以准备花粉粒在萌发前的逗留。因此，受精作用不再受到水的限制。

　　大多数裸子植物都具有多胚现象（polyembryony），这是由于 1 个雌配子体上的几个或多个颈卵器的卵细胞同时受精，形成多胚，称为简单多胚现象；或者由 1 个受精卵在发育过程中，胚原组织分裂为几个胚，这是裂生多胚现象。

　　裸子植物门通常分为苏铁纲（Cycadopsida）、银杏纲（Ginkgopsida）、松柏纲（球果纲）（Coniferopsida）、红豆杉纲（紫杉纲）（Taxopsida）及买麻藤纲（倪藤纲）（Gnetopsida）5 纲，9 目，12 科，71 属，近 800 种。我国是裸子植物种类最多、资源最丰富的国家，有 5 纲，8 目，11 种，41 属，约 240 种。各纲的主要特征见表 4.4。

表 4.4　裸子植物 5 个纲的主要特征

纲	习性	叶	大、小孢子叶球	精子及颈卵器	种子
苏铁纲	棕榈状乔木	大型羽状复叶顶生茎端	单性，异株，大孢子叶球集成球状，小孢子叶球圆柱形	精子有鞭毛，有颈卵器	核果状
银杏纲	乔木，有长枝与短枝之分	扇形叶，具有二叉脉，散生或簇生	单性，异株。大孢子叶球简化为仅 1～2 个胚珠，小孢子叶球呈荑荑花序状	精子有鞭毛，有颈卵器	核果状

续表

纲	习性	叶	大、小孢子叶球	精子及颈卵器	种子
松柏纲	乔木、灌木，有长枝与短枝之分	针形、鳞形，稀为条形，螺旋状着生，稀为对生	单性，同株或异株，大小孢子叶球呈球果状	精子无鞭毛，有颈卵器	球果状，部分为浆果状
红豆杉纲	乔木、灌木	条形，稀为鳞形、钻形或阔卵形。螺旋状散生、近对生或交互对生	单性，异株或同株，小孢子叶球穗状、球状，大孢子叶球由1~2个胚珠组成，特化为鳞片状的珠托或套被包被胚珠	精子无鞭毛，有颈卵器	核果状，外有假种皮包被
买麻藤纲	灌木、藤本，次生木质部有导管	鳞片状或阔叶，对生	单性，异株，孢子叶球有类似花被的盖被，有珠孔管	精子无鞭毛，有颈卵器	核果状，部分或全部被木质或肉质假种皮所包被

资料来源：王全喜等，2012

4.6.2　裸子植物主要资源植物

（1）银杏（*Ginkgo biloba*）（图4.6），落叶乔木，树干高大，有顶生营养性长枝和侧生生殖性短枝之分。叶扇形，长枝上的叶大都具2裂，短枝上的叶常具波状缺刻。孢子叶球单性，异株。小孢子叶球呈葇荑花序状。小孢子叶有短柄，柄端常

银杏（植株）　　　　　　　银杏（叶和种子）　　　　　　　侧柏

红松（植株）　　　　　　　红松（大孢子叶球）　　　　　　香榧

图4.6　裸子植物的代表植物（自曹建国）

有 2 个悬垂的小孢子囊。大孢子叶球简单，通常有一长柄，柄端有 2 个环形的大孢子叶，特称为珠领（collar），上面各生 1 个直生胚珠，但通常只有一个成熟。珠被 1 层，珠心中央凹陷为花粉室，种子近球形，熟时黄色，外被白粉，种皮分化为 3 层：外种皮厚，肉质，并含有油脂及芳香物质；中种皮白色，骨质，具 2～3 纵脊；内种皮红色，纸质。胚乳肉质。胚具 2 片子叶。

银杏为银杏科唯一生存的种类，是著名的活化石植物。银杏种仁可食用（多食易中毒）和药用。近年来对银杏的综合开发利用表明，银杏叶中含有多种活性物质，其提取物是生产治疗心脑血管疾病和抗衰老等的特效药。

（2）松属（*Pinus*），常绿乔木，稀灌木。叶有两型：鳞叶（原生叶）单生，螺旋状着生；针叶（次生叶）螺旋状着生，常 2、3 或 5 针一束，生于苞片状鳞叶的腋部，着生于不发育的短枝的顶端，每束针基部由 8～12 枚芽鳞组成的叶鞘所包，叶鞘脱落或宿存。孢子叶球单性同株，小孢子叶球多数，集生于新枝下部；大孢子叶球单生或 2～4 个生于新枝近顶端。球果第二年（稀第三年）秋季成熟，种鳞木质，宿存，种子上部具长翅。我国产 22 种，分布几乎遍布全国。松属种子可榨油，有些可供食用，如红松（*Pinus koraiensis*）（图 4.6）；药用的松花粉、松节、松针及松节油可从各种松树采集和提取。

（3）侧柏（*Platycladus orientalis*），叶鳞形交互对生。生鳞叶的小枝扁平，排成一平面，直展或斜展。孢子叶球单性同株，单生于短枝顶端。大孢子叶球有 4 对交互对生的珠鳞，仅中间 2 对各生 1～2 枚胚珠。球果当年成熟，熟时裂开（图 4.6），种鳞木质、扁平，背部近顶端具反曲的钩状尖头，种子无翅，稀有极窄的翅。我国特产，除新疆、青海外，分布几乎遍布全国。枝叶药用，能收敛止血、利尿健胃；种子可榨油，入药滋补强壮、安神润肠。

（4）罗汉松属（*Podocarpus*），大孢子叶球生于叶腋或苞腋，套被与珠被合生，种子当年成熟，核果状，常有梗。全部被肉质假种皮所包，常生于肉质肥厚或微肥厚的种托上，稀苞片不发育成肉质种托。我国有 13 种，3 变种，分布于长江以南各省和台湾省。竹柏（*P. nagi*）叶对生，革质，卵形或卵状披针形，有多数并列的细脉，无中脉。小孢子叶球穗状圆柱形，单生叶腋，常呈分枝状。种子榨油供食用或工业用。

（5）香榧（*Torreya grandis*），是红豆杉科榧属（*Torreya*）常绿乔木，又称榧、玉山果（图 4.6）。该属有 7 种，分布在东南亚和北美。中国除香榧为常见的栽培种外，尚有巴山榧、长叶榧、云南榧和引自日本的油榧。香榧高 15～25m，小枝近对生，黄绿色。叶背有两条白色气孔带。种子卵形，核果状，有肉质假种皮、骨质外种皮和膜质内种皮。香榧种仁含油率为 54%～61%，脂肪酸组成以亚油酸和油酸为主，不饱和脂肪酸占脂肪酸总量的 79.41%。种仁含蛋白质 12%～16%，具有 17 种氨基酸，其中 7 种为人体必需氨基酸。种仁含 19 种矿质元素及丰富的烟酸和叶酸。

4.7 被子植物

4.7.1 被子植物的主要特征

被子植物（Angiospermae）是植物界中最重要的类群，该类群植物体进一步完善，木质部具有导管，韧皮部具有筛管和伴胞，输导组织更完善，使体内物质运输效率提高，适应能力得到增强；具有真正的花，典型的被子植物花由花柄、花托、花萼、花冠、雄蕊群和雌蕊群6部分组成；被子植物的胚珠包被于子房内，得到子房的保护；被子植物传粉和受精作用独特，其花粉直接落到柱头上，花粉萌发形成花粉管，经由柱头、花柱和子房最后到达胚珠，具有双受精现象；被子植物配子体进一步退化，雄配子体为成熟花粉粒，由2~3个细胞构成，雌配子体即为成熟的胚囊，由8个细胞构成。

被子植物是植物界最高级的一类，种类繁多，在地球上占据绝对优势。现知被子植物共10 000多属，20多万种，占植物界的一半，我国有2700多属，约30 000种。可食用植物中与食品相关的植物绝大部分都是被子植物，如人们的主食、各种蔬菜、调味品、色素、饮料等的原料大都来自被子植物。按照被子植物资源的食用价值，可分为谷物类、蔬菜类、水果类、香料植物、色素植物、饮料植物、糖类植物、功能性植物等。

4.7.2 被子植物主要资源植物类群及其特征

1. 樟科的主要特征

樟科（Lauraceae）植物约45属，约2500种，主产热带及亚热带，分布中心位于东南亚和巴西；我国20属，约423种，5变种，多产于长江流域及以南各省，尤以西南及华南最多，只有少数种类分布至华北。木本，常绿或落叶灌木或乔木。单叶互生。两性花，整齐，花小型，圆锥花序、总状花序或头状花序。花被离生；3基数，6裂（少4裂），排成2轮，花被管短。雄蕊3~12枚，常9枚，排成3~4轮，每轮3枚，常有第4轮退化雄蕊；花药4室或2室，瓣裂。心皮1至多数，合生，胚珠1~2个，仅1个成熟。子房上位，1室，有1个悬垂的倒生胚珠。果实为浆果或核果。种子无胚乳。

樟科常见的食品资源植物有肉桂（*Cinnamomum cassia*）、山胡椒（*Lindera glauca*）、鳄梨（*Persea americana*）等。

2. 胡椒科的主要特征

胡椒科（Piperaceae）植物约12属，约2000种，热带、亚热带，主要分布在热带雨林中；我国有3属60余种，主要分布于西南至东南部。木质和草质藤本，或为肉质小草本。叶互生、对生或轮生；有辛辣味；具离基3出脉，基部两侧常不等。花单性，雌雄异株，或两性。穗状花序或肉穗花序。花被无。雄蕊1~10枚。

心皮1~4枚，分离或结合。子房上位，1室，有1个直生胚珠。果实为核果。

胡椒科常见的食品资源植物有胡椒（*Piper nigrum*）和蒌叶（*P. betle*）等。

3. 桑科的主要特征

桑科（Moraceae）植物约40属1000余种，主要分布于热带、亚热带；我国16属160余种，主产长江流域以南各省。木本，具乳汁管。单叶互生，托叶明显，早落。花小，单性，单被，雌雄同株或异株。聚伞花序常集成头状、穗状、圆锥状花序或隐于密闭的总托中而成隐头花序。花萼4数或5数，离生。花瓣缺失。雄蕊4~5枚，对萼，花丝蕾时内折，当花开放时以迸发的方式伸展出来，弹射出雾状的花粉。心皮2枚合生或1枚。子房上位，花柱2个，1室，2胚珠。小坚果或核果，通常在肉质的花托上集合为聚花果。

桑科常见的食品资源植物有无花果（*Ficus carica*）、薜荔（*F. pumila*）、桑（*Morus alba*）、柘树（*Cudrania tricuspidata*）、波罗蜜（木波罗、面包果）（*Artocarpus heterophyllus*）等。

4. 山茶科的主要特征

山茶科（Theaceae）植物40属600余种，广泛分布于热带和亚热带，主产东亚和美国；我国15属400余种，主产于长江流域及南部各省的常绿林中。乔木或灌木。单叶互生，常革质，无托叶。花两性，稀单性，辐射对称，单生于叶腋。萼片4至多数，覆瓦状排列。花瓣5（稀∞~4）分离或略联生。雄蕊多数，多轮，分离或稍结合为5束。心皮2~8。子房上位，稀下位，中轴胎座。蒴果、核果状果或浆果。

山茶科常见的食品资源植物有茶（*Camellia sinensis*）、油茶（*C. oleifera*）、梨茶（*C. latilimba*）、金花茶（*C. nitidissima*）等油料植物。

5. 锦葵科的主要特征

锦葵科（Malvaceae）植物约75属，1000~1500种，温带及热带；我国16属，81种，36变种或变型，广布。木本或草本，皮部富纤维，具黏液。单叶互生，常为掌状脉。花两性，稀单性。常有苞片变成的副萼。花萼5数，通常布满了多细胞腺毛组成的花蜜腺。离生花瓣，辐射对称，或缺花瓣。雄蕊多数，花丝联合成管，为单体雄蕊，花药1室，肾形。心皮绝大多数为5，或多数。合生心皮的或有时为离生心皮的，3至多室，中轴胎座。多数为蒴果或分果。

锦葵科常见的食品资源植物有黄槿（*Hibiscus tiliaceus*）和秋葵（*Abelmoschus esculentus*）等，均可作蔬菜。

6. 葫芦科的主要特征

葫芦科（Cucurbitaceae）约90属700余种，主要产于热带和亚热带，少数种分布到温带；我国20属，130种，主要分布于西南部和南部，少数分布到北部。草本，有卷须，侧生，常攀缘蔓生，茎具双韧维管束。单叶互生，掌状脉或掌状分裂。花单性。花萼5枚，合生成管状。花瓣5枚，合生，辐射对称。雄蕊5枚，常两两结合，1个分离，分离的花药为2室，结合的每个花药为4室，花药常弯曲成S形。3心皮合生。子房下位，侧膜胎座，胎座膨大，胚珠多数。果实为浆果或瓠果，常多汁液。

葫芦科常见的食品资源植物有黄瓜（*Cucumis sativus*）、冬瓜（*Benincasa hispida*）、西瓜（*Citrullus lanatus*）、南瓜（*Cucurbita moschata*）、丝瓜（*Luffa cylindrica*）、苦瓜（*Momordica charantia*）、油渣果（油瓜）（*Hodgsonia macrocarpa*）等各种瓜类。

7. 十字花科的主要特征

十字花科（Cruciferae, Brassicaceae）350 属 3200 种，全球分布，主产北温带，我国 95 属，425 种，124 变种，引种 7 属，20 余种。草本或木本，含黑芥子酶和芥子油苷。单叶，互生，无托叶。花两性；总状花序；花托上具与萼片对生的蜜腺。花萼 4 片，2 轮。花冠辐射对称；花瓣 4 个，十字形排列，基部常有爪。雄蕊 6 枚，四强雄蕊，外轮 2 个短，内轮 4 个长。心皮 2，合生。子房上位，有时具雌蕊柄；常有一个次生的假隔膜，把子房分为假 2 室，也有横隔成数室的，侧膜胎座。果实为长角果或短角果。

十字花科常见的食品资源植物有卷心菜（*Brassica oleracea* var. *capitata*）、花椰菜（花菜）（*B. oleracea* var. *botrytis*）、芥蓝（*B. alboglabra*）、白菜（黄芽菜）（*B. pekinensis*）、青菜（小白菜、鸡毛菜）（*B. chinensis*）、甘蓝（芥蓝头）（*B. caulorapa*）、芜菁（*B. rapa*）、大头菜（*B. napobrassica*）、雪里蕻（*B. juncea* var. *multiceps*）、榨菜（*B. juncea* var. *tumida*）、萝卜（*Raphanus sativus*）等蔬菜。另有作香料的，如芥菜（*B. juncea*）、白芥（*B. hirta*）及黑芥（*B. nigra*）。还有多种重要的油脂植物，如油菜（芸薹）（*B. campestris*）。

8. 蔷薇科的主要特征

蔷薇科（Rosaceae）有 100 属 3000 余种，主产北半球温带；我国有 51 属 1000 余种，各地均产。草本，灌木或乔木，常有刺或明显的皮孔。叶互生，稀对生，单叶或复叶，托叶附生于叶柄上而成对。花两性，辐射对称，花托凸隆或凹陷，花被与雄蕊常愈合成 1 碟状、钟状、杯状、坛状或圆筒状的花筒，此花筒常被称为萼筒或花托筒。花萼合生，裂片 5 个。花瓣 5 个，分离，稀缺如，覆瓦状排列。雄蕊多数，花丝分离，基部与萼筒合生，似从萼筒边缘长出。心皮多数至 1 个，分离或联合。子房上位或下位。果实为蓇葖果、瘦果、梨果、核果。

蔷薇科常见的食品资源植物有草莓（*Fragaria ananassa*）、沙梨（*Pyrus pyrifolia*）、苹果（*Malus pumila*）、枇杷（*Eriobotrya japonica*）、山楂（*Crataegus pinnatifida*）、李（*Prunus salicina*）、桃（*Amygdalus persica*）、杏（*Prunus armeniaca*）、樱桃（*Cerasus pseudocerasus*）等水果。

9. 豆科的主要特征

豆科（Fabaceae）约 440 余属 12 000 余种，广布于全世界；我国 100 多属 1000 余种。常为草本，有根瘤，为豆科植物与固氮菌的共生体。单叶、3 小叶复叶或羽状复叶互生，叶枕发达，有托叶。花两性，两侧对称。花萼 5 个，合生。花冠离生，蝶形花冠（下降式覆瓦状排列）。雄蕊 10 枚，花丝多少合生，形成包围雌蕊的鞘。1 心皮，离生。子房 1 室，胚珠多数，排成两排，边缘胎座。果实为荚果。种子无胚乳。

豆科常见的食品资源植物有大豆（*Glycine max*）、豌豆（*Pisum sativum*）、蚕豆（*Vicia faba*）、落花生（*Arachis hypogaea*）、赤豆（*Phaseolus angularis*）、绿豆（*P. radiatus*）、刀豆（*Canavalia gladiata*）、菜豆（*Phaseolus vulgaris*）和扁豆（*Dolichos lablab*）等。

10. 鼠李科的主要特征

鼠李科（Rhamnaceae）植物约 55 属 900 余种，分布温带和热带；我国 14 属，133 种，32 个变种，我国南北均有分布，主产长江以南地区。乔木或灌木，直立或蔓生，偶为草本，常具缠绕茎、钩、刺。单叶常互生，叶脉显著，常有托叶。花小，两性，稀单性，辐射对称，多排成聚伞花序。花萼 5～4 数。花瓣 5～4 枚，离生，或缺。雄蕊 5～4 枚，与花瓣对生。心皮 4～2 枚，合生。子房上位或一部分埋藏于花盘内，柱头 2～4 裂，2～4 室，每室有 1 胚珠。核果、蒴果或翅果状。

鼠李科常见的食品资源植物有枣（*Ziziphus jujuba*）、酸枣（*Z. jujuba* var. *spinosa*）、北拐枣（枳椇）（*Hovenia dulcis*）、雀梅藤（*Sageretia thea*）等。

11. 葡萄科的主要特征

葡萄科（Vitaceae）植物约 12 属 700 余种，多分布于热带、亚热带至温带地区；我国 8 属 112 种，南北均有分布，主要分布在长江以南各省区。藤本或草本，常借卷须攀缘。单叶或复叶。花两性，或单性异株，或为杂性，整齐，排成聚伞花序或圆锥花序，常与叶对生。花萼 5～4 数，细小。花瓣 4～5 枚，镊合状排列，分离或顶端黏合成帽状，成整体脱落。雄蕊 4～5 枚，着生于下位花盘基部，与花瓣对生。心皮 2，合生。子房上位，2～6 室，每室有 1～2 胚珠。浆果。

葡萄科常见的食品资源植物是葡萄（*Vitis vinifera*），果除生食外，还可制葡萄干或酿酒。酿酒后的皮渣可提取酒石酸；根和藤可药用。

12. 芸香科的主要特征

芸香科（Rutaceae）约 150 属 1500 余种，分布于热带和暖温带，主要在南非和澳大利亚；我国 29 属，近 150 种，我国广布。乔木、灌木、木质藤本，稀为草本，全体含挥发油。叶互生，偶有对生，复叶，稀为单叶，通常有透明的腺点。花两性，稀单性，多为辐射对称。花萼 5～4 数，基部合生或离生。花瓣 5～4 枚，离生。雄蕊为花瓣的倍数，10～8 枚，稀更多，但基本上为 2 轮。心皮 5～4 枚（或3～1 枚，或多数），合生，少离生。子房上位，5～4 室，每室胚珠 2 至多数。种子有胚乳，稀无胚乳。果实为蒴果、浆果、核果、蓇葖果，稀为翅果。

芸香科常见的食品资源植物有野花椒（*Zanthoxylum simulans*）、竹叶花椒（*Z. armatum*）、橘（*Citrus reticulata*）、甜橙（*C. sinensis*）、柚（*C. grandis*）、柠檬（*C. limon*）、佛手柑（*C. media* var. *sarcodactylis*）、酸橙（*C. aurantium*）等。

13. 伞形科的主要特征

伞形科（Umbelliferae，Apiaceae）植物约 300 属 3000 余种，几乎全球分布，主要分布在北温带高山上；我国约有 99 属 500 多种，各地均有分布。草本，茎中空或有髓，具分泌管。叶常一回掌状分裂或为一回至四回羽状分裂的复叶，互生，叶柄基部膨大，呈鞘状。花小，多两性，整齐。常为复伞形花序。花序基部常有苞片形成总苞。花萼与子房结合，萼齿 5 或不明显。花瓣 5 枚，分离。雄蕊与花瓣同数，互生。2 心皮合生。子房下位，花柱 2 个，基部往往膨大成花柱基，即上位花盘，2 室，每室有 1 胚珠。果实为双悬果。果实由 2 个有棱或有翅的心皮构成，成熟时沿 2 心皮合生面分离成 2 分果片，顶端悬挂于细长丝状的心皮柄上。

伞形科常见的食品资源植物有胡萝卜（*Daucus carota* var. *sativa*）、旱芹（*Apium graveolens*）、芫荽（*Coriandrum sativum*）、茴香（*Foeniculum vulgare*）等蔬菜。

14. 茄科的主要特征

茄科（Solanaceae）约 80 属 3000 余种，分布于温带及热带地区，美洲热带种类最多；我国 24 属，约 115 种，各地均有分布。本科植物为直立或蔓生的草本或灌木，稀乔木，具双韧维管束，并含有多种生物碱。叶互生，无托叶。花单生或具聚伞花序，具花盘。花萼 5 裂（稀 4 或 6），宿存，常花后增大。花冠 5 裂（偶 4 或 6），偶 2 唇形。雄蕊常与花冠裂片同数而互生，着生于花冠筒部，花药有时黏合。2 心皮合生。子房上位，2 室，位置偏斜，稀为假隔膜隔成 3～5 室，中轴胎座，胚珠多数，极稀少数或 1 枚。果实为浆果或蒴果。种子具丰富肉质胚乳。

茄科常见的食品资源植物有茄（*Solanum melongena*）、马铃薯（*S. tuberosum*）、辣椒（*Capsicum annuum*）、菜椒（*C. annuum* var. *grossum*）、番茄（*Lycopersicon esculentum*）、枸杞（*Lycium chinense*）等。

15. 漆树科的主要特征

漆树科（Anacardiaceae）植物约 60 属 600 余种，全球热带、亚热带分布，少数延伸到北温带地区；我国 16 属 54 种，主要分布于长江以南各省。乔木或灌木，树皮多含树脂。单叶互生，稀对生，掌状 3 小叶或奇数羽状复叶。花小，辐射对称，两性或为单性或杂性，排成圆锥花序。双被花，稀为单被 [黄连木属（*Pistacia*）] 或无被花。花萼多少合生，5 裂，稀 3 裂。花瓣 5，偶 3 或 7。雄蕊 5～10，着生于花盘外面基部或有时着生于花盘边缘。心皮 1～5，合生。子房上位，常 1 室，少有 2～5 室，每室有 1 个倒生胚珠。多为核果。

漆树科常见的食品资源植物有杧果（*Mangifera indica*）和腰果（*Anacardium occidentale*）。

16. 旋花科的主要特征

旋花科（Convolvulaceae）植物约 50 属 1500 种，主产美洲和亚洲的热带和亚热带；我国 22 属约 125 种，南北均产。通常蔓生草本，稀为灌木或乔木，植物体常具乳汁。单叶，偶复叶，互生，无托叶。花常两性，整齐，单生叶腋或成聚伞花序，有苞片，具环状或杯状花盘。花萼 5 数，萼分离或仅基部联合，覆瓦状排列，宿存。花冠合瓣，多数漏斗状、钟状，冠檐近全缘或 5 裂。雄蕊与花冠裂片同数，互生，着生花冠筒基部或中下部。心皮 2（稀 3），合生。子房上位，2（稀 3）室，中轴胎座，每室有胚珠 2 枚，偶因次生假隔膜而成 4 室，每室仅有 1 胚珠。蒴果或浆果。

旋花科植物常供食用的资源植物有番薯（*Ipomoea batatas*）和蕹菜（*I. aquatica*）等。

17. 唇形科的主要特征

唇形科（Labiatae, Lamiaceae）植物约 220 属 3500 种，是世界性大科，近代分布中心为地中海和小亚细亚，是当地干旱地区植被的主要成分；我国约 99 属 800 余种，广布。草本，偶木质，在腺毛中含芳香油细胞，茎常四棱形。单叶，偶复叶，对生或轮生，无托叶。花两性，两侧对称，稀近辐射对称，腋生聚伞花序在节上组成轮伞花序。花萼 5 裂或 2 唇形，常上唇 3，下唇 2，宿存。花冠合瓣，2 唇形，上唇 2，下唇 3，稀单唇形，假单唇形，或花冠裂片近相等，花冠筒内有毛环。雄蕊 4 枚，2 强，稀 2 枚，分离或药室贴近两两成对，着生于花冠筒部。花药 2 室，平行、叉开至平展，或为延长的药隔所分开，纵裂。2 心皮合生。子房上位，花柱常生于子房裂隙的基部，2 室子房因深裂而成 4 室，每室有 1 个直立的倒生胚珠。果实为 4 个小坚果或核果。种子有少量胚乳或无。

唇形科常见的食品资源植物有薄荷（*Mentha haplocalyx*）、留兰香（*M. spicata*）、紫苏（*Perilla frutescens*）、香薷（*Elsholtzia ciliata*）等香料植物。

18. 菊科的主要特征

菊科（Compositae, Asteraceae）植物约 1000 属 25 000～30 000 种，广布全世界，热带较少；我国 200 余属 2000 余种，各地均有分布。草本，半灌木或灌木，稀乔木，常有乳汁管和树脂道。叶互生，稀对生或轮生，无托叶。花两性、单性或中性，极少为单性异株。少数或多数花聚集成头状花序，下面托以 1 至多层总苞片组成的总苞，头状花序单生或数个至多个排列成总状、聚伞状、伞房状或圆锥状。在头状花序中有同形的小花，即全为筒状花或舌状花，或有异形小花，即外围为假舌状花，中央为筒状花。萼片不发育，常变态为冠毛状、刺毛状或鳞片状。花冠合瓣，形态多样，通常分为 5 种类型：①筒状花，是辐射对称的两性花，花冠 5 裂，裂片等大；②舌状花，是两侧对称的两性花，5 个花冠裂片结成 1 个舌片，如蒲公英（*Taraxacum mongolicum*）；③二唇花，是两侧对称的两性花，上唇 2 裂，下唇 3 裂；④假舌状花，是两侧对称的雌花或中性花，舌片仅具 3 齿，如向日葵（*Helianthus annuus*）的边缘花；⑤漏斗状花，无性，花冠漏斗状，5～7 裂，裂片大小不等，如矢车菊（*C. cyanus*）的边缘花。雄蕊 5（偶 4）个，着生于花冠筒上，聚药雄蕊即花药合生成筒状，基部钝或有尾。2 心皮合生。子房下位，花柱顶端 2 裂，柱头形状多样，1 室，具 1 胚珠。果实为连萼瘦果。种子无胚乳。

菊科常见的食品资源植物有向日葵、菊芋（*H. tuberosus*）、莴苣（*Lactuca sativa*）、莴笋（*L. sativa* var. *angustata*）、生菜（*L. sativa* var. *ramosa*）、蒲公英、鼠麹草（*Gnaphalium affine*）等。

19. 棕榈科的主要特征

棕榈科（Palmae）植物约 212 属 2780 余种，分布于热带和亚热带，以热带美洲和热带亚洲为分布中心；我国 22 属约 72 种，主要分布于南部至东南部各省。乔木或灌木，单干直立，多不分枝，稀为藤本。叶常绿，掌状分裂或羽状复叶，大型，互生，多聚生于茎顶，或在攀缘的种类中散生。花小，通常淡黄绿色，两性或单性，同株或异株。聚生成分枝或不分枝的肉穗花序，外为1至数枚大型的佛焰苞总苞包着，生于叶丛中或叶鞘束下。花被片6枚，分离或合生，镊合状或覆瓦状排列。雄蕊6枚，2轮，稀为3或较多，花丝分离或不同程度联合，花药2室，纵裂。3心皮，分离或不同程度联合。子房上位，花柱短，柱头3，1~3室，稀为4~7室，每室1胚珠。核果或浆果，外果皮肉质或纤维质，有时覆盖以覆瓦状排列的鳞片。

种子胚乳丰富，均匀或嚼烂状。

棕榈科常见的食品资源植物有椰子（*Cocos nucifera*）、槟榔（*Areca catechu*）和油棕（*Elaeis guineensis*）等。

20. 禾本科的主要特征

禾本科（Gramineae，Poaceae）植物约750属10 000余种，遍布全球；我国225属1200多种，广布。草本或木本。有或无地下茎，地上茎特称为秆。秆有显著的节和节间，节间多中空，很少实心（如玉米、高粱、甘蔗等）。单叶互生，2列，每个叶分叶片、叶鞘、叶舌3部分。叶鞘包着秆（包着竹秆的称箨鞘），叶鞘常在一边开裂。叶片（箨鞘顶端的叶片称箨叶）带形或线形至披针形，具平行脉。叶舌（箨鞘和箨叶连接处的内侧舌状物，称箨舌）生于叶片与叶鞘交接处的内方，成膜质或一圈毛状或撕裂或完全退化。叶鞘顶端的两侧常各具1耳状突起，称叶耳（箨鞘顶端两侧的耳状物，称箨耳）。叶舌和叶耳的形状常用作区别禾草的重要特征。

花两性，稀单性。花序是以小穗为基本单位，在穗轴上排成穗状、指状、总状或圆锥状。小穗有1个小穗轴，基部常有一对颖片，在外面或下面的一片称外颖，生在上方或里面的一片为内颖。小穗轴上生有1至多数小花。每一小花外有苞片2，称外稃和内稃，外稃顶端或背部具芒或否，一般较厚而硬，基部有时加厚变硬称基盘，内稃常具2隆起如脊的脉，并常为外稃所包裹，在子房基部，内、外稃有2或3枚特化为透明而肉质的小鳞片（相当于花被片），称浆片（作用在于将内、外稃撑开）。由外稃和内稃包裹浆片、雄蕊和雌蕊组成小花。雄蕊通常3个，很少1、2、4或6枚，花药"丁"字着生。2~3心皮合生。子房上位，花柱2，很少1和3，柱头常为羽毛状或刷帚状，1室，1胚珠。颖果，稀为胞果或浆果。种子含丰富的淀粉质胚乳，基部有1个细小的胚。

禾本科常见的食品资源植物有稻（*Oryza sativa*）、小麦（*Triticum aestivum*）、大麦（*Hordeum vulgare*）、粟（小米、谷子）（*Setaria italica*）、竹蔗（*Saccharum sinense*）、高粱（*Sorghum vulgare*）、阔叶箬竹（*Indocalamus latifolius*）、毛竹（*Phyllostachys pubescens*）和菰（*Zizania latifolia*）等。

21. 姜科的主要特征

姜科（Zingiberaceae）植物约50属1000余种，广布于热带及亚热带地区；我国 9 属 143 种，主要分布于西南部至东部。该科植物为多年生草本，通常具有芳香气味，具匍匐或块状根茎。地上茎常很短，有时为多数叶鞘包叠而成为似芭蕉状茎。叶基生或茎生，2 列或螺旋排列，基部具张开或闭合的叶鞘，鞘顶常有叶舌。叶片有许多羽状平行脉从主脉斜向上伸。花两性，两侧对称，单生或组成穗状、头状、总状或圆锥花序。花萼 3 枚，绿色或淡绿色，常下部合生成管，具短的相同或不同的裂片。花瓣 3 枚，下部合生成管，具短裂片，通常位于后方的 1 枚裂片较大。雄蕊在发育上原来可能为 6 枚，排成 2 轮，内轮后面 1 枚成为着生于花冠上的能育雄蕊，花丝具槽，花药 2 室，内轮另 2 枚联合成为花瓣状的唇瓣，外轮前面 1 枚雄蕊常缺，另 2 枚称侧生退化雄蕊，呈花瓣状或齿状或不存在。柱头头状，花柱 1 个，3 心皮合生，子房下位，3 或 1 室，胚珠多数。果实为蒴果，室背开裂成 3 瓣，或肉质不开裂呈浆果状。种子有丰富坚硬或粉质的胚乳，常具假种皮。

姜科常见的食品资源植物有姜黄（*Curcuma domestica*）、姜（*Zingiber officinale*）、襄荷（*Z. mioga*）、砂仁（*Amomum villosum*）和草果（*A. tsaoko*）等。

22．百合科的主要特征

百合科（Liliaceae）植物约 240 属近 4000 种，广布全世界，主产温带和亚热带地区；我国 60 属，约 600 种，各省均有分布，以西南最盛。该科大多数为草本，具根状茎、鳞茎、球茎。单叶互生，很少对生或轮生，或常基生，有时退化为鳞片状。花两性，辐射对称，多为虫媒花。总状、穗状、圆锥或伞形花序，少数为聚伞花序。花被花瓣状，裂片常 6 枚，2 轮。雄蕊常 6 个，花丝分离或联合。3 心皮合生，子房上位，少有半下位，通常 3 室而为中轴胎座，稀 1 室而为侧膜胎座，每室有少至多数胚珠。果实为蒴果或浆果。种子具胚乳。

百合科常见的食品资源植物有黄花菜（*Hemerocallis citrina*）、百合（*Lilium brownii* var. *viridulum*）、洋葱（*Allium cepa*）、葱（*A. fistulosum*）、蒜（*A. sativum*）、韭（*A. tuberosum*）和石刁柏（*Asparagus officinalis*）等。

4.7.3　粮食类（谷物类）植物

粮食类（谷物类）主要指禾本科的粮食作物，如稻、麦、谷子、黍、玉米和高粱等，也包括豆科、蓼科的部分种类。

1．粮食类植物的营养特点

1）谷类的结构和营养素分布　　各种谷类种子形态大小不一，但其结构基本相似，都是由谷皮、糊粉层、胚乳、胚 4 个主要部分组成。

（1）谷皮。为谷粒的外壳，由多层坚实的角质化细胞构成，对胚和胚乳起保护作用。主要成分为纤维素、半纤维素，食用价值不高，常因影响谷的食味和口感，而在加工时被去除。

（2）糊粉层。位于谷皮与胚乳之间，除含有较多的纤维素外，还含有较多的磷和丰富的 B 族维生素及无机盐，有重要营养意义。另外，糊粉层还含有一定量的蛋白质和脂肪。但在碾磨加工时，糊粉层易与谷皮同时脱落，而混入糠麸中。

（3）胚乳。位于谷粒的中部，占谷粒重量的 83%～87%，是谷类的主要部分，含大量淀粉和一定量的蛋白质。越靠近胚乳周边部位，蛋白质含量越高。

（4）胚。位于谷粒的下端，占谷粒重量的 2%～3%，富含脂肪、蛋白质、无机盐、B 族维生素和维生素 E。胚芽质地比较软而有韧性，不易粉碎，但在加工时因易与胚乳分离而损失。

2）谷类的营养特点

（1）蛋白质。谷类蛋白质一般为 7%～15%，主要由谷蛋白、白蛋白、醇溶蛋白、球蛋白组成。不同谷类各种蛋白质所占的比例不同。大多数谷类蛋白质的必需氨基酸组成不平衡。一般而言，谷类蛋白质的谷氨酸、脯氨酸、亮氨酸质量分数高，赖氨酸质量分数低，苏氨酸、色氨酸、苯丙氨酸和甲硫氨酸也偏低。

生物价是指蛋白质的利用效率，即氮吸收量占食物氮总量的百分比。谷类蛋白质的生物价分别为大米 77，小麦 67，大麦 64，高粱 56，小米 57，玉米 60，其蛋白质营养价值低于动物性食物。但由于谷类食物在膳食中所占比例较大，也是膳食蛋白质的重要来源。为提高谷类蛋白质的营养价值，常采用氨基酸强化和蛋白质互补的方法，可明显提高其蛋白质的生物价。

（2）碳水化合物。谷类碳水化合物质量分数大约为 70%，其中 90% 为淀粉，集中在胚乳细胞中，糊粉层深入胚乳的部分也有少量淀粉。谷类中的淀粉因结构上与葡萄糖分子的聚合方式不同，可分为直链淀粉和支链淀粉，其质量分数因品种而异，可直接影响食用风味。

（3）脂肪。谷类脂肪以甘油三酯为主，还有少量的植物固醇和卵磷脂。

（4）矿物质。谷类含矿物质以磷、钙为主，此外，铜、镁、钼、锌等微量元素的质量分数也较高。总量为 1.5%～3%，谷类食物含铁较少，仅为 1.5～3mg/100g。

（5）维生素。谷类是膳食中 B 族维生素的重要来源。谷类原料中的维生素 A、维生素 D、维生素 C 的质量分数很低，或几乎不含。

2. 粮食类主要食品资源植物

1）粟（*Setaria italica*）（图 4.7）　别名谷子或粱，碾磨后称小米。该作物广泛栽培于欧亚大陆的温带和热带，我国西北、华北和东北为主要栽培区。谷粒的营养价值高，含蛋白质 9.7%，脂肪 1.7%，碳水化合物 77%，还含有胡萝卜素、维生素 B_1、维生素 B_2 等，这是其他谷类作物所不及的。

2）小麦属（*Triticum*）植物　简称为麦（图 4.7）。关于小麦的原产地有多种说法。我国最古老的文献里只是统称为麦，后来出现大麦这一名词，直到西汉后期《氾胜之书》里才有小麦这一名词。因此，有些日本学者认为中国西汉前期以前古书里的麦完全是指大麦，张骞通西域（公元前 2 世纪）后才从西方传入小麦。这种说法是不正确的。1955 年，在安徽的西周（公元前 11 世纪初期到公元前 770 年）遗址中就发现了很多的小麦种粒，这就有力地证明了我国在很早以前就已经栽培小麦。

水稻　　　　　　　　　　小麦　　　　　　　　　　玉米

谷子　　　　　　　　　　绿豆　　　　　　　　　　荞麦

图 4.7　粮食类代表植物（谷自郭天亮；绿豆自徐永福；其他自曹建国）

麦粒的结构：胚乳占 85%，胚占 2%；麦麸（包括果皮、种皮和糊粉层）占 13%。

研究表明，面粉的加工精度越高，碳水化合物含量越高，蛋白质、脂肪、糖类、钙、铁、维生素 B_1、维生素 B_2 等其他营养物质的含量越低。麦胚是麦粒中营养最丰富的部分，蛋白质占 30%，脂肪占 13.9%，维生素和矿物质是面粉的 10 倍，富含维生素 C、维生素 B_1、维生素 B_2、Ca、Mg、Zn 及不饱和脂肪酸，具有增强细胞活力，改善脑细胞功能，增强记忆力，抗衰老和预防心血管疾病的作用。麸皮含有一定的维生素，富含丰富的粗纤维和矿物质。

3）稻（*Oryza sativa*）（图 4.7）　　原产我国，广东、广西、云南和台湾等省（自治区）有稻的野生种。在浙江余姚市河姆渡新石器时代遗址中发掘出相当数量的稻粒和稻草，距今大约已有七千年。另外，早于河姆渡发掘的有江苏无锡锡山公园、苏州吴中区草鞋山、浙江杭州水田畈、吴兴钱山漾、安徽肥东大陈墩、湖北京山屈家岭、天门石家河、武昌洪山放鹰台、江西清江营盘里、福建福清东张、广东曲江石峡马坝及河南洛阳西高崖等 30 多处新石器时代遗址中发现了稻谷（或米）、稻壳、稻草等，品种有籼有粳，地区分布很广。说明我国在长江以南的广大地区，远在四五千年到六七千年以前，就已发展到普遍种植稻的阶段，而且在北方也已有稻的种植。

稻有许多类型和品种，按对土壤水分的适应可分为水稻、深水稻和陆稻；按形态和生理分为籼稻和粳稻；按淀粉性质不同分为糯稻和非糯稻；按生长期长短分为早、中和晚稻；有些稻的果皮含有黑色素，称紫黑稻。

水稻谷粒的营养成分分布很不均匀，除淀粉外，其他各种营养成分大部分在胚和糊粉层中，只有一部分在外皮中，在碾米时稃壳成为粗糠，外皮、胚和糊粉层成为米糠，留下的是胚乳淀粉组织。

粳米、籼米和糯米的淀粉含量接近，但它们的物理性质和淀粉种类不同，籼米的质地松，含直链淀粉多，米的膨胀性大，黏性差，较易吸收和消化；粳米的质地较紧密，支链淀粉较多，米的膨胀性较小，黏性适中，较籼米难消化；糯米中全部都是支链淀粉，所以黏性最强，最难被淀粉酶消化，因此，不宜作主食，尤其是肠胃病患者不宜多食。大米的氨基酸含量组成接近人体，蛋白质利用效率（生物价）较其他谷类高。但大米蛋白质中的赖氨酸较少，食用大米时也要进食一些豆类和动物性食品，产生氨基酸互补效应。

4）玉米（*Zea mays*）（图 4.7）　　也称玉蜀黍，各地俗名很多，如番麦、玉麦、玉黍、包谷、包芦、棒子、珍珠米等名称；还有叫作六谷（也写作稑谷或鹿谷）的，意为五谷之外的又一种谷。玉米原产美洲，很早就是美洲本地人的主要粮食作物。

玉米有黄玉米、白玉米和杂玉米之分，我国主产区是四川、河北、山东、东北三省等。玉米的蛋白质含量为 8%～9%，由于蛋白质缺乏赖氨酸和色氨酸，生物价仅为 60，故蛋白质营养价值较低。玉米所含的烟酸（维生素 B 类）为结合型，不能被人体吸收，常导致以玉米为主食地区易发生癞皮病。但煮食时加入一些小苏打或食用碱，可使烟酸变为游离型。黄色玉米中含有一定量的胡萝卜素，而新鲜玉米还含有少量维生素 C。玉米胚脂肪质量分数较高，玉米胚油不饱和脂肪酸含量达 85%，其中亚油酸高达 47.8%，对降低胆固醇有一定疗效。胚芽油中含有丰富的维生素 E。此外，玉米须具有降血压作用。

5）高粱（*Sorghum bicolor*）　　高粱原产非洲中部，但从考古发掘来看，我国可能也是高粱的原产地之一。高粱也叫蜀黍，北方俗称秫秫，在古农书里也有写作蜀秫或秫黍的。新中国成立以来在不少地方发掘出古代高粱实物的遗存，如江苏新沂市三里墩西周遗址、河北石家庄战国时赵国遗址、辽宁辽阳市三道壕西汉村落遗址等。这些都说明高粱在我国也是古老的作物之一，而且地区分布很广，北至辽宁，西至陕西，东至江苏，都有它的实物遗存。因此，高粱和谷子、黍、稻等一样，都是我国原有的古老作物。

高粱在东北和华北部分地区曾经是主粮，在全国粮食中次于稻、小麦、玉米、甘薯，和谷子不相上下而互有消长。但是高粱不及玉米产量高，不如小米好吃，近年来主要用于酿酒，较少用于食用。高粱是制作白酒的优质原料，如山西杏花村汾酒、竹叶青都是高粱酒。

高粱米的蛋白质质量分数为 9.5%～12%，亮氨酸质量分数较高，而赖氨酸、色氨酸质量分数较低，生物价仅为 56。由于高粱含有一定量的鞣质和色素，煮熟后常显红色，带有明显的涩味，妨碍消化，使蛋白质的消化率更低。高粱米中脂肪和铁的含量比大米中的高。

6）燕麦（*Avena sativa*）　　燕麦有两种，成熟时麸壳不易分离的称皮燕麦，易于分离的称裸燕麦（*A. nuda*）。裸燕麦的营养价值很高，每 100g 裸燕麦含蛋白质 15g，脂肪 8.5g，明显高于其他谷物，其中的蛋白质含人体所需的全部氨基酸，特别是赖氨酸含量多。脂肪中含有大量亚油酸，易消化吸收，是高寒地区的耐饥寒食品。Ca 和 Fe 的含量是其他谷物的 1 倍。因麦粒中蛋白质和脂肪含量较高，质地柔软，不易制粉，可制作成麦片。

7）荞麦（*Fagopyrum esculentum*）　　又称三角麦，为蓼科（Polygonaceae）植物（图 4.7）。其蛋白质中赖氨酸的质量分数约比小麦和大米高 2 倍，营养价值高。在荞麦中含有较丰富的亚油酸、芦丁等。

8）赤小豆（*Vigna umbellata*）　　赤小豆中蛋白质质量分数为 19%～23%，胱氨酸和甲硫氨酸为其限制性氨基酸。脂肪为 1%～2%，碳水化合物的质量分数为 55%～60%，大约一半为淀粉，其余为戊糖、糊精等。其他成分类似豌豆。

赤小豆具有利尿、清热解毒的作用，对金黄色葡萄球菌、福氏痢疾杆菌、伤寒杆菌等具有明显的抑制作用。

9）绿豆（*Vigna radiata*）　　营养成分类似豌豆，蛋白质质量分数为 18%～23%，但碳水化合物除淀粉外，还有纤维素、糊精和戊聚糖等。

绿豆具有很好的保健作用，具有清热解毒、消暑利尿的功能，适用于治疗中暑烦渴、食物或药物中毒、高血压、咽喉肿痛、大便燥结等症，豆壳的清热解毒作用更好。

4.7.4　果蔬类植物

我们日常所食用的果蔬主要出自十字花科、葫芦科、茄科、伞形科、菊科和百合科等。

1. 果蔬类的营养成分

1）碳水化合物　　蔬菜水果所含碳水化合物包括糖、淀粉、纤维素和果胶物质。

2）维生素　　新鲜蔬菜水果是维生素 C、胡萝卜素、核黄素和叶酸的重要来源。但是，维生素 A、维生素 D 在蔬菜中的质量分数低。

3）矿物质　　果蔬中含钙、磷、铁、钾、钠、镁、铜等较为丰富，是膳食中无机盐的主要来源，对维持体内酸碱平衡起重要作用。绿叶蔬菜一般每 100g 含钙在 100mg 以上，含铁 1～2mg，如菠菜、雪里蕻、油菜、苋菜等。新鲜水果也是钙、磷、铁等矿物质的良好来源，其中钾元素的质量分数特别丰富。

4）其他生理活性物质　　果蔬中还含有一些生理活性成分，如多酚、类胡萝卜素、生物碱、二烯丙基二硫化物等。

2. 主要蔬菜类资源植物

蔬菜根据食用部位可分为根菜类、叶菜类、果菜类。

1）根菜类

（1）马铃薯（*Solanum tuberosum*），又称土豆、山药蛋、洋芋等，是茄科植物，食用的是块茎（图4.8）。马铃薯含丰富的淀粉、蛋白质，主要在近皮的部位，而且是完全蛋白，赖氨酸含量高。维生素C的含量特别丰富，若每日食用240g马铃薯即可满足人体一天维生素C的需要，但贮存和加热过程中，一部分维生素C会破坏掉。马铃薯的营养成分较全，是欧美人的主食之一。马铃薯对消化不良、食欲不振、便秘等具有食疗作用。在日光照射或发芽时会产生大量龙葵素，食用后会引起呕吐、头晕、腹泻。

番薯（叶）　　　　　　　甘薯（块根）　　　　　　马铃薯

荷花　　　　　　　　　　藕　　　　　　　　　　胡萝卜

图4.8　根菜类代表植物（番薯、马铃薯自戴锡玲；其他自曹建国）

（2）番薯（*Ipomoea batatas*），又名红薯、白薯、山芋、地瓜等，是旋花科藤本植物，食用的是块根（图4.8）。番薯不仅是高产高效作物，耐旱、耐瘠薄、适应性强，而且也是营养成分丰富、保健价值高的食品，还可以利用甘薯加工成化工产品，如柠檬酸、乳酸、丙酮、味精，酶制剂和抗生素及各种淀粉衍生物等多种产品。番薯的营养几乎包含了人类健康所必需的全部营养和能量元素。资料表明，番薯含丰富的淀粉、胡萝卜素、维生素 B_1 和维生素 B_2 及少量的蛋白质、脂肪、磷、钙、铁和烟酸等。番薯的纤维物质在肠内能吸收大量水分，增加粪便体积，解除便秘。

（3）胡萝卜（*Daucus carota* var. *sativa*），为伞形科植物（图4.8）。胡萝卜营

养价值极高，每 500g 含蛋白质 3g、脂肪 1.5g、碳水化合物 38g、粗纤维 3.5g、钙 160mg、铁 3mg、胡萝卜素 19mg、硫胺素 0.1mg、核黄素 0.25mg、烟酸 1.5mg、抗坏血酸 65mg。胡萝卜含有丰富的胡萝卜素，胡萝卜素被人体吸收后能转变成维生素 A，可维护眼睛和皮肤的健康，也具有调节人体新陈代谢的作用，促进生长发育，增强人体抵抗能力。胡萝卜性微温、味甘辛，有下气补中、利胸膈、调肠胃、安五脏之功效。

（4）萝卜（*Raphanus sativus*），是十字花科植物，又名莱菔、罗服、土酥、温菘、秦菘。我国是萝卜的故乡，栽培食用萝卜的历史悠久。早在《诗经》中就有关于萝卜的记载。萝卜既可用于制作菜肴，炒、煮、凉拌等俱佳；又可作水果生吃；还可用作泡菜、酱菜腌制，如扬州酱萝卜条、萧山萝卜干等。

现代科学研究发现，萝卜含水分 91.7%，含丰富的维生素 C，含一定量的钙、磷、碳水化合物及少量的蛋白质、铁及其他维生素，还含有木质素、胆碱、氧化酶素、过氧化氢酶、淀粉酶、芥子油等有益成分。

（5）藕（*Nelumbo nucifera*），藕是莲的根状茎（图 4.8），藕的品种有两种，即七孔藕和九孔藕。江浙一带较多栽培七孔藕，该品种质地优良，它的根茎粗壮，肉质细嫩，鲜脆甘甜。藕性寒味甘，生食可清热、凉血、散瘀；熟食能健脾、开胃、益血、生肌。嫩藕清爽多汁，甘甜可口，能止咳除烦躁。

（6）竹笋，为禾本科竹亚科（Bambusoideae）多种植物地下茎上的芽，根据采集季节可分成冬笋、春笋和鞭笋。3 月底 4 月初出土的称为春笋，秋末冬初出土的称冬笋，夏季出土面的称鞭笋。冬笋和春笋是植物毛竹的苗，统称"嫩笋"。冬笋其味比春笋更鲜嫩，被人们称之为"笋中皇后"。冬笋外观呈圆锥形，外壳有黄色绒毛，不仅味道鲜美，而且营养丰富。据现代科学研究测定，每 100g 冬笋含有蛋白质 12.1g、糖类 4g、脂肪 0.1g、磷 57mg、铁 11mg，还有维生素 C、维生素 B_1、维生素 B_2 及多种氨基酸等成分。特别是它体内有一种白色含氮物质，它与各种肉类烹调后会显出特别鲜的味道。冬笋的食用方法颇多，烧、炒、煮、炖、煨等，皆可成佳肴。

2）叶菜类　　食叶类蔬菜品种很多。白菜类有大白菜、青菜（紫青菜，图 4.9）、塌菜等；甘蓝类有卷心菜（结球甘蓝）、抱子甘蓝等；绿叶菜类有菠菜（图 4.9）、片菜、米苋（苋菜）、茼蒿、蕹菜、生菜（图 4.9）、草头、荠菜（图 4.9）、香菜（芫荽）、茴香、紫角叶（图 4.9）（落葵）、外国菠菜（番杏）、紫苏、外国香菜（香芹菜）、菊花脑、叶荟菜、枸杞头、马兰（野生）等；葱蒜类有韭菜、大葱、韭葱（洋大蒜）、分葱、胡葱、子葱等；芥菜类有雪菜、金丝芥、银丝芥、弥陀芥等；水生菜有豆瓣菜（西洋菜）、水芹菜、莼菜等。

（1）白菜（*Brassica pekinensis*），为十字花科植物（图 4.9）。白菜是我国原产蔬菜，有悠久的栽培历史。据考证，在我国新石器时期的西安半坡原始村落遗址发现的白菜籽距今约有六千至七千年。19 世纪传入日本、欧美各国。

白菜种类很多，北方的大白菜有山东胶州大白菜、北京青白、天津绿、东北大

白菜　　　　　　　　生菜　　　　　　　　紫青菜

菠菜　　　　　　　　荠菜　　　　　　　　紫角叶

图 4.9　叶菜类代表植物（自曹建国）

矮白菜、山西阳城的大毛边等。南方的大白菜是北方引种的，其品种有乌金白、鸡冠白、雪里青等，都是优良品种。

白菜含有蛋白质、脂肪、多种维生素和钙、磷等矿物质及大量粗纤维，用于炖、炒、熘、拌及做馅、配菜都可以。特别是白菜含较多维生素，与肉类同食，既可增添肉的鲜美味，又可减少肉中的硝酸盐和亚硝酸盐类物质，减少致癌物质亚硝酸胺的产生。白菜还可以加工为菜干或制成腌制品，如河北的京冬菜就是用白菜制作的名闻全国的地方特产。

白菜除作为蔬菜供人们食用之外，还有药用价值。祖国医学认为，白菜性味甘平，有清热除烦、解渴利尿、通利肠胃的功效，经常吃白菜可防止维生素 C 缺乏症（坏血病）。民间还有用白菜治感冒、冻疮以及解酒。

（2）甘蓝（Brassica oleracea），为十字花科一、二年生草本植物，又名卷心菜、洋白菜、包菜，为芸薹属中能形成叶球的变种。以叶球供食，可炒食、煮食、凉拌、腌渍或制干菜。世界各地普遍栽培，为欧洲、美洲国家的主要蔬菜，中国各地均有栽培，如选用适宜的品种排开播种，分期收获，可周年供应。结球甘蓝只是甘蓝中的一个变种，属于叶用的甘蓝，除了结球甘蓝外，还有不结球的羽衣甘蓝。在结球甘蓝中有因其叶片皱缩的，称为皱叶甘蓝；因其叶色紫红的，称为红甘蓝；因其叶球小，由叶腋中侧芽形成的，称为抱子甘蓝。这些甘蓝的色泽、叶球大小、叶片光滑状虽有不同，但都是叶用甘蓝。在普通结球甘蓝中，依叶球形状，可分平头、圆头和尖头 3 类，依成熟期可分为早熟、中熟和晚熟 3 类。

（3）菠菜（*Spinacia oleracea*），为藜科（Chenopodiaceae）菠菜属（*Spinacia*）一、二年生草本植物，又名波斯草、赤根菜（图 4.9）。菠菜以绿叶为主要产品，可凉拌、炒食或做汤，欧美一些国家用来制罐头，是其主要的绿叶菜。菠菜直根发达，红色，味甜可食。常见品种有有刺变种（又称尖叶菠菜）和无刺变种（又称圆叶菠菜）。

（4）旱芹（*Apium graveolens*），伞形科芹属二年生草本植物，又名芹、药芹、蒲芹，可炒食、生食或腌渍。世界各地普遍栽培。芹菜叶柄肥嫩，含有丰富的矿物、盐类、维生素和芹菜油，具芳香味，能增进食欲，又有降低血压、健脑和清肠利便的作用。芹菜叶片中所有的营养均高于叶柄，因此，习惯上只吃叶柄而丢弃叶片是非常可惜的。

（5）荠菜（*Capsella bursa-pastoris*），十字花科荠菜属一、二年生植物，又名野菜、护生草、菱角菜。荠菜原为野生菜，近年已人工培育，成为栽培蔬菜。荠菜以嫩茎叶供食，味清香鲜美，常将它做菜馅或做豆腐羹、炒肉丝、烧汤。长期食用荠菜有明目、清热、止血、利尿、止痢等功效。

（6）蕹菜（*Ipomoea aquatica*），旋花科（Convolvulaceae）甘薯属（*Ipomoea*）一年或多年生草本植物，又名竹叶菜、空心菜、藤菜。蕹菜为须根系，根浅，再生力强。旱生类型茎节短，茎扁圆或近圆，中空。水生类型节间长，节上易生不定根，适于扦插繁殖。以嫩茎、叶炒食或做汤，富含各种维生素、矿物盐，是夏、秋季重要的蔬菜。

（7）芫荽（*Coriandrum sativum*），伞形科芫荽属（*Coriandrum*）一、二年生草本植物，又名香菜、胡荽、香荽。芫荽植株及种子具香气，茎叶可作调味品，种子含油量达 20% 以上，是提炼芳香油的重要植物，果实入药，有祛风、透疹、健胃及祛痰的功效。

（8）莴苣（*Lactuca sativa*），菊科莴苣属（*Lactuca*）一、二年生草本植物。莴苣可分为叶用和茎用两类。叶用莴苣又称生菜，茎用莴苣又称莴笋、香笋。莴笋的肉质嫩，茎可生食、凉拌、炒食、干制或腌渍。莴苣茎叶中含有莴苣素，味苦，高温干旱条件下苦味浓，能增强胃液分泌，刺激消化，增进食欲，并具有镇痛和催眠的作用。生菜主要食叶片或叶球。

（9）茼蒿（*Chrysanthemum coronarium* var. *spatiosum*），又名蓬蒿，为菊科菊属（*Chrysanthemum*）一、二年生草本植物。茼蒿的根、茎、叶、花都可入药，有清血、养心、降压、润肺、清痰的功效。茼蒿具特殊香味，幼苗或嫩茎叶供生炒、凉拌、做汤等食用。

（10）韭菜（*Allium tuberosum*），是百合科葱属（*Allium*）二年或多年生草本宿根植物，又名草钟乳、起阳草、懒人菜，原产中国，我国各地均有栽培。每 100g 鲜韭菜含水分 91～93g、碳水化合物 3.2～4g、蛋白质 2.1～2.4g、脂肪 0.5g、维生素 C 39mg，并含其他维生素、矿物盐和挥发性物质硫化丙烯[（CH₂CHCH₂）₂S]，具辛香味，可增进食欲，并有一定的药用价值。韭菜可以炒食或做馅。

3) 果菜类

（1）番茄（*Lycopersicon esculentum*）（图 4.10），属茄科一年生草本植物，又名西红柿、柑仔蜜，原产于南美洲的秘鲁、厄瓜多尔、玻利维亚。20 世纪初期，我国引进栽培，到新中国成立后各地城市广泛推广，成为人们不可缺少的主要果菜之一。番茄的营养价值高，它所含的维生素 C 和维生素 B 比柑橘和柠檬还高。番茄的外形美观、美味可口，除了主要用于熟食外，还可当作水果生食和加工为番茄汁、番茄酱、饮料、罐头等。

苦瓜   菜椒   茄子

豌豆   番茄   蚕豆

图 4.10　果菜类代表植物（苦瓜、豌豆自戴锡玲；其他自曹建国）

（2）菜椒（*Capsicum annuum* var. *grossum*），属茄科植物，是辣椒的一个变种（图 4.10）。果实大型，近球状、圆柱状或扁球状，多纵沟，顶端截形或稍内陷，基部截形且常稍向内凹入，味不辣而略带甜或稍带椒味。每100g 鲜果含水分70～93g、淀粉 4.2g、蛋白质 1.2～2.0g、维生素 C 73～342mg。

（3）黄瓜（*Cucumis sativus*），为葫芦科甜瓜属一年生草本攀缘植物，又称胡瓜、刺瓜、青瓜，原产于喜马拉雅山脉南麓热带雨林地区。黄瓜栽培普遍，历史悠久，是一种世界性蔬菜。黄瓜在我国已有 2000 年左右的栽培历史，全国各地均有种植。黄瓜的营养丰富，具有清香、脆嫩、爽口的特点，尤其适于生吃、凉拌、熟食、泡菜、盐渍、糖渍、酱渍、制干和制罐等，为果菜兼用的蔬菜。黄瓜所含的纤维素非常娇嫩，在促进肠道中残渣的排泄和降低胆固醇方面有一定的作用。黄瓜味甘性凉，能清血除热、利尿解毒。

（4）南瓜（*Cucurbita moschata*），为葫芦科植物，又名倭瓜、金瓜。明代医学家李时珍在《本草纲目》中记载：南瓜色黄味甘，峻补元气，不得以贱而忽之。南瓜性味甘温，有健脾消食、荡涤肠胃的作用。南瓜含蛋白质、脂肪、糖类及维生素A、维生素B、维生素C，还含有钙、纤维素、胡萝卜素、多种矿物质。现代医学研究表明，南瓜中含有葫芦巴碱、腺嘌呤、戊聚糖、甘露醇等许多对人体有益的物质，并有促进胰岛素分泌的作用。

（5）苦瓜（*Momordica charantia*）（图4.10），苦瓜原产于东印度热带地区，在我国的栽培历史悠久，但目前主要分布在长江以南地区。苦瓜果肉柔嫩，食用时具有特别的风味，吃时稍苦而后又清甘可口。果实中含有丰富的蛋白质、糖、矿物质及各种维生素等，特别是维生素C含量尤为突出，为黄瓜的14倍，冬瓜的5倍，番茄的7倍。据分析，每100g鲜果含碳水化合物3g，蛋白质0.9g，脂肪0.2g，钙18mg，磷29mg，维生素C 84mg。此外，还含有铁、维生素A、维生素B和无机盐等。苦瓜含有的特殊糖苷，味苦性寒，能刺激唾液及胃液分泌，可促进食欲，帮助消化。此外，还具有解毒等功效。

（6）豌豆（*Pisum sativum*）（图4.10），豌豆中蛋白质质量分数为20%～25%，以球蛋白为主，氨基酸组成中色氨酸的质量分数较多，甲硫氨酸相对较少。脂肪质量分数仅为1%左右，碳水化合物为57%～60%。幼嫩的青豌豆籽粒中含有一定量的蔗糖，因而带有甜味。豌豆中的B族维生素较为丰富，幼嫩籽粒还有少量维生素C。钙、铁在豌豆中较多，但消化吸收率不高。

（7）蚕豆（*Vicia faba*）（图4.10），蚕豆含碳水化合物较高，占48.6%；蛋白质28.2%，但缺乏甲硫氨酸，所以营养价值不高，新鲜的蚕豆含较多的维生素C和胡萝卜素，是一种较好的蔬菜。蚕豆含有抗蛋白酶和血球凝集素，不能生食，必须充分煮食方可食用。蚕豆还含有蚕豆毒素，可使某些缺乏葡萄糖-6-磷酸脱氢酶的人的血红细胞大量被破坏。

3．主要水果类资源植物

水果是可以不经烹饪而直接食用的食品，因而可保留全部成分不被破坏。水果一般具有鲜艳的色泽，可口的味道，丰富的营养，可谓色香味俱全。

（1）橘（*Citrus reticulata*），属于芸香科柑橘亚科，是热带、亚热带的常绿果树（图4.11），性喜温暖湿润。柑橘亚科用于经济栽培的有3个属：枳属、金柑属和柑橘属，我国和世界其他国家栽培的柑橘主要为柑橘属植物。

柑橘果实色、香、味兼优，既可鲜食，又可加工成以果汁为主的各种加工制品。柑橘营养丰富，每100g的可食部分中，含核黄素0.05mg，烟酸0.3mg，维生素C 16mg，蛋白质0.9g，脂肪0.1g，糖12g，粗纤维0.2g，无机盐0.4g，钙26mg，磷15mg，铁0.2mg，还有多种维生素。

梨　　　　　　　　　榴莲　　　　　　　　　柑橘

猕猴桃　　　　　　　荔枝　　　　　　　　　香蕉

菠萝　　　　　　　　枣　　　　　　　　　　石榴

图 4.11　水果类代表植物（自曹建国）

（2）苹果（*Malus pumila*），属于蔷薇科苹果属（*Malus*）植物。苹果的果实色泽美丽，不仅酸甜可口，清香爽脆，而且含有丰富的营养物质。根据测定，每 100g新鲜果肉中含有总糖 11.2g，果胶 0.72g，蛋白质 0.39g，磷 10.1mg，钾 94mg，钙6.9mg 及多种维生素。全世界苹果属植物大约有 36 种，其中原产我国的有 23 种。苹果加工分为 6 大类，即果汁类、果酒类、果干类、制罐类、果脯类和果酱类。

（3）梨属（*Pyrus*），属于蔷薇科（图 4.11）。该属果肉有石细胞，果实梨形。梨属共有 25 种，我国产 14 种。梨是人类最早栽培的果树之一，有果树祖宗之称。中国是梨的最大起源中心，至少有三千多年的栽培历史。大约在公元 2 世纪，我国的梨由商人传到印度、波斯。梨的果实营养丰富，除鲜食外，还可制作梨脯、梨汁、梨膏、梨酒，制醋和做罐头等。梨果也是重要的中药，有生津润燥、清热化痰的功效，还有洁齿作用，被誉为"水果牙刷"。

（4）香蕉（*Musa nana*）：属于芭蕉科（Musaceae）芭蕉属（*Musa*）（图 4.11）。香蕉其实是食用蕉（甘蕉）的俗称。香蕉的水分低、热量高，含有蛋白质、脂肪、淀粉、胶质及丰富的碳水化合物（高达 20% 以上），还含有维生素 A、维生素 B、维生素 B_6、维生素 C、维生素 E、维生素 P 及矿物质钙、磷、铁、镁、钾等，其中钾的成分为百果之冠，镁的成分亦高，并被证实有防癌之功。香蕉性寒、无毒、甘甜柔滑，果肉、果皮、花、根皆可入药，能去热毒、润肺、止渴、清肠、降血压、通血脉、补血、止咳等，可用于防治便秘、胃溃疡、高血压、低血压、贫血、疖肿疙瘩、皮肤病、动脉硬化、冠心病、咳嗽、支气管炎、唇干舌燥等，并可稳定情绪，使心情愉快。

（5）猕猴桃属（*Actinidia*）：属于猕猴桃科（Actinidiaceae），为多年生藤本灌木果树（图 4.11）。该属目前已经发现 63 种、43 变种、7 变型。我国除宁夏、青海、新疆、内蒙古以外的所有省、市、自治区都有分布。猕猴桃果实营养丰富，富含维生素 C，其含量是苹果、梨、桃、葡萄、柑橘等大宗果品的几十倍到上百倍。每人每天吃一个猕猴桃就足以满足全天维生素 C 的需求量，此外猕猴桃还含有多种糖分、维生素和氨基酸等营养物质。

（6）枣（*Ziziphus jujuba*）：为鼠李科（Rhamnaceae）枣属（*Ziziphus*）多年生落叶果树（图 4.11）。枣原产中国，果实营养丰富，是我国历来称颂的大众滋补食品。新鲜枣果肉每 100g 中含糖 23.2～40.0g，蛋白质 1.2g，脂肪 0.2g，钙 14～41mg，磷 23mg，铁 0.5mg，钾 0.2～0.35mg，还有烟酸及少量其他微量元素。枣含氨基酸有 18 种之多，其中 8 种是人体不能合成的重要种类。还含有多种维生素，其中维生素 C 含量高达 436.4～888mg/100g，维生素 P 含量高达 3385mg/100g，其量之大是其他果品中稀有的。

（7）凤梨（*Ananas comosus*），别名菠萝，属于凤梨科（Bromeliaceae）凤梨属（*Ananas*），为多年生草本（图 4.11），营养生长迅速，生产周期短，年平均气温 23℃以上的地区终年可以生长。菠萝果实营养丰富，果肉中除含有还原糖、蔗糖、蛋白质、粗纤维和有机酸外，还含有人体必需的维生素 C、胡萝卜素、硫胺素、烟酸等维生素，以及易为人体吸收的钙、铁、镁等微量元素。菠萝果汁、果皮及茎所含的蛋白酶能帮助蛋白质的消化，增进食欲；医疗上有治疗多种炎症、消化不良、利尿、通经、驱寄生虫等功效。

（8）甜瓜（*Cucumis melo*），为葫芦科甜瓜属（*Cucumis*）一年生蔓性植物，又名香瓜。果实香甜，富含糖、淀粉，还有少量蛋白质、矿物质及其他维生素。以鲜食为主，也可制作果干、果脯、果汁、果酱及腌渍品等。

（9）葡萄（*Vitis vinifera*），原产亚洲西部，现世界各地栽培，品种繁多，为著名水果，生食，制葡萄干，可酿酒。葡萄营养丰富，浆果中葡萄含糖量高达 10%～30%，以葡萄糖为主。葡萄中含有矿物质钙、钾、磷、铁及多种维生素，如

维生素 B_1、维生素 B_2、维生素 B_6、维生素 C 和维生素 P 等。

此外,石榴(*Punica granatum*)(图 4.11)、蟠桃(*Amygdalus persica* var. *compressa*)、荔枝(*Litchi chinensis*)(图 4.11)、榴莲(*Durio zibethinus*)(图 4.11)等也是市场上常见的水果。

4.7.5　油脂植物

1. 植物油脂的特点

植物油脂相对于动物油脂具有如下特点。

1)植物油脂主要存在于果实和种子中　植物油脂一般以油滴的形式存在于植物的质体或圆球体中,是植物能量储存的重要形式,在果实和种子中含量最高,也有少数植物存在于营养器官中,如油莎豆(*Cyperus esculentus*)的球茎中含有大量的油脂。

2)植物油脂中所含的脂肪酸种类多样　在天然油脂中,植物油脂所含的脂肪酸种类远比动物油脂多样,且不同种类脂肪酸的组成也不相同。

3)植物油脂中所含的不饱和脂肪酸比例高　棉籽油中饱和脂肪酸含量为25%,不饱和脂肪酸含量高达 75%,比较理想的植物油包括大豆油、向日葵油、菜籽油及芝麻油等,所含的不饱和脂肪酸均在 80% 以上。不饱和脂肪酸中具有 2个双键以上的、是人和动物不能合成的,称为必需脂肪酸,它们大部分存在于植物油脂中。相比而言,牛油饱和脂肪酸含量为 60%~70%,不饱和脂肪酸含量达30%~40%。不饱和脂肪酸的熔点一般较低。因而,植物油脂在常温下为液体,称为油;动物油脂在常温下为固体,称为脂肪。

4)植物油脂的碘值较高　碘值是表示有机物质不饱和程度的一种指标,是样品所能吸收碘的百分数,主要用于油脂、蜡、脂肪酸等物质不饱和程度的测定。不饱和程度越大,碘值也越大。陆地动物脂肪的碘值在 80 以下;海洋动物油脂的碘值在 100 以上〔鱼油中富含高度不饱和脂肪酸,主要成分为二十碳五烯酸(EPA)和二十二碳六烯酸(DHA)〕。植物白苏子所得的干性油的碘值为193~208,比桐油的还高。

5)植物油脂部分为干性油　某些植物油脂在空气中放置,能很快形成一层干燥而有韧性的薄膜,这种性质叫干化。具有这种性质的油称干性油,如桐油、亚麻油、苏子油等,它们结成的膜不会软化,也不溶于有机溶剂,如在干性油中加入染料则可制成油漆。干性油形成硬膜的详细过程还不十分清楚,但是跟氧化和聚合有关。干性油在油漆工业中得到广泛应用。

不具有干性的油叫非干性油,如蓖麻油、花生油、茶油、橄榄油等,介于二者之间的称半干性油,如向日葵油、豆油、芝麻油、菜籽油等,它们干得慢,干后会软化、回溶等。

2. 常见油料植物及其营养

我国地大物博,油料植物的种类很多。目前,人工大规模栽培的有 10 多种,野生的有上百种之多。长江以南盛产油茶和油菜，居民主要吃茶油和菜籽油；山东花生丰富，花生油成为当地的重要食用油；东北以大豆著名，故豆油也很有名。在热带地区还有两种高大的油料植物，一种是椰子树，种子内含有十分丰富的脂肪，榨出的椰子油可以制造人造奶油和机器润滑油；另一种是油棕，它生长在海南岛和西双版纳，叶子基部结出一串串葡萄似的果实，含油量高达 45%，一棵油棕每年能产油 15～20kg，因此被人们称为"世界油王"。

（1）大豆（*Glycine max*）：是豆科一年生草本植物（图 4.12），喜温暖，需水较多，但对土壤要求不高。大豆原产我国，各地均有栽培，东北最多，种子含油 15%～20%，油脂中的脂肪酸绝大部分是不饱和的，约占 88.6%，其中亚油酸占 51.5%，亚麻酸占 29%，其余为油酸。亚油酸和亚麻酸都是人体必需的脂肪酸，它

大豆	落花生植株	花生
向日葵	油菜植株	油菜果实
油茶	油橄榄	油棕

图 4.12　油脂类代表植物（油橄榄自李垚；其他自曹建国）

们的含量如此之高，使大豆成为人体必需脂肪酸的丰富来源。豆油除食用外，还可以制成硬化油。

大豆含有35%～40%的蛋白质，是谷类的3～5倍，为植物性食品中含蛋白质最多的食品，黑大豆的蛋白质甚至高达50%。大豆的蛋白质为优质蛋白，其氨基酸组成接近人体需要，8种人体必需氨基酸的组成与比例也符合人体"理想蛋白质氨基酸组成模式"的需要，除甲硫氨酸质量分数略低外，其余与动物性蛋白质相似。此外，大豆脂肪中还含有1.64%的大豆磷脂和抗氧化能力较强的维生素E。

大豆中含碳水化合物25%～30%，其中一半是可供人体利用的，以五碳糖和糊精比例较大，淀粉较少；另一半是人体不能消化吸收的棉籽糖和水苏糖，存在于大豆细胞壁中，在肠道细菌作用下发酵产生二氧化碳和氨，可引起腹胀。当大豆加工成豆腐等豆制品后，使难以消化的成分减少，提高了营养价值。

此外，大豆还含有丰富的钙、磷、铁，但由于大豆中膳食纤维等抗营养因子的影响，钙和铁的消化吸收率不高。大豆中的硫胺素、核黄素、烟酸等B族维生素质量分数较谷类多，并含有一定量的胡萝卜素。

（2）落花生（*Arachis hypogaea*）：是豆科落花生属（*Arachis*）一年生草本植物（图4.12），原产巴西。花生受精后，子房柄迅速伸长钻入土中，子房发育成茧状荚果。花生在我国广泛栽培，以黄河流域种植最多。其种子含油量达50%，油脂中脂肪酸主要为油酸，含量为39%～65%，亚麻酸占20.7%，花生四烯酸占3.2%，硬脂酸占4.7%，是重要的油料作物，油可食用，不仅提供给人类较多的热量，而且含有丰富的蛋白质和维生素，又是重要的工业用油。

（3）芸薹（*Brassica campestris*）（通称油菜）：为十字花科二年生草本。营养叶基生，茎抽薹后多分枝，花淡黄色，长角果，种子球形（图4.12）。油菜原产我国，栽培广泛，以长江流域及以南各地最多。油菜品种有油菜、油芥菜、油白菜和番油菜等。种子含油33%～50%，脂肪酸中含有较多的芥酸（31%～55%），它是十字花科特有的脂肪酸成分，其次是油酸（14%～29%）和亚油酸（12%～24%）。饱和脂肪酸极少，1%左右，由于芥酸有毒性，不太适合食用，可作为工业原料。高芥酸可以引起动物体重下降，加速动物死亡，还可以引起人体血小板降低。国际上要求菜籽油中芥酸的含量要低于5%。为了避免芥酸对食用者的危害，最好不要长期食用菜籽油。

（4）向日葵（*Helianthus annuus*）：是菊科向日葵属一年生草本油料作物（图4.12）。种子含油量高达30%～40%，油质好，不饱和脂肪酸含量达47.9%～76.4%，主要用于榨油，也可嗑食，籽实的皮壳除可作饲料的配料外，还可提取乙醇、糠醛，也可用于造纸和制造纤维板。向日葵花盘大、花期长，花中蜜腺多，是极好的蜜源植物。

（5）红花（*Carthamus tinctorius*）：属菊科一年生草本植物，分布在温带，我国多产于西北，尤以新疆、西藏为多，其次是华北和东北地区。红花是近年来世界上发展很快的油料作物，在此之前一直作为药材和染料植物栽培。红花的种子含油29%～45%。红花油的碘值为120～152；脂肪酸组成中富含亚油酸、油酸及豆蔻酸、棕榈酸等，还有丰富的维生素 E。其中，亚油酸含量高达 84%，居食用油之冠，是高级营养油和烹饪油。医药上红花油广泛用作抗氧化剂和维生素 A、维生素 D 的稳定剂。饼粕含蛋白质高达 19%～36%，作饲料喂养奶牛，能增加牛乳中脂肪与亚油酸的含量。花可提取优良的天然食用色素；同时还含红花苷、红花醌苷及新红花苷，有活血通经、祛瘀止痛的作用，主治痛经闭经、跌打损伤、关节酸痛、冠心病。果实入药，功效与花相同。红花油的制备为机榨或浸出，油供食用，国外普遍把红花油制成人造奶油、蛋黄酱及色拉油供人们食用。

（6）玉米（*Zea mays*）：玉米胚油是优质食用油，不饱和脂肪酸占 85% 以上，人体吸收率可达 97% 以上。玉米胚油中还含有较丰富的维生素 E，每 100g 玉米胚油中约含 10mg，因此玉米胚油不易氧化，性质稳定，耐贮存。而且维生素 E 对人体有重要营养意义，人体缺乏它，易患肌肉萎缩、不育或流产。维生素 E 对神经衰弱、肥胖症也有一定辅助疗效，还有促进细胞分裂，延缓人体衰老的功效。

（7）米糠：米糠是稻谷加工成大米过程中产生的副产品，其油脂含量因稻谷品种不同而有差异，通常在 16%～23%。米糠油不仅具备优良的烹调食用性能，而且具有独特的保健功能，因而极有利用价值。米糠油的化学结构组成极为独特，符合人类膳食脂肪酸推荐标准，其脂肪酸中饱和脂肪酸占 20%，不饱和脂肪酸占 80%，不饱和脂肪酸中的油酸占 38%，亚油酸占 40%，它是典型的油酸-亚油酸型油脂。亚油酸能降低胆固醇在血管壁上过多的沉积，可预防动脉粥样硬化，同时，米糠油中含有的维生素 E、角鲨烯、活性脂肪酸酶、谷维素、植物甾醇等几十种天然生理活性成分，对调节人体机能、改善代谢功能都有很大作用。米糠油的性能优越，用途广泛，属新型功能性保健食用油。

（8）棉籽：棉籽是锦葵科棉花属（*Gossypium*）植物的种子。棉籽外部为坚硬的褐色籽壳，形状大小也因品种而异。籽壳内有胚，是棉籽的主要部分，也称籽仁。籽仁含油量可达 35%～45%，含蛋白质 39% 左右，含棉酚 0.2%～2%。棉酚是一种对人体有害的化学物质，它可以毒害人的神经、细胞及血管的黄色色素，是一种萘的衍生物。棉籽油是以棉籽制浸的油，可用于烹调食用。棉籽油中含有大量的必需脂肪酸，其中亚油酸的含量最高，可达 44.0%～55.0%。此外，棉籽油中还含有 21.6%～24.8% 棕榈酸、1.9%～2.4% 硬脂酸、18% - 30.7% 油酸、0%～0.1% 花生酸，人体对棉籽油的消化吸收率为 98%。

（9）油莎草（*Cyperus esculentus*）：为莎草科（Cyperaceae）莎草属（*Cyperus*）多年生草本，又称油莎豆，原产于西亚和非洲，地中海沿岸、埃及自古就有大面积栽培。中国于 20 世纪 60 年代引入种植。其地下茎呈匍匐状水平斜向伸长，顶端膨大成块茎。块茎含油率 20%～30%，油浅茶色，味香，可供食用。另含淀粉 25%～30%，糖分 12%～20%，并含少量蛋白质和维生素 A，磨成粉后可制饼干、糖果等。油粕可酿酒或作精饲料。茎叶含有较多的脂肪和糖分，是家畜的优良饲料。

（10）油茶：广义上的油茶是山茶科（Theaceae）山茶属（*Camellia*）植物种子含油率较高，且有一定的栽培经营面积树种的统称（图 4.12）。以普通油茶

（*Camellia oleifera*）分布最为广泛，种子含油 25%～33%，种仁含油 38%～52%。脂肪酸的组成大致如下：油酸 74%～87%，亚油酸 7%～14%，饱和脂肪酸 7%～11%，茶籽油的不皂化物中含三萜烯醇 0.04% 和甾醇 0.6%，不饱和脂肪酸高达 93%。

（11）文冠果（*Xanthoceras sorbifolium*）：为无患子科（Sapindaceae）文冠果属（*Xanthoceras*）落叶灌木或乔木。文冠果是我国特有的优良木本油料树种，种子含油量为 45%～50%，种仁含油量为 70%，亩产 20～40 斤 [①] 油，有"北方油茶"之称。文冠果油酸和亚油酸含量占脂肪酸的 70% 以上，色黄、芳香可口。

（12）椰子（*Cocos nucifera*）：是棕榈科（Palmae）常绿乔木，又称奶桃、可可椰子、越王头，古称胥邪，原产于巴西、马来群岛和非洲。我国分布在福建、广东、台湾和云南的部分地区。椰子的核果直径 20～30cm，成熟时，外果皮薄，中果皮即厚的纤维层，内果皮坚硬。固体胚乳供食用或榨油。椰子是热带重要木本油料植物之一，全世界椰子油产量占植物油总产量 30% 左右，居世界植物油首位。椰子油中含饱和脂肪酸高达 90% 以上，同时可挥发性的脂肪酸含量为 15%～20%。椰子油是良好的食用油脂，也是人造奶油的上等原料。椰子油的碘值小（8～11g 碘/100g 油），皂化值较大（254～262mg KOH/g 油）。椰子汁（液态胚乳）富含维生素 C 和维生素 B，可以作饮料或酿酒。

（13）山核桃（*Carya cathayensis*）：为胡桃科（Juglandaceae）山核桃属（*Carya*）落叶乔木，又名胡桃。核桃的核果椭球形，外果皮肉质，内果皮硬，具皱褶。在我国分布广泛，主产黄河流域及以南地区。核桃仁含蛋白质 15.4%，脂肪 40%～63%，碳水化合物 10%，还含有钙、磷、铁、锌、胡萝卜素、核黄素及维生素 A、维生素 B、维生素 C、维生素 E 等。味美多脂的核桃仁不仅营养丰富，还有其特殊的疗效。核桃仁的脂肪中，71% 是亚油酸，12% 是亚麻酸。核桃仁中所含的丙酮酸能阻止黏蛋白和钙离子、非结合型胆红素的结合，并能使其溶解、消退和排泄。

（14）油瓜（*Hodgsonia macrocarpa*）：为葫芦科木质大藤本。果实呈黄绿色，扁球形，直径约 20cm。每个果子有种子 8～12 枚，种仁富含油脂，含油量达 71% 以上，以亚油酸和棕榈酸为主，油清香，味似猪油。油瓜果实可食，含有高脂肪、高蛋白；根可入药，可杀菌、催吐、截疟。

（15）油棕（*Elaeis guineensis*）：是棕榈科油棕属（*Elaeis*）热带木本油料作物（图 4.12），原产热带非洲，中国 1960 年开始正式栽培，主要种植在海南省南部和西部，云南省西双版纳自治州也有少量种植。单位面积产油量特高，故有"世界油王"之称。主要产品为棕油和棕仁油。棕油淡黄至棕红色，是一种半固体油脂，含饱和脂肪酸 50% 以上，不饱和脂肪酸 45% 左右，有丰富的胡萝卜素、维生素 A 和

---

① 1 斤＝500g。

维生素 E。精炼后油味清淡，不易酸败，可作食用油、起酥油、人造奶油。棕仁油白色，含饱和脂肪酸 80% 左右，不饱和脂肪酸 13%～20%，可作烹调油、人造奶油和糖果、点心、饼干、雪糕、面包的配料。

（16）油橄榄（*Olea europaea*）：是木犀科（Oleaceae）常绿小乔木，亦称木犀榄。原产于小亚细亚，后广栽于地中海地区，现全球亚热带地区都有栽培。叶对生，椭圆形或披针形。腋生圆锥花序，核果椭圆形或卵形，果实可生吃或榨油（图 4.12）。油橄榄是世界上著名的优质高产木本油料树种，我国于 1964 年大量引进栽培，现在在甘肃、陕西、四川、云南等地发展较好。油橄榄果肉中的油脂即橄榄油。果肉含油率 36%～70%，以油酸为主，占 65%～80%，一亩人工林可榨油 100kg。橄榄油是一种优质的非干性食用油，人体消化吸收率高达 94.5% 以上，不但营养价值高，而且不含胆固醇，特别适宜于高血压患者和儿童食用。在医药制造方面，橄榄油可以作各种维生素或抗生素注射剂的溶剂，可配制各种容易被皮肤吸收的软膏。

4.7.6　食品香料类植物

1．食品香料

香料是一种能被嗅觉嗅出或味觉品尝出的芳香性物质，通常可分为天然香料和合成香料两大类。天然香料包括精油、含油树脂、香料提取物、回收香料、加热香料、发酵香料，以及由天然物调配而成的调和香料。合成香料是指与天然成分化学结构相同的合成物质。

为了提高食品的风味而添加的香味物质，称为食用香料。除了直接用于食品的香料外，其他某些香料，如牙膏香料、烟草香料、口腔清洁剂、内服药香料等，在广义上也可看作食品香料一类。

食品香料与日用或其他香料不同。食品香料的特殊性主要表现在以下几个方面：①食品香料以再现食品的香气或风味为根本目的；②食品香料必须考虑食品味感上的调和，很苦或很酸涩的香料不能用于食品；③人类对食品香料的感觉比日用香料敏感得多，这是因为食品香料可以通过鼻腔、口腔等不同途径产生嗅感或味感；④食品香料与产品色泽等有着更为密切的联系，如在使用水果型香料时，若不具备接近天然水果的颜色，人们会产生其香气是其他物质的错觉，使其效果大为降低。

2．食品香料的分类

食品香料是做食品调理或饮料调配所用的香料，它们能使食品呈现各种不同的辛、香、辣等特性。食品香料用途广泛，种类繁多，依据不同的目的有不同的分类方法。

1）烹调香草　　烹调香草是指具有特殊芳香的软茎植物，一般指新鲜的植物。多采取植物的枝梢部分，用作食品的赋香调味。根据主香成分，香草类又可分为①含桉叶油素和桉叶醇的植物香草，如月桂、迷迭香；②含丁香酚的植物，如众香子、西印度月桂；③含百里香酚和荆芥酚的植物，如百里香；④含甲基黑胡椒酚的植物，如田罗勒、茵陈蒿等；⑤含侧柏酮的植物，如鼠尾草；⑥含薄荷醇和香芹酮的植物，如薄荷、留兰香。

2）辛香料　辛香料（spice）一般指干燥加工后的植物，是一类能够使食品呈现具有各种辛香、麻辣、苦甜等典型气味的食用植物香料的简称。我国幅员辽阔，自然条件优越，有着丰富的香料植物资源，主要集中在南部沿海和黄河、长江流域的省份。辛香料可分为不同的类别：具有辛辣味的植物，如辣椒、姜、胡椒、芥菜籽等；具有芳香味的植物，如肉豆蔻、小豆蔻、胡卢巴等。伞形科辛香料植物，如茴香、葛缕子、芹菜、芫荽、莳萝等。能使食品着色的香辛料，如姜黄、辣椒、藏红花等。

3. 常见食品香料植物及植物产品

（1）辣椒（*Capsicum annuum*）：为一年生草本茄科植物的果实，在热带为多年生灌木，俗称番椒、辣子等，由于长期人工栽培、杂交育种，品种繁多。辣椒主要成分是辣椒素，辣椒的辣味是无芳香的灼烧热辣味，有强烈的刺激性。而辣椒鲜艳的红色，则主要源于辣椒红素和辣椒玉红素等类胡萝卜素，辣椒红色素有特殊气味。通常，辣椒素、辣椒红素和辣椒玉红素等为油溶性，不溶于冷水，微溶于热水，而在130℃油脂中溶解性最好。辣椒还含有部分维生素、胡萝卜素，以及乳酸、柠檬酸、酒石酸等有机酸，钙、磷、铁等矿物质，在热油处理时对增强辣椒的芳香味和鲜红色泽有贡献。辣椒性热、味辛，入心、脾经；有散寒、温中、消瘀、健胃、发汗、除湿等功效。

（2）姜（*Zingiber officinale*）：为姜科植物，又名生姜、黄姜，以根状茎供食。姜除含碳水化合物、蛋白质外，还含有姜辣素（姜油酚、姜油酮、姜烯酚和姜醇）等，因含有特殊的香味，可做香辛调料，亦可加工成姜干、糖姜片、咸姜片、姜粉、姜汁、姜酒和糖渍、酱渍，此外还可作为香料和药材。姜有健胃、除湿、祛寒的作用，是良好的发汗剂和解毒剂。

（3）芥末：芥末主要是由十字花科芸薹属（*Brassica*）的黑芥（*Brassica nigra*）和白芥属（*Sinapis*）的白芥（*Sinapis alba*）种子研磨调制而成，为著名香辛料。芥末含芥子苷、芥子碱、芥子酶、芥子酚及脂肪、蛋白质、多种维生素等人体所必需的营养成分。芥菜籽均呈强烈辛辣刺激味。白芥籽中不含挥发性油，主要成分为白芥子硫苷，遇水后由于酶的作用而产生具有强烈的刺鼻辣味的二硫化白芥子苷、白芥子硫苷油等物质。黑芥籽中含挥发性精油0.25%～1.25%，其主要成分为黑芥子糖苷或黑芥子硫苷酸钾，遇水后，产生异硫氰酸丙烯酯及硫酸氢钾等具有刺鼻辣味的物质。芥末辛热无毒，具有温中散寒，通利五脏、利膈开胃、能利九窍、健胃消食等功效。

（4）胡椒（*Piper nigrum*）：为胡椒科（Piperaceae）木质攀缘藤本（图4.13），有白胡椒和黑胡椒之分。黑胡椒（黑椒）与白胡椒是同一藤本植物上的果实。胡椒有特异的香气和强烈的辛辣味。胡椒含有的主要成分为胡椒碱、胡椒林碱等多种酰胺类化合物，挥发油（香精油）主要成分为水芹烯及丁香烯。黑胡椒含有香精油的量为 1.2%～2.6%，而白胡椒的含量为 0.8%；两者胡椒碱的含量差不多，但白胡椒的淀粉含量为黑胡椒的 1.6 倍，因此，黑胡椒的香辣气味更加浓烈，香中带辣，有醒胃的效果。白胡椒是等它完全熟透，在树上晒干后收获，去皮，磨成细粉，香味稳定，不易走散，白胡椒的药用价值稍高，调味作用稍次。

（5）八角：为木兰科（Magnoliaceae）八角属（*Illicium*）常绿乔木植物八角（*Illicium verum*）的干燥成熟果实，因果实呈八个角而得名"八角"，别称大茴香、大料（图 4.13）。八角有强烈的山楂花香气，带甜味，含 4%～9% 的八角茴香油，主要成分有 28 种，其中 80%～90% 为反式茴香醚，以及 α-蒎烯、茴香醛、黄樟醚、甲基胡椒酚等。

图 4.13　食品香料类代表植物（桂皮自戴锡玲；豆蔻自刘兆龙；其他自曹建国）

（6）花椒：为芸香科花椒属落叶小乔木花椒（*Zanthoxylum bungeanum*）或川椒的干燥果皮，也称香椒、大花椒、椒月（图4.13）。花椒有特殊的辛香气味，芳香强烈，辛麻持久，味微甜。花椒与川椒的果皮均含挥发油，但成分有差别，花椒主要含柠檬烯（25.1%）、8-桉叶素和月桂烯等；而川椒主要含樟脑（75%）。

（7）豆蔻：豆蔻为姜科豆蔻属多年生草本植物白豆蔻（*Amomum kravanh*）的种子，别名圆豆蔻、白豆蔻、波蔻（图4.13）。有浓郁的芳香气味，略带辣的辛味。豆蔻种子、豆蔻壳及豆蔻花都含有主要成分为豆蔻素、右旋龙脑、右旋樟脑的挥发油，以种子中含量为最高。豆蔻是重要的香辛料，为咖喱粉的基本成分；也用于酒类、糖果、烧烤食品等。

（8）肉桂（*Cinnamomum cassia*）：为樟科乔木，别名玉桂、筒桂。桂类产品在香料香精、食品饮料、医药保健等行业中应用十分广泛，并可深加工成食品香料、工业化工香料等。桂皮（图4.13）（俗称肉桂）和果实（俗称桂椿）的药用价值也很高。

（9）丁香：为桃金娘科（Myrtaceae）蒲桃属（*Syzygium*）常绿乔木丁子香（*Syzygium aromaticum*）的花和果实。丁香香气浓烈，有热辣感。花蕾含挥发油（丁香油）14%～20%，油中含丁香酚、乙醇丁香酚和β-丁香烯等。磨碎后加入制品中，香气极为显著，能掩盖其他香料的香味，用量要适当，但对亚硝酸盐有消色的作用，所以只在少数不经腌制的灌肠中使用。也用于调味品、糖果、烘烤食品、酒类、冰淇淋、果冻、饮料等中。

（10）茴香：为伞形科植物茴香（*Foeniculum vulgare*）的干燥成熟果实，别名小茴香、香丝菜。茴香有温和的樟脑般香气，味辛，微甜略苦，有灸舌之感。作为调料最适合用来煮鱼，此外烤面包、制作点心也非常适合，其刺激性的香味给人们带来食欲。茴香含有矿物质、红萝卜素、挥发油（主要是茴香醚、茴香醛、茴香酸），能温肾散寒、和胃理气。

（11）葱：为百合科两年生草本植物葱（*Allium fistulosum*）的全枝，包括鳞茎和鳞叶，又名大葱（图4.13）、葱白。鳞茎为长圆柱形，肉质鳞叶白色，叶圆柱形中空，含少量黏液。具有辛辣味，大葱含葱蒜辣素。

（12）蒜：为百合科葱属，多年生宿根植物蒜（*Allium sativum*）的鳞茎，又称葫蒜。从鳞茎的结构上分为多瓣蒜和独头蒜，从鳞茎外皮颜色上又有紫皮和白皮的区分。紫皮蒜外皮呈紫红色，瓣肥大而数少。蒜有浓烈的穿透性辛辣味和特殊气味，分别由大蒜辣素（allicin）和大蒜新素引起。其中大蒜辣素也称大蒜素，是主要生理活性成分，也是抑菌功效的主要物质。据现有的文献资料报道，大蒜素的抗菌作用与其特殊的化学结构紧密相关，其所具有的硫醚基和烯丙基可通过抑制菌体代谢酶活性、损伤菌体细胞膜系统和影响菌体生长大环境来抑制菌体的生长、繁殖，故而蒜又被称为"天然广谱杀菌素"。蒜是传统的调料，其所含硫醚类化合物经150～160℃热炒加热，能够形成特殊的滋味和特有的焦香香气。蒜与肉类原料共同煮制时，大蒜辣素可与蛋白质作用，分解部分蛋白质，使蛋白质更易于被人体消化吸收；另外，大蒜辣素还有利于提高人体对维生素B_1的吸收。

（13）砂仁：为姜科豆蔻属多年生草本植物阳春砂仁（*Amomum villosum*）或缩砂的成熟果实或种子。砂仁有浓郁的芳香气味，味辛凉微苦。阳春砂仁和缩砂仁都含挥发性香精油 1.7%～3%，主要成分都是右旋樟脑、乙酸龙脑酯、芳樟醇等，但含量差异很大，造成气味上也有差别。

（14）草果：为姜科豆蔻属多年生草本植物草果（*Amomum tsaoko*）的果实，别名草果仁。草果有特异香气，味辛辣微苦。种子内含挥发油约 0.4%，主要成分为碳烯醛、香叶醇、柠檬醛和蒎烯等，还有淀粉和油脂。红豆蔻、草豆蔻、草果可用作酱卤类的辛香调味品。草果特别适于牛羊肉去膻除腥，令味道更好。

（15）白芷：为伞形科当归属多年生草本植物白芷（*Angelica dahurica*）的干燥根，有油杭白芷、川白芷、兴安白芷等种类。白芷含挥发油 0.24%，主要成分有香豆精类化合物、白芷素、白芷醚、氧化前胡素、珊瑚素等。因其气味芳香有去膻除腥的功能，多用于肉制品加工，是传统酱卤制品中的常用香料。山东菏泽地区熬羊汤习惯有浓烈的白芷味。

（16）薄荷：为唇形科薄荷属多年生宿根性草本薄荷（*Mentha haplocalyx*）的叶、茎和花序，学名亚洲薄荷（图 4.13）。薄荷有芳香，凉气中带青气，凉味。薄荷油的主要成分是薄荷醇、薄荷酮、乙酸薄荷脂等。

（17）罗勒（*Ocimum basilicum*）：为唇形科罗勒属植物。叶温性，用于调料。切碎后直接放入凉菜或沙拉中；也可与肉、海鲜类共食，有去腥的效果。罗勒苗还可用于调制醋和酱汁等。精油可为调味品、餐后甜酒等增加风味。罗勒叶可驱赶蚊虫、肠寄生虫。罗勒浸出液可抗菌，助消化。

（18）牛至（*Origanum vulgare*）：为唇形科牛至属多年生草本植物。全株具有芳香气味，原产于欧洲，中国分布在华北、西北至长江以南各地。全草可以提取香油，又是良好的蜜源植物。牛至全草含挥发油，主要有对-聚伞花素、香荆芥酚、麝香草酚、香叶乙酸酯等，有利尿、促进食欲、改善消化、祛痰、抗菌的作用。每 1mg 中含超氧化物歧化酶 187.80μg，是蔬菜中含量最高者，其抗氧化功能强。牛至味辛，性微温，有清暑解表、利水消肿的作用。同时，含有苦味素和单宁及具有防腐、消炎、祛痰、助消化等性能的某些物质。

（19）留兰香（*Mentha spicata*）：为唇形科薄荷属香料作物，茎叶加工蒸馏以后，可得留兰香油。留兰香油淡黄、透明、含留兰香酮成分，气味芬芳，可作香精、香料，也可配制牙膏、高级糖果、饮料、祛风药剂等。

（20）紫苏：为唇形科紫苏属一年生草本紫苏（*Perilla frutescens*）的干燥叶，也称赤荣苏、红苏、红紫苏、皱紫苏（图 4.13）。紫苏有特异的清鲜草样的香气，茎叶含挥发油 0.1%～0.2%，主要成分为左旋紫苏醛、左旋柠檬烯、紫苏酮、蒎烯等。

（21）高良姜（*Alpinia officinarum*）：为姜科（Zingiberaceae）山姜属（*Alpinia*）多年生草本高良姜的干燥根状茎，别名良姜、大良姜。高良姜有特殊香辣气味，含 0.5%～1.5% 挥发油，主要成分为 1,8-桉叶素、蒎烯、丁香油酚、高良姜酚、桂皮酸甲脂等。高良姜味辛，能健脾消食，更是具有地方特色的肉制品调料。调味时，与花椒、大料等配合使用效果更好。

（22）木犀：为木犀科常绿乔木或小乔木木犀（*Osmanthus fragrans*）的花，通称桂花（图 4.13），也称岩桂、九里香。桂花有清新浓郁的香气，香中带甜。品种不同的桂花浸膏的成分有差异，共同的成分包括 2,4-甲基己烷、反式-芳樟醇氧化物、顺式-芳樟醇氧化物等；金桂的特有成分有反式-叶醇、顺式-叶醇、1-乙基-2 甲基苯、月桂烯等 160 余种；银桂的特有成分有乙醇、乙醇异戊醇、5-甲基庚烷等120 多种。作为我国特有的芳香植物，民间传统上常将鲜花直接用于糕点，或浸制调配桂花酒，或熏制桂花茶，也用于盐或糖的腌制。

（23）山奈：为姜科山奈属多年生草本山奈（*Kaempferia galanga*）的干燥根茎，别名沙姜、三籁。山奈有樟脑样香气，味辛辣。含挥发油 3%～4%，其中主要成分为龙脑桉油精、对-甲氧基桂皮酸和桂皮酸。多用于肉制品加工，特别是酱卤类调香。

（24）檀香：为檀香科（Santalaceae）檀香属半寄生性常绿小乔木檀香（*Santalum album*）的干燥心材，别名白檀、檀木。檀香有强烈持久的特异香气，味微苦，含挥发油（白檀油）1.6%～6.0%，主要成分为檀香醇（90% 以上），其他为红没药烯、檀香萜酮、檀香烯、愈创木酚等，可用于肉制品加工。

4.7.7　色素类植物

1．色素

色素是食品的外观构成成分，是色泽的物质基础，也是目视食品信息的主要内容。有人把色素称为食物的“化妆品”，因此，对于食品的感官质量来说色素是一个重要的衡量标志。

食品的色素按来源划分，可以分为天然色素和人工合成色素。

我国利用天然色素对食品着色历史悠久，最早采用的天然植物着色剂有茜草和胭脂红，主要用于团糕的着色，现在仍用于酒类、糖果、面包等食品的着色。而伴随着化学工业的快速发展，食用色素逐步由单纯的天然物质转变为以人工化学合成物质为主，但由于相当一部分化学合成色素被证明对人体有致癌性和其他毒害作用（如苏丹红 I 号），近年来各国再度重视和提倡使用天然色素。

不管是天然色素，还是人工合成色素，都要符合的基本要求是：①必须确保色素的无毒害性，即食品的安全性。②良好的色泽必须是基于引导人们的食欲。因此，构成食品色泽的色素，就必须有确定的限制性。

2．天然植物色素及其主要特点

植物中的天然色素按化学结构的不同，可以分以下 4 大类。

1）叶绿素类　是以 4 个吡咯环构成卟吩为基础的天然色素，它们广泛存在于绿色植物的叶绿体中，叶绿素是其主要代表。在高等植物中，叶绿素主要有两种类型，即叶绿素 a（呈蓝绿色）和叶绿素 b（呈黄绿色），它们的比例为 3:1。

2）多烯类色素　是由异戊二烯 $[CH_2=C(CH_3)-CH=CH_2]$ 为单元组成的

共轭双键长链为基础的一类色素，为脂溶性色素，主要存在于绿色植物的果实中，如胡萝卜素、番茄红素、辣椒红素和玉米黄素等。其中，最重要的是胡萝卜素，它最早由胡萝卜中提取出来，因而得名。从分子结构上看，它是一种四萜化合物，有 α、β、γ 3 种异构体，其中以 β-胡萝卜素含量最高，最重要。以后又发现了许多与胡萝卜素相似的色素，如叶黄素、玉米黄素等统称为类胡萝卜素。

3）酚类色素　　为水溶性或醇溶性色素，是多元酚的衍生物，可分为黄酮类、花青素类和单宁 3 大类，如矢车菊色素、天竺葵色素、飞燕草色素、芍药色素、牵牛花色素和橙皮素等。

4）酮类和醌类衍生物色素　　它们的种类较少，主要存在于植物的地下茎和霉菌分泌物及红甜菜中。

相对于人工合成色素，天然植物色素具有以下主要特点：①绝大多数天然色素无毒、无副作用，安全性高。②天然植物色素大多为花青素类、黄酮类、类胡萝卜素类化合物，因此，食用天然色素不但无毒无害，而且很多食用天然色素含有人体必需的营养物质或本身就是维生素或具有维生素性质的物质，如核黄素、番茄红素、玉米黄素、β-胡萝卜素等；尤其是 β-胡萝卜素，国家已归类为营养强化剂，用于食品强化，可防止人体维生素 A 的缺乏症和眼干燥症等。还有一些天然色素具有一定的药理功能，对某些疾病有预防和治疗作用。③天然植物色素不但具有着色作用而且具有增强人体功能、保健防病等功效。例如，芸香苷天然食用黄色素具有使人维持毛细血管正常抵抗能力和防止动脉硬化等功能，在医学上一直作为治疗心血管系统疾病的辅助药物和营养增补剂。④天然色素的着色色调比较自然，更接近于天然物质的颜色。⑤大部分天然色素对光、热、氧、金属离子等很敏感，稳定性较差。⑥绝大多数天然色素染着力较差，染着不易均匀。⑦天然色素对 pH 变化十分敏感，色调会随之发生很大变化，如花青素在酸性时呈红色，中性时呈紫色，碱性时呈蓝色。⑧天然色素种类繁多、性质复杂，就一种天然色素而言，应用时专用性较强，运用范围狭窄。

3. 常见天然色素资源植物

（1）姜黄，为姜科植物姜黄（*Curcuma domestica*）根茎中提取的黄色色素。姜黄色素具有良好的染着性和分散性，其染色力大于其他天然黄色素和人工合成的柠檬黄素，尤其对蛋白质有很强的染色力。姜黄色素具有很强的防腐性，无毒副作用，集着色与防腐为一体，被广泛应用于饮料、果酒、糖果、糕点、罐头、果汁及烹饪菜肴中，已成为国内外重要的食品添加剂。

（2）栀子（*Gardenia jasminoides*），为茜草科（Rubiaceae）常绿灌木，又名林兰、木丹、越桃等（图 4.14）。其果实可制黄色染料；根、叶、果实均可入药。栀子黄色素是一种多萜类化合物。该色素用于糖果、饼干、蛋卷、饮料等着色，也用来配制果酒。

（3）红花（*Carthamus tinctorius*），为菊科一年生或二年生草本（图 4.14）。原产埃及，现在欧洲、美洲、澳大利亚和中国等许多国家和地区都有栽培。花可提

栀子花　　　　　　　　栀子果实　　　　　　　落葵

红花　　　　　　　　　玫瑰茄　　　　　　　　桑葚

图 4.14　色素类代表植物（红花自刘兆龙；玫瑰茄自曾玉亮；其他自曹建国）

取优良的天然食用色素，主要用于糖果和饮料着色，尤其适用于酸度高的饮料着色，最大用量 0.2g/kg；同时还含红花苷、红花醌苷及新红花苷，有活血通经、祛瘀止痛的作用，主治痛经闭经、跌打损伤、关节酸痛、冠心病。果实入药，功效与花相同。

（4）紫草（*Lithospermum erythrorhizon*），是紫草科（Boraginaceae）多年生草本，我国东北各省产量较多。根中含有乙酰紫草素，又称紫草醌，是一种紫红色色素，纯品是紫褐色结晶，主要用于酱油和回锅肉、辣味鸡等罐头食品着色，使用量是 0.5g/kg。

（5）红甜菜（*Beta vulgaris* var. *rosea*），是甜菜（*B. vulgaris*）的一个变种，又叫紫头菜。变态的根中可提取红色色素，由甜菜花青素和甜菜黄素两种成分构成，主要用于葡萄酒、冷饮、果汁、糕点和腌肉等的着色，也用在药片和糖衣中。

（6）葡萄（*Vitis vinifera*），葡萄皮中可提取花色素苷类的红色色素混合物，主要含有飞燕草素、牵牛花素和锦葵花素等，溶液在酸性时呈红色，碱性时呈蓝色。一般用于汽水、果酒、果酱等酸味食品的着色。

（7）可可（*Theobroma cacao*），是梧桐科（Sterculiaceae）常绿乔木，原产热带美洲，我国云南、广东、台湾也有栽培。花和果实簇生于树干和主枝上，果长卵圆形，果皮红、黄或褐色。它的种皮和外果皮含有褐色色素，是提取可可色素的原料，能溶于水，对淀粉和蛋白质着色好，主要用于饼干、糕点、巧克力等食品的着色。

（8）桑葚，以桑科（Moraceae）植物桑（*Morus alba*）的果实桑葚（图 4.14）为原料提取桑葚红，其主要成分是花色苷，在酸性条件下呈稳定的紫红色，适用于糖果、果酒、果冻、山楂糕等染色，最大用量为 5g/kg。

（9）落葵红，为落葵科落葵属（*Basella*）落葵（*Basella alba*）（图 4.14）果实中提取的水溶性暗紫色粉末，pH5～6 时呈稳定的紫红色溶液，但光热稳定性差。落葵红的主要成分是甜菜苷，用于糖果、果冻、裱花蛋糕、汽水等即食性食品的着色。最大用量是 0.25g/kg。

（10）玫瑰茄（*Hibiscus sabdariffa*），为锦葵科（Malvaceae）植物（图 4.14），原产非洲，我国引种。从花的肉质萼片中可提取玫瑰茄红色素，适宜做果酱、果酒、饮料、糖果、冷饮等。

（11）彩色苋。苋科（Amaranthaceae）苋属（*Amaranthus*）的许多植物都可以提取色素，主要成分是苋菜苷和甜菜苷，适用于即食性冷食品染色，最大用量为 0.25g/kg。

（12）蓝靛果（*Lonicera caerulea* var. *edulis*），为忍冬科（Caprifoliaceae）植物，产于东北，果实中的红色色素是一种新型的食品添加剂，浆果还可以直接做饮料。

（13）多穗柯，为壳斗科（Fagaceae）植物，叶含有棕色色素，用于糖果、糕点、冷饮中，与可可粉相似。

此外，大量使用的植物色素还包括 β-胡萝卜素和叶绿素。β-胡萝卜素是胡萝卜素最普遍的一种异构体，广泛存在于植物的花、果实或营养器官中，尤其在胡萝卜、南瓜、辣椒等中最多。β-胡萝卜素成品是深红紫至暗红色结晶性粉末或乳膏，有轻微异臭和异味；不溶于水，但溶于橄榄油等植物油；稀溶液呈橙黄色至黄色，浓度增大时呈橙色，因溶剂的极性可稍带红色，对光、热、氧不稳定，不耐酸但在弱碱性时较稳定。主要用于食物染色，非常适合作为着色剂广泛用于果汁、饮料、柠檬水及其他含维生素 C 的果汁浓缩饮品中。β-胡萝卜素是维生素 A 的前体，本身具有营养作用，可作为营养增补剂。本品还可以用于速饮品、休闲食品、糖果、饼干、口香糖、酸奶制品等的着色。绿色植物用乙醇或丙酮提取出的叶绿素用硫酸铜或氯化铜处理，以铜离子取代叶绿素卟啉环中的镁离子，再用氢氧化钠皂化，得到叶绿素铜钠的成品。叶绿素铜钠是具有金属色泽的蓝黑色粉末，易溶于水，呈蓝绿色，其耐光性和稳定性比叶绿素强。叶绿素铜钠可用于速冻蔬菜、蜜饯、饮料、糖果和酒的着色。最大用量为 1g/kg。

自然界中含有色素的植物非常丰富，但是在植物体中它们是与其他物质混合存在的，而且植物色素在结构上常常不稳定，有的色素结构和成分也不清楚，因此，开发新的色素资源有很大的潜力。

除了植物，红曲霉产生的色类也是重要的天然色素。红曲霉，属于真菌门曲霉科红曲霉属（*Monascus*），生产色素的种类包括紫红曲霉（*Monascus purpureus*）、赤红曲霉、马来红曲霉。我国主要用紫红曲霉，其色素是由菌丝分泌的，共含有 6 种不同的色素成分，其中红色色素 2 种，黄色色素 2 种，紫色色素 2 种，实际使用的是红色色素。这类色素对 pH 的反应稳定，耐光耐热，不受金属离子的影响，对蛋白性食物着色力强，标准中规定不限量用于配制酒、糖果、熟肉制品及腐乳。

4.7.8　饮料类植物

1. 饮料及其分类

饮料是指以水为基本原料，采用不同的配方和制造方法生产出供人们直接饮用的液体食品。饮料中除含有大量的水分外，通常还会加入不等量的糖、酸、乳、各种氨基酸、维生素、无机盐、果蔬汁等营养成分，具有各自独特的风味，对人体起着不同的作用。

1）含酒精类饮料　　通常是经过发酵过程制作而成，使其中含有一定量的糖分及少量酒精的饮料，如啤酒、香槟酒、葡萄酒、果酒等。

2）无酒精饮料　　又称清凉饮料或软饮料。通常可分为以下几类。

（1）碳酸饮料：人工配制并充二氧化碳气的饮料。

（2）茶饮料：是以茶叶的水提取液或其浓缩液、速溶茶粉为原料，经加工、调配等工序制成的饮料。茶饮料可分为果味茶饮料、碳酸茶饮料，红茶、绿茶、花茶饮料等。

（3）果蔬汁饮料：可分为原汁的、加糖的、浓缩的、稀释的等几种类型。

（4）固体饮料：由各种原料调制、浓缩、干燥而成，如橘子晶、椰子粉等。有粉状、粒状和块状 3 类。

2. 常见饮料植物

可作为饮料的植物约有 100 多种，但被大量开发利用的仅有茶、咖啡等少数。

1）茶（*Camellia sinensis*）　　为山茶科植物（图 4.15），原产于中国。中国人是最早发现茶和利用茶的，时间大约可以追溯到原始社会。中国第一部药物学专著《神农本草》中就有"神农尝百草，日遇七十二毒，得茶而解之"的记载。茶最早是作食用和药用，后作饮用，中国是茶叶生产和消费大国，有着浓厚的饮茶文化。

2）小粒咖啡（*Coffea arabica*）　　为茜草科灌木或小乔木（图 4.15）。咖啡的种子含咖啡碱，炒熟磨粉制成饮料，是世界三大饮料之一。消费量比茶叶多 4 倍，

茶　　　　　　　　　　　咖啡　　　　　　　　　　　可可

图 4.15　饮料类代表植物（自曹建国）

比可可多 3 倍，居三大饮料之首。咖啡碱在医药上为镇静剂和兴奋剂。我国引种的咖啡有大粒种、中粒种和小粒种，其中以小粒种品质最佳。

3）可可（*Theobroma cacao*）　可可原产美洲中部及南部，现广泛栽培于全世界的热带地区（图 4.15）。在我国海南和云南南部有栽培。可可果含种子（可可豆）20～40 粒。采收后，豆自荚中取出，发酵若干天，经一系列加工程序，包括干燥、除尘、烘焙及研磨，成为浆状，称巧克力浆；再压榨出可可脂和可可粉，或另加可可脂及其他配料，制成各种巧克力。可可豆为制造可可粉和可可脂的主要原料。可可脂与可可粉主要用作饮料，制造巧克力糖、糕点及冰淇淋等食品。干豆可作病弱者的滋补品与兴奋剂，还可作饮料，被称为"世界三大无酒精饮料"之一。

4）苦丁茶（*Ilex kudingcha*）　苦丁茶是冬青科冬青属常绿乔木，俗称茶丁、富丁茶、皋卢茶，主要分布在广东、福建等地，是我国一种传统的纯天然保健饮料佳品。苦丁茶中含有苦丁皂苷、氨基酸、维生素 C、多酚类、黄酮类、咖啡碱、蛋白质等 200 多种成分。其成品茶清香有苦味、而后甘凉，具有清热消暑、明目益智、生津止渴、利尿强心、润喉止咳、降压减肥、抗衰老、活血脉等多种功效。

5）甜茶（*Rubus chingii* var. *suavissimus*）　为蔷薇科悬钩子属植物。甜茶叶中主要含有甜味素，以及多酚类物质、蛋白质、氨基酸、维生素 C 和矿物质等，是一种很好的饮用佳品。

6）柿（*Diospyros kaki*）　为柿科植物。叶中含有大量的类单宁物质和维生素 C。近几年来已采取其叶梢，用类似茶叶的加工方法加工成柿叶茶，具有清香可口、稳定血压、软化血管和消炎之功效。

4.7.9　甜味剂植物

1. 甜味剂及其种类

甜味剂是指具有甜味的物质，能赋予食品甜味的添加剂。植物甜味剂按化学结构主要分为糖苷类甜味剂、糖醇类甜味剂和多肽类甜味剂等。

1）糖苷类甜味剂　属于糖苷类甜味剂的植物有甜叶菊、甘草、罗汉果、掌叶悬钩子、多穗柯等。我国这类甜味剂植物丰富，民间已早有应用。

2）糖醇类甜味剂　糖醇类甜味剂是一类天然甜味剂，甜味人多与蔗糖相似，多系低热甜味剂，品种很多，如山梨醇、木糖醇、麦芽醇、甘露醇、赤藓醇等。糖醇具有纯正的甜味，安全无毒，很多属于不需要规定最高使用限量。其中常见包括木糖醇、麦芽糖醇和甘露醇。

（1）木糖醇：天然存在于多种水果、蔬菜中，香蕉、草莓、黄梅、胡萝卜、洋葱、莴笋、花椰菜、茄子等均含有。生产上常用木屑等水解制成木糖后再氢化获得，甜度与蔗糖相等。重要的是其代谢不受胰岛素控制，可被糖尿病患者接受；更为突出的是它不能被口腔细菌发酵，因而被用作具有防抑蛀齿的甜味剂。

（2）麦芽糖醇：麦芽糖醇是由麦芽糖氢化而得到的糖醇，甜度是蔗糖的 75%～95%。保湿性比山梨醇更好，摄入后与蔗糖同样代谢，但热能低，血糖不升高，不增加胆固醇，是心血管病和糖尿病患者的疗效食品的甜味剂。

（3）甘露醇：在植物中分布广泛，在海藻和蘑菇中含量尤为丰富，其甜味是蔗糖的一半。特点同山梨醇和木糖醇，不会引起血糖水平的波动，是适合糖尿病患者的甜味剂。

3）多肽类甜味剂　　多肽类甜味剂又称甜味蛋白，如马槟榔种仁中含马槟榔甜味蛋白，热带非洲防己科植物夜乐果果实中含甜味蛋白（甜度为蔗糖的 1500 倍，有持久性，对热不稳定），热带非洲竹芋科植物西非竹芋果实中含甜味蛋白（甜度为蔗糖的 1600 倍，对热不稳定）。此外，经改性加工的天门冬氨酸二肽衍生物比蔗糖甜 100～200 倍，也属于多肽类甜味剂。多肽类甜味剂用量较多时可能有一定危害，在食品中应谨慎使用。

2．常见甜味剂植物

1）糖类植物

（1）甘蔗（*Saccharum officinarum*）：为禾本科（Gramineae）甘蔗属（*Saccharum*）植物，原产于热带、亚热带地区，是重要的糖料作物之一。2002～2003 年，榨季全国蔗糖产量占 88%，甜菜糖产量占 12%。

（2）甜菜属（*Beta*）植物：为藜科（Chenopodiaceae）植物。栽培甜菜有 4 个变种，分别为叶用甜菜、火焰菜、饲料甜菜和糖用甜菜。叶用甜菜，俗称厚皮菜，叶片肥厚，可食用。火焰菜，俗称红甜菜，根和叶为紫红色，块根可食用。饲料甜菜是专门作为牲畜饲料的作物，其块根产量较高。但饲料甜菜的块根含糖率较低，通常仅为 5～10 度。目前，在欧洲种植面积较大，且有专门的育种机构从事饲料甜菜品种的选育工作。糖萝卜（*Beta vulgaris* var. *saccharifera*）（糖用甜菜），其块根的含糖率较高，固形物中蔗糖占 16%～18%，是制糖工业的主要原料，因此也是甜菜属中开发利用最为充分的栽培种。甜菜主产区集中在我国东北、华北、西北等内陆或边疆省区。

2）非糖类植物及植物产品

（1）甜叶菊（*Stevia rebaudiana*）：为菊科甜叶菊属多年生草本，是一种天然的甜味植物。甜叶菊原产于巴拉圭的阿曼拜山脉，当地人上千年来一直利用其叶片泡茶饮用。1977 年我国引进试种，经驯化、繁殖扩大种植，全国已有 27 个省、市、自治区推广生产。甜叶菊叶含有甜菊糖苷，含量为 10% 左右，是 8 种以相同的双萜配基构成的配糖体的混合物，属于四环双萜化合物。甜叶菊糖苷具有高甜度（甜度为蔗糖的 300 倍）、低热值、易溶、耐热、美味、稳定等多种优点，广泛应用于医药与食品方面，是食品工业的重要甜味剂。

（2）甘草（*Glycyrrhiza uralensis*）：为豆科植物。甘草中的甜味物质是甘草甜素（甘草酸），属于三萜类化合物，甜度比蔗糖高 50 倍，它不但具有甜味，还有微弱的香气和独特的风味，并带有苦味。

（3）罗汉果（*Siraitia grosvenorii*）：为葫芦科植物，我国广西特产，传统上民间作为药用，味甘性凉，有清热解毒、润肺止咳之功效。其含有 1% 的罗汉果甜素，为三萜类葡萄糖苷。

（4）西非竹芋（*Thaumatococcus daniellii*）：为竹芋科（Marantaceae）植物，主产美洲，我国南方引种。其假种皮中含甜味剂，是蔗糖的 750～1600 倍。

（5）夜乐果（*Dioscoreophyllum cumminsii*）：为防已科植物。种子含莫内甜蛋白（monellin），甜度是蔗糖的 800～1500 倍，它是近似于蛋白质的一类物质，是一种很有前景的甜味剂。

（6）山梨醇：为糖醇类甜味剂，又称葡萄糖醇，广泛存在于植物中，海藻类、果实类，如苹果、梨、葡萄等中都存在。山梨醇安全性高，可用葡萄糖还原制得，其甜味是蔗糖的一半。在体内代谢可转化成果糖，不受胰岛素控制，因而适合于作为糖尿病患者的甜味剂。此外，它还具有吸湿作用，在食品中广泛作为保湿剂使用，特别适用于糕点类食品。

4.7.10　膳食纤维及其作用

通常认为，膳食纤维（dietary fiber）是木质素与不能被人消化吸收的多糖之总称。这主要是植物性物质，如纤维素、半纤维素、木质素、戊聚糖、果胶和树胶等。但也有人主张包含动物中的甲壳质、壳聚糖等。1999 年，膳食纤维被最后确定是指能抗人体小肠消化吸收，而在人体大肠能部分或全部发酵的可食用的植物性成分、碳水化合物及其相类似物质的总和，包括多糖、寡糖、木质素及相关的植物成分。膳食纤维具有润肠通便、调节控制血糖浓度、降血脂等一种或多种生理功能。以上定义明确规定了膳食纤维的主要成分，膳食纤维是一种可以食用的植物性成分，而非动物成分，主要包括纤维素、半纤维素、果胶及亲水胶体物质，如树胶、海藻多糖等组分；另外还包括植物细胞壁中所含的木质素；不被人体消化酶所分解的物质，如抗性淀粉、抗性糊精、抗性低聚糖、改性纤维素、黏质、寡糖及少量相关成分，如蜡质、角质、软木脂等。

关于膳食纤维在营养学上的意义目前仍有争论，但膳食纤维的重要性已经取得共识，有些国家在食品加工时特意向某些食品中添加一定量的膳食纤维。膳食纤维的作用是多方面的。

1）具较高的持水力　　很多研究表明，膳食纤维的持水性可以增加人体排便的体积与速度，减轻直肠内压力，同时也减轻泌尿系统的压力，从而缓解诸如膀胱炎、膀胱结石和肾结石这类泌尿系统疾病的症状，并能使毒物迅速排出体外，发挥"清道夫"的作用。

2）对阳离子有结合和交换能力　　对消化道的 pH、渗透压及氧化还原电流产生影响，并出现一个更缓冲的环境，以利于消化吸收。

3）对有机化合物有吸附螯合作用　　膳食纤维表面带有很多活性基团，可以螯合吸附胆固醇和胆汁酸之类有机分子，从而抑制机体对它们的吸收，这是食物纤维可以防止高胆固醇血症和动脉粥样硬化等心血管疾病的重要原因。同时，还可以吸附肠道内的有毒物质（内源性有毒物）、化学药品和有毒医药品（外源性有毒物）

等，并促进它们排出体外。

4）能够产生饱腹感　膳食纤维的体积较大，摄取膳食纤维能够产生饱腹感，从而减少对其他成分的消化吸收，对预防肥胖大有益处。

5）有利于改变消化系统中的菌落　人体肠中纤维增多会诱导出大量好气菌群，这些好气菌很少产生致癌物，即使肠中有致癌物产生也会因有膳食纤维而被吸附，并较快地排出体外，这成为膳食纤维能预防肠道病症的重要原因之一。

总之，目前越来越多的人认为膳食纤维尽管不是一种传统营养素，但是它和人类健康有密切的关系。

3.膳食纤维植物及其制品

在我国，可生产膳食纤维的植物有花生（花生壳）、玉米、酒糟、甘蔗渣、豆腐渣、天南星科的魔芋、莲科的藕渣、藜科的甜菜等。研究较广泛的有大豆纤维、小麦纤维、玉米纤维、甜菜纤维等。

1）谷物及其膳食纤维　谷物纤维是非水溶性膳食纤维，包括纤维素、半纤维素和木质素等，主要存在于全谷物制品中，如麦麸、米糠、坚果等。谷物纤维不仅有促进肠蠕动，防止便秘，预防结肠癌、大肠癌的作用，还能降血压和降低血液中胆固醇的含量，抑制体内脂肪的蓄积，对心肌梗死等心脏病的发生也有较好的预防作用。

在常见的谷物中，燕麦所含的谷物纤维最多，高达7.5%。燕麦片不仅含有丰富的谷物纤维，而且含有抗氧化成分，具有清除自由基的作用。此外，它还含有大量的磷脂，可预防阿尔茨海默病。

2）豆类种子与种皮纤维　豆类种子的种皮纤维是水溶性纤维，如豌豆的膳食纤维含量约45%。

3）水果和蔬菜纤维　在各种不同的水果中，苹果和梨所含的膳食纤维较多，约为70%；大部分的蔬菜，如芹菜、白菜、丝瓜、茄子、油麦菜等都含有丰富的膳食纤维。

第三篇

食品动物资源

第5章 动物的形态结构及特征

扫码见
本章彩图

5.1 动物的一般特征

与植物相比，动物在制造和摄取营养、细胞和组织构成、形态特征、运动、生殖等方面显著不同，主要表现在以下几个方面。

（1）异养生物：动物自身不能制造营养，是地球生态系统中的捕食者，直接或间接以植物为食，从植物中获得营养物质，为异养生物。

（2）细胞无细胞壁：动物细胞没有坚硬的细胞壁，具有良好的柔韧性。

（3）主动运动：与其他类群相比，动物能以较复杂的方式快速运动，这可能与细胞良好的柔韧性有关。动物具有多种运动能力，如行走、奔跑、游泳、飞翔等。

（4）有性生殖：多数动物都只进行有性生殖，雌性个体减数分裂产生卵细胞，雄性个体减数分裂产生精细胞，精卵不再有丝分裂，而是直接结合产生合子，合子发育为新个体。除了极少数种类，动物生活史中没有单倍体和二倍体的世代交替，这一点与植物不同。

5.2 动物的基本结构

5.2.1 动物组织

动物组织是相同类型的动物细胞构成的行使某种功能的结构单位。高等动物估计有100多种不同类型的细胞可以构成许多不同的组织。但生物学家们通常把动物组织分为4大类，即上皮组织、结缔组织、肌肉组织和神经组织。

1. 上皮组织

上皮组织（epithelial tissue）是覆盖在身体表面和体内各种器官、管道、囊腔的内外表面，起保护作用的组织。上皮组织细胞一般只有少量的细胞质，相对较低的代谢速率和相对较强的再生能力。上皮细胞之间以"细胞连接"紧密相连，细胞间质极少。

上皮组织的类型根据覆被细胞层数，可分为单层上皮，如大多脏器表面的上皮；复层上皮，由多层上皮细胞构成。

根据细胞形状，上皮组织可分为扁平上皮，如肺脏表面，毛细血管表面；立方上皮，如肾小管表皮，卵巢表皮；柱状上皮，如胃、肠和呼吸道的内表皮（图5.1）。

根据组织功能上皮组织可分为：被覆上皮，是以保护覆盖功能为主的上皮；腺上皮，是具有分泌功能的表皮细胞（唾液腺和胃腺）；感觉上皮，是具有感觉功能的表皮细胞（味蕾和视网膜等）；生殖上皮，位于睾丸和卵巢，是特化的上皮组织，

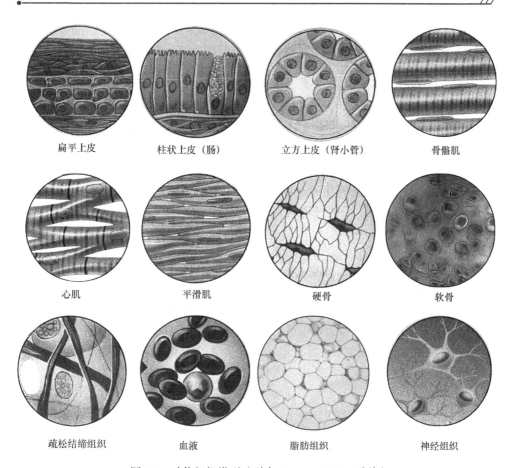

扁平上皮　　　　柱状上皮（肠）　　　立方上皮（肾小管）　　　骨骼肌

心肌　　　　　　平滑肌　　　　　　硬骨　　　　　　　软骨

疏松结缔组织　　　　血液　　　　　脂肪组织　　　　　神经组织

图 5.1　动物组织类型（引自 Johnson 2000，重编）

能够产生精细胞和卵细胞。

上皮细胞的表面可有纤毛、鞭毛或其他分化物。蛙咽部上皮、河蚌鳃上皮、脊椎动物包括人体的气管上皮都有纤毛。这些纤毛能有节律地摆动，可以运送附于上皮表面的分泌物、灰尘等。

2．结缔组织

结缔组织（connective tissue）由中胚层产生，广泛分布于各种组织和器官之间，组织类型多种多样，其功能特点是有发达的细胞间质，而细胞分散于细胞间质中。

结缔组织类型根据功能可分为疏松结缔组织、纤维状结缔组织、网状结缔组织、软骨、硬骨、血液和淋巴、脂肪组织等，主要功能是连接、支持、防御、营养、修复、物质运输等。

（1）疏松结缔组织（loose connective tissue），广泛分布于身体各部，填充在各器官之间，主要起填充、连接、支持、缓冲和营养等作用，如肠系膜，真皮下的组织膜均为疏松结缔组织（图 5.1）。

（2）纤维状结缔组织（fibroblast connective tissue），常称为致密结缔组织，常由扁平、不规则带分支的纤维细胞构成，纤维细胞能够分泌结构强度高的蛋白质到细胞之间，最常见的是胶原蛋白（胶原纤维），实际上，人体1/4的蛋白质是胶原蛋白，如骨膜、韧带、肌腱等。

（3）网状结缔组织（reticular connective tissue），主要纤维是互相交织的网状纤维。淋巴结、肝、脾等器官的基质网架就是由这种结缔组织构成的。

（4）软骨（cartilage），软骨是特化的致密结缔组织，成束的胶原蛋白平行或交叉排列，坚固而有弹性，位于硬骨关节的相接面上，可防止或减少碰撞损伤。软骨中无血管及神经，细胞营养物通过在基质中的扩散而达软骨细胞。人的外耳、鼻、喉、气管壁、长骨两端、脊椎骨两端、肋骨末端都有软骨（图5.1）。

（5）硬骨（bone），与软骨相比，硬骨除了含有胶原纤维，细胞间填充了硫酸钙、磷酸钙等盐类，使骨骼坚硬（图5.1）。

（6）血液和淋巴（blood and lymph），这是一种比较特殊的结缔组织，由细胞和胞间质组成，包括白细胞、红细胞和血浆（图5.1）。白细胞是免疫结缔组织，免疫系统的细胞主要包括巨噬细胞和淋巴细胞，分布在血液中，这些免疫细胞不断地寻找体内的病原微生物、癌细胞等进行攻击，保障身体不受病原微生物、异物的侵害。红细胞主要运输氧气，也具有运输二氧化碳的功能。血浆尽管不是细胞，但也非常重要，血浆主要成分包括水、无机盐、营养物质（如糖、脂类物质、氨基酸等）、代谢的废物等。

（7）脂肪组织（adipose tissue），这是一种储备中性脂肪的结缔组织。动物皮下、肠系膜上都富有脂肪组织（图5.1）。

3．肌肉组织

根据肌纤维的结构和机能特点，肌肉组织又分为横纹肌、平滑肌和心肌（图5.1）。横纹肌分布在骨骼上。平滑肌分布在多种内脏器官壁中，如胃、肠、血管、子宫等壁中。心肌主心脏的收缩。

构成肌肉组织的基本单位是肌细胞（muscle cell），发育时肌细胞的末端相互融合形成长的纤维状，故肌细胞又称肌纤维（muscle fiber），细胞核被推移到细胞质的周缘，肌纤维外有肌内膜（endomysium）。许多肌细胞组合在一起成为一束，称为肌束（muscle fascicle），肌束外包被肌束膜（perimysium），肌束之间有血管分布，外有肌外膜（epimysium）包被（图5.2）。肌纤维（肌细胞）内主要由多数伸长的肌原纤维（myofibril）构成；肌原纤维又由许多肌丝（myofilament）构成；最终，肌丝由蛋白丝，包括肌动蛋白（actin）和肌球蛋白（myosin）构成。肌肉依靠肌动蛋白和肌球蛋白的相对滑动进行运动。

4．神经组织

神经组织（nervous tissue）（图5.1）是由神经细胞（或称神经元）和神经胶质细胞组成。神经细胞高度特化，具有感受刺激和传导冲动的能力。神经胶质细胞有营养、支持、绝缘和保护的功能。每个神经元由3部分构成：①细胞体，内含细胞

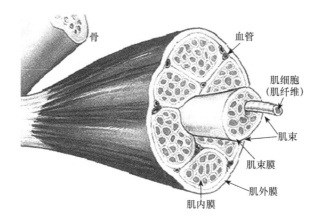

图 5.2　骨骼肌基本结构（引自 Johnson 2000，重编）

核；②树突，呈线状，能够把神经冲动传给细胞体；③轴突，细而长，有的轴突伸长可达 3m，负责把神经冲动传出给其他细胞。

5.2.2　动物的器官

动物器官是由不同的组织构成的结构和功能单位。器官一般具有一定的形状、结构和功能，如心脏主要由心肌构成，外面具有结缔组织膜包被，内分布有血管和神经，具有泵血功能。我们常说的肺脏和鳃都是呼吸器官；肾脏是泌尿器官；肝脏、胃和肠是消化器官。动物的重要器官将在动物的系统部分具体介绍。

5.2.3　动物的系统

动物体由若干器官组成，共同完成某种基本生理功能的综合体系称为器官系统，根据其生理机能可以分为：皮肤系统、运动系统、消化系统、循环系统、呼吸系统、泌尿系统、生殖系统、神经系统及内分泌系统。在机体内，各系统具有各自的基本生理活动，并在神经系统和内分泌系统的调节下互相联系、互相制约，共同完成整个机体新陈代谢的活动，使生命得以生存和延续。

1．皮肤系统

皮肤被覆于动物体表，具有保护、感觉、分泌、排泄和呼吸等功能。身体某些部位的皮肤可演变为特殊的器官，如毛、蹄、角、汗腺、皮脂腺和乳腺等，称为皮肤的衍生物（图 5.3）。

哺乳动物皮肤由表皮、真皮、皮下组织和皮肤衍生物组成。

1）表皮（epidermis）　表皮是皮肤的外层，来源于外胚层，一般为 10～30 个细胞厚。①外层是角质层，由数层角化的无核细胞组成，胞质中充满角质蛋白。该层细胞会不断地受到各种破坏，如磨损、受伤、剥落、压迫等，因而，表层细胞会不断脱落形成皮屑。②表皮内层为生发层，细胞质内含有各种色素，排列紧密，细胞呈柱状或立方形，有分生能力，分生后的子细胞向外层推移，以补充表皮层角

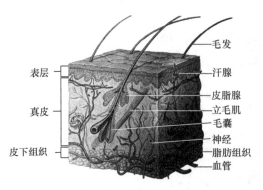

表层

真皮

皮下组织

毛发
汗腺
皮脂腺
立毛肌
毛囊
神经
脂肪组织
血管

图 5.3　动物皮肤系统（引自 Johnson 2000，重编）

化脱落的细胞。长期受摩擦和受压处，如脚跟，表皮较厚，角化现象也较明显。

2）真皮（dermis）　真皮是位于表皮下的一层致密结缔组织，起源于中胚层，真皮一般比表皮厚 15～40 倍，富有胶原纤维和弹性纤维，真皮主要为表皮提供结构支持，也为一些特化的细胞和结构提供基质，真皮内富含血管、淋巴管、神经纤维、汗腺、皮肤腺等（图 5.3）。

皮肤褶皱一般是由真皮引起的。皮带、皮鞋等皮革大都是来自动物的真皮。

3）皮下组织（subcutaneous tissue）　皮下组织是连接皮肤和肌肉之间的组织，真皮下方常有堆积成层的脂肪细胞（图 5.3），具有保持体温和缓冲机械压力的作用。

4）皮肤衍生物　皮肤衍生物包括毛和皮肤腺（图 5.3）。毛由表皮角化而成，是哺乳动物的特征之一，具有防御、保温等功能。毛的结构可分为毛干和毛根两部分。毛干露于体表，毛根埋于皮肤中，毛根外有毛囊包着，毛囊由表皮向真皮下陷形成。哺乳类还有表皮角质化形成的爪、蹄、指甲和角等结构。皮肤腺由表皮生发层细胞转化而成，具有分泌、排泄等功能，其种类繁多，形态各异，重要的有皮脂腺、汗腺、乳腺和气味腺。

真皮是重要的食用资源，皮中含有大量的胶原蛋白和弹性蛋白，两者都富含甘氨酸和脯氨酸。与胶原蛋白不同的是，弹性蛋白的羟基化程度不高，没有羟赖氨酸的存在，弹性蛋白分子间通过赖氨酸残基形成共价键进行相互交联，它们形成的交联网络可通过构型的变化产生弹性。真皮可加工成各种食物，如油炸猪皮、水煮猪皮、皮冻等。猪皮味甘、性凉、有滋阴补虚，清热利咽的功效。猪皮冻含有蛋白质、脂肪及硫酸皮肤素 B，具有软化血管、抗凝血、促进造血功能和皮肤损伤愈合及保健美容等作用。

2. 运动系统

运动系统是机体完成各种动作的器官系统，由骨骼、关节和骨骼肌组成。骨骼可支持身体，保护内部柔软器官并供肌肉附着和作为运动杠杆。关节是指骨骼之间相连接的地方，一般可以活动。骨骼肌是构成机体的主要肌肉，大多跨越关节而附着于两块不同骨骼的骨面上。肌肉的收缩和舒张牵动着骨骼，并通过关节的活动而产生运动。

3. 消化系统

消化系统可分为消化管和消化腺两大部分。消化管包括口、咽、食管、胃、小肠（十二指肠、空肠、回肠）、大肠（盲肠、阑尾、结肠、直肠、肛管）、肛门；消化腺则有唾液腺、肝脏、胰腺、胃腺和肠腺等（图 5.4）。

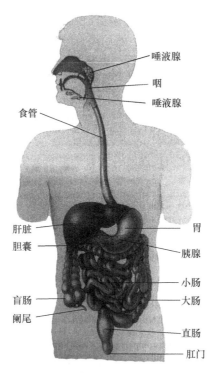

图 5.4　人消化系统（引自 Johnson 2000，重编）

消化腺是分泌消化液的腺体，分壁内腺和壁外腺两种。壁内腺多为小型腺体，分布在消化管各段的管壁内，直接开口于消化管腔内，如胃腺、肠腺等。壁外腺是大型腺体，位于消化管壁外，以导管开口于消化管内，如唾液腺、胰腺、肝脏等。

1）唾液腺　　导管开口于口腔的腺体，可分泌唾液。在唾液的组成中，水分约占 99%，有机物主要是蛋白质，包括唾液淀粉酶、黏蛋白和溶菌酶等。唾液可浸润食物，便于咀嚼和吞咽；黏蛋白有助于食团的形成，有润滑作用，便于吞咽；淀粉酶能将食物中的淀粉分解成麦芽糖；溶菌酶有杀菌和清洁口腔的作用；无机盐可中和胃酸，增强胃黏膜对抗胃酸的腐蚀作用。

2）胰腺　　胰腺位于脾脏和十二指肠之间，是一种复合腺。胰腺可分内分泌腺和外分泌腺两部分。外分泌腺占胰腺的大部分，为复管泡状腺，分泌胰液，参与消化食物中蛋白质、脂肪和糖等物质的分解；内分泌腺散布于外分泌腺泡之间，是一些大小不等、形状不定的细胞团，称胰岛，分泌胰岛素、胰高血糖素等，具有调节糖代谢的作用。若胰液的产生或输送受到干扰，会引起消化或营养障碍；若胰岛素等分泌不足或所分泌激素间的比例失调，则体内糖代谢失常而出现糖尿病或低血糖症。

3）肝脏　　肝脏是动物体内最大的消化腺，人肝脏位于胃右侧，略偏上方，成人的肝脏大约 1.5kg 重。大多数哺乳动物的肝脏分为左、中、右三叶，进入肝脏的血管有门静脉和肝动脉。门静脉起源于腹腔消化器官（消化管和胰）、脾等的毛细血管，经逐级汇集最后形成门静脉，是肝脏血液的主要来源。门静脉入肝脏后，逐渐分支形成肝窦（肝的毛细血管），然后经肝静脉注入后腔（下腔）静脉。肝脏内有胆道系统，它起源于肝内毛细胆管，逐步汇合为各级肝内分支，至肝门部成为左、右肝管，最后在肝外汇总为肝总管，通过胆囊管与胆囊相连，胆总管下端开口于十二指肠降部。胆囊有收缩功能，肝外胆管则无蠕动功能，仅仅是引流胆汁的通道，有胆囊的动物一般肝管和胆囊管汇合成胆管开口于十二指肠，无胆囊的动物其肝管直接开口于十二指肠。

肝脏是人体最重要的消化与代谢器官，有许多重要的功能。肝脏最重要的功能之一是分泌胆汁，胆汁主要含有胆汁色素和胆汁盐。胆色素是肝脏破坏红细胞产生的废弃物，没有功能，最后随着粪便排出体外，如果胆汁色素排出受阻，会出现黄疸症；胆汁盐在脂肪消化方面起到重要的作用，当人摄入脂肪后，以脂滴形式进入消化道，但脂肪不溶于水，不能吸收，而胆汁盐既具有水溶性也具有脂溶性，能够乳化脂肪形成细微的脂肪颗粒，这种细微的脂肪颗粒能够被肠道吸收。肝脏还能参与蛋白质、脂肪和糖的分解、合成和转化，并能贮存这些物质，如肝脏能够进行血糖浓度的调节，正常人血糖浓度为 3.9～6.1mmol/L，血糖浓度高时肝脏能把血糖转换为糖原，当血糖浓度低时，肝脏再把糖原分解为葡萄糖，维持血液中一定的血糖浓度。肝脏还能通过脱氨基作用把氨基酸转变为糖。肝脏也能够合成血浆中大部分的蛋白质。肝脏也贮存维生素 A、维生素 D、维生素 K 及大部分 B 族维生素，清除对机体有害的物质。此外，胚胎时期的肝脏还有造血功能。

肝脏也是重要的食品资源，动物肝脏，如猪肝、鹅肝、鸡肝等都含有丰富的营养物质，如铁质、维生素 A 的含量都较丰富，具有补血、维持正常生长和生殖机能的作用，能改善夜盲症，防治眼睛干涩、疲劳；动物肝脏中还含有维生素 B_2、多种微量元素，能增强人体的免疫力。

4．循环系统

动物的循环系统主要由心脏、血管和血液三部分构成。血液中的液体成分穿过毛细血管壁进入组织细胞后再难以返回毛细血管继续循环，这样动物演化出了第二循环系统，即淋巴循环系统，对血液循环系统的不足进行补偿，因此淋巴管系统是静脉的辅助管道。

1）心血管系统　　心血管系统是由心脏、动脉、毛细血管和静脉组成的供血液流通的管道系统。心脏为圆锥形，位于胸腔内、两肺之间，略偏左侧。心脏内分4 个腔，左、右心房和左、右心室分别被房间隔和室间隔隔开，互不相通。动脉是从心脏发出的血管，它将血液由心脏运送至全身各部。动脉管壁的结构除内皮和结缔组织外，还有弹性纤维和平滑肌。毛细血管为小动脉和小静脉之间的微血管，互相吻合成网状。其管径小，仅能容纳 1 或 2 个红细胞通过，管壁极薄，仅由一层扁平上皮细胞构成。毛细血管和周围的组织紧密接触，极薄的管壁具有一定的通透性，可使血液内的营养物质和组织液内的代谢产物不断地进行交换。静脉起自毛细血管，是由身体各部运送血液返回心脏的血管。静脉常与动脉伴行，其结构与动脉相似，管壁也分三层，静脉的管径通常比伴行的动脉大，管壁较薄，弹性纤维和平滑肌较少。

2）淋巴管系统及淋巴器官　　淋巴管系统是淋巴流动的管道系统，顺次包括毛细淋巴管、淋巴管、淋巴干和淋巴导管。淋巴来自组织液，当组织液进入毛细淋巴管后即称淋巴。淋巴是淡黄色透明液体，含有水、蛋白质、葡萄糖、无机物、激素、免疫物质和较多的淋巴细胞，沿淋巴管单向向心流动，最后经右淋巴管和胸导管汇入前腔静脉，故淋巴管系统是静脉的辅助系统。淋巴器官主要由淋巴组织构成，淋巴组织是富含淋巴细胞的网状结缔组织。淋巴器官包括胸腺、淋巴结、脾、扁桃体等。

3）血液　　血液由血浆、血细胞和血小板构成。血浆是血液中的液体部分，内含多种物质，可分为三类，一是代谢产物和废物，如葡萄糖、维生素、激素、尿素；二是盐和盐离子，如钠离子、氯离子、碳酸根离子、钙离子、镁离子等；三是蛋白质，最多的是清蛋白（albumin），人的血液中每升血液含有 46g 清蛋白，其主要功能是维持渗透压。其他蛋白质包括免疫球蛋白等抗体蛋白、纤维原蛋白（血液凝结时需要）等。

血液中的血细胞主要由红细胞、白细胞构成。

每毫升血液中含有 40 亿～50 亿个红细胞，红细胞无细胞核，直径平均 7.2μm，呈双凹圆盘状，寿命为 4 个月，其主要功能是运送氧气和二氧化碳。

血液中 1% 的血细胞是白细胞，每毫升血液含有 40 万～1000 万个白细胞。白细胞种类众多，根据细胞质颗粒和细胞核染色可分为有颗粒白细胞（中性粒细胞、嗜酸性粒细胞、嗜碱性粒细胞）和无颗粒白细胞（淋巴细胞和单核细胞）。①中性粒细胞（neutrophil）直径 10～15μm，占白细胞总数的 50%～70%，具有活跃的变形运动和吞噬功能，能以变形运动穿出毛细血管，聚集到细菌侵犯部位，大量吞噬细菌；②嗜酸性粒细胞（eosinophil）直径 13～15μm，占白细胞总数的 0.5%～3%，它能吞噬抗原抗体复合物，释放组胺酶分解组胺，从而减弱过敏反应，嗜酸性粒细胞还能杀灭寄生虫；③嗜碱性粒细胞（basophil）直径 10～12μm，数量最少，占白细胞总数少于 1%，颗粒内含有肝素、组胺和白三烯，肝素具有抗凝血作用，组胺和白三烯参与过敏反应；④单核细胞（monocyte）直径 15～25μm，占白细胞总数的 3%～8%，颗粒内含有过氧化物酶、酸性磷酸酶、非特异性酯酶和溶菌酶，单核细胞可转化为巨噬细胞，单核细胞和巨噬细胞都能消灭侵入机体的细菌，吞噬异物颗粒，消除体内衰老损伤的细胞，并参与免疫，但巨噬细胞功能更强；⑤淋巴细胞（lymphocyte）直径 6～15μm，占白细胞总数的 20%～30%，根据发生部位、表面特征、寿命长短和免疫功能的不同，淋巴细胞一般分为 T 细胞和 B 细胞，也可细分出 K 细胞和 NK 细胞等。T 细胞主要参与细胞免疫，B 细胞主要产生抗体参与体液免疫。由此可见，白细胞主要具有防御和免疫功能。

血小板（platelet）是骨髓成熟的巨核细胞细胞质脱落产生的小块胞质，血小板在止血和凝血过程中起重要作用。

5．呼吸系统

呼吸系统是动物体与环境之间进行气体交换的器官系统，可分为导管部和呼吸部。导管部包括鼻孔、鼻腔、咽、喉、气管和支气管。鼻孔内具有鼻毛，鼻腔内衬一层黏膜，其上面的细胞可分泌黏液，鼻腔黏膜上长着纤毛，这些纤毛会从前向后摆动，鼻涕也就被向后送到咽部，不知不觉地吞咽下去。气管和支气管内表面也有纤毛，并能分泌黏液，纤毛和黏液都具有湿润和过滤空气的作用。呼吸部位于胸腔内，海绵状，多数动物肺呈叶状。肺实质由反复分支的支气管树、终末细支气管、肺泡管和肺泡组成，肺泡表面密布毛细血管网和弹性纤维。肺泡是肺进行气体交换的结构和功能单位。

6．泌尿系统

当动物摄取大量蛋白质等含氮食物作为能量来源时，代谢的副产物就是尿素和尿酸等含氮废物，这些含氮废物要通过泌尿系统排出体外，同时排出体外的还有大量的水、无机盐等物质。泌尿系统主要由肾脏、输尿管、膀胱和尿道组成。

哺乳动物肾脏基本结构为肾单位，肾大约由 100 万个肾单位构成。每个肾单位由 3 部分构成，分别为肾小球、肾小管和收集管。肾小球主要起过滤作用，肾小球的毛细血管壁能保留血细胞、蛋白质和其他大分子物质。而小分子物质、离子和尿素可穿过血管壁。肾小球与肾小管（亨利氏管）相连接，该管是再回收装置，可回收葡萄糖、水、钠离子，排泌钾离子、氢离子，并受醛固酮和抗利尿激素调节，参与调节尿液浓缩。肾小管下与集合管相连接，过去认为集合管只有运输尿液的作用，现在认为集合管同样具有重吸收和分泌功能。

输尿管上接肾盂，下连膀胱，是一对细长的管道，呈扁圆柱状，管径平均为0.5～0.7cm。膀胱是储存尿液的肌性囊状器官，其形状、大小、位置和壁的厚度随尿液充盈程度而异。通常成人的膀胱容量平均为 350～500mL，超过时，因膀胱壁张力过大而产生疼痛。尿道是从膀胱通向体外的管道，男性尿道细长，长约 18cm，行程中通过前列腺、阴茎，男性尿道兼有排尿和排精功能。女性尿道粗而短，长约5cm，向外开口于阴道前庭。

7．生殖系统

雄性生殖系统包括睾丸、附睾、输精管、精囊、阴茎。睾丸负责产生精子和雄性激素；附睾为睾丸后上缘的附属物，附睾中含有激素、酶和营养物质，有助于精子的成熟；精囊为长椭圆形的囊状器官，位于膀胱底的后方，左右各一，其排泄管与输精管壶腹的末端合成射精管；前列腺和尿道球腺负责营养和稀释精子、生成和排出精液。

雌性生殖系统包括卵巢、输卵管、子宫和阴道。

8．神经系统

神经系统在形态和功能上都是一个不可分割的整体，依所在位置和功能的不同可分为中枢神经系统和周围神经系统。

1）中枢神经系统　　中枢神经系统包括脑和脊髓两部分。中枢神经系统内，神经元的胞体聚集形成灰质，神经纤维聚集形成白质。脑和脊髓内有许多调节各种生理活动的神经细胞群，这部分结构就叫作神经中枢，如感觉中枢、运动中枢、呼吸中枢等。

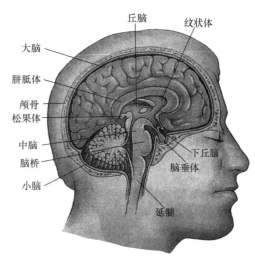

图 5.5　人大脑结构示意图（引自 Johnson 2000，重编）

脑：脑是中枢神经系统前端膨大的部分，位于颅腔内，由延髓（medulla oblongata）、脑桥（pons）、中脑（midbrain）、间脑（diencephalon）、小脑（cerebellum）和大脑（cerebrum）组成（图 5.5）。

（1）延髓：亦称锥体，是脑干的下部，延髓直接与脊髓相连，延髓的主要机能是调节内脏活动，如调节呼吸、吞咽和心脏搏动等，延髓一旦受到损伤，常引起迅速死亡，所以延髓有"生命中枢"之称。从上往下有舌咽神经、迷走神经、副神经。

（2）脑桥，又称桥脑，是脑干的中间部分，位于延髓和中脑之间，前、后缘有横沟分界。脑桥内有大量的横行纤维，连接小脑半球，也有一些纵行的神经纤维。自脑桥出入的脑神经有三叉神经、展神经、面神经和前庭蜗神经。

（3）中脑，位于脑桥、小脑和间脑之间，并与它们相连接；其形体较小，是脑干中最短的部分，长约 2cm，背面有两对圆形隆起，称四叠体，是视觉的反射中枢。

（4）间脑，位于中脑前方，结构复杂，可分为上丘脑、丘脑和下丘脑三部分。上丘脑为间脑的背侧部，主要结构为松果体，能分泌褪黑素、低血糖因子等，前者具有抑制垂体促卵泡激素和黄体生成素的分泌，并分泌多种具有很强的抗促性腺激素作用的肽类激素，从而有效地抑制性腺的活动和两性性征的出现。若松果体受到破坏，则会出现性早熟和生殖器官过度发育。丘脑由第三脑室侧壁发育形成，它是机体传入冲动的中继站。下丘脑是间脑的腹侧部，主要是整合和控制身体的自主功能，如激素分泌、水代谢、盐代谢、糖代谢、脂肪代谢、体温、食欲、性行为及情感活动等。间脑的腹面是露在脑外表的部分，前有视交叉和视束，漏斗、垂体和灰结节居中，乳头体成对，位于灰结节后方。

（5）小脑：小脑位于延髓的背侧，小脑腔多消失。灰质位于表层，白质在内层。在高等种类中，小脑分化成两个小脑半球，腹面与脑桥相连。小脑是身体平衡和运动的中枢。

（6）大脑：大脑一般形成两个大脑半球和前端的一对小突出物嗅球。半球内为第一、二脑室。大脑半球的外壁具发达的灰质，也叫大脑皮质，人的大脑皮质平均厚度为2~3mm。在高等哺乳动物中，大脑皮质表面有许多凹陷的沟和隆起的回，因而增加了大脑皮质的总面积和神经元的数量。大脑皮质是调节机体生理活动的最高级中枢，其中重要的神经中枢有：躯体运动中枢、躯体感觉中心、视觉中枢、听觉中枢等。大脑皮质以内的白质由许多纤维束构成。有些纤维联系半球本身，有的纤维把左右两半球联系起来，有些纤维联系大脑皮质与皮质下各中枢。

脊髓：脊髓位于椎管内，前端与延髓相连。灰质在脊髓中央，横切面呈蝶翼状或"H"形，形成背角和腹角，前角内含运动神经元，腹角内含中间神经元。灰质中央有一极细的管腔，称中央管，上通脑室。白质在灰质的周围。白质内的神经纤维在脊髓的各部分之间及脊髓和脑之间起着联系作用。脊髓具有进行低级反射活动，如躯体运动、排粪、排尿等活动的中枢。

2）周围神经系统　周围神经系统包括脑神经、脊神经和植物性神经，将中枢神经系统与身体各部分相联系。

（1）脑神经：共12对，发自脑部腹面的不同部位，沿两侧经颅骨的一些孔道穿出，绝大部分分布到头部的感觉器官及皮肤和肌肉等处。根据其在哺乳动物的前后顺序和功能命名。部分神经末梢特化为感觉器官，如眼、耳等。

（2）脊神经：是由脊髓发出的周围神经，成对，数目随动物种类而异，人为31对，猪为33对，兔为37对。每条脊神经均以背根和腹根连于脊髓。背根包含感觉神经纤维，这些纤维来自皮肤和内脏，能传达刺激至神经中枢；腹根包含运动神经纤维，分布到肌肉与腺体，将神经中枢发出的冲动传递到各效应器。

（3）植物性神经：支配平滑肌、心肌和腺体，调节内脏器官的活动。植物性神经不受意志的支配，所以又称为自主神经。与脊神经不同的是，植物性神经从中枢到外周效应器要经过两个神经元。根据解剖和生理的不同，可分为交感神经和副交感神经。交感神经起自胸腰部脊髓灰质，神经节位于脊髓两旁；副交感神经起自脑干和骶部脊髓灰质，神经节位于所支配器官的近旁或脏壁上。大多内脏器官受其双重支配，如交感神经兴奋可使心跳加快、加强，副交感神经兴奋使心跳减慢、减弱。

9. 内分泌系统

（1）垂体：是分泌生长激素、促甲状腺激素、促肾上腺皮质激素、促性腺激素、催乳素、加压素、催产素等体内的激素控制中心。

（2）甲状腺：位于喉和气管的两侧，成对存在；分泌甲状腺激素，促进新陈代谢和生长发育。

（3）甲状旁腺：位于甲状腺旁边，分泌甲状旁腺激素，调节血液中钙、磷含量。

（4）肾上腺：位于肾脏上方，由皮质和髓质构成。皮质分泌盐皮质激素和糖皮质激素，调节水、电解质平衡和参与糖、蛋白质、脂肪代谢。髓质分泌肾上腺素（增加心率）和去甲肾上腺素（增加血压）。

（5）胰岛：分泌胰岛素和胰高血糖素，对血糖浓度具有调节作用。

（6）性腺：可分为卵巢和睾丸，分泌雌、雄激素，促进和维持人体性别特征。

第6章 无脊椎动物资源

扫码见
本章彩图

6.1　原　生　动　物

原生动物（Protozoa）通常由无壁的单细胞构成。尽管是单细胞，但原生动物仍然是完整的有机体，具有营养、呼吸、排泄和生殖等功能，能营独立生活。体型一般很微小，需在显微镜下才能看到。原生动物种类众多，约 30 000 种。

6.1.1　原生动物门的主要特征

细胞基本结构：原生动物细胞都有细胞膜、细胞核、细胞质，内含各种细胞器。

细胞特殊结构：原生动物有的种类具有特殊的细胞器，如纤毛、鞭毛、伪足、胞口、胞咽、食物泡、眼点等。这使得原生动物具有运动、消化、呼吸、排泄、感应、生殖等机能。

生活：原生动物多营异养生活，有的摄取固体食物，有的则营腐生性营养，寄生种类和一部分自由生活种类通过体表渗透作用吸收营养；也有少数种类，含有叶绿素，能够进行光合作用而营自养生活，如裸藻（注：裸藻兼具有动物性和植物性）。

分布：原生动物分布广泛，海水、淡水和潮湿的土壤中都有分布，也有的营寄生生活。

生殖方式：大多数原生动物兼有无性生殖和有性生殖两种方式。

6.1.2　原生动物门的代表动物

1．鞭毛纲

鞭毛纲（Mastigophora）为单细胞动物，异养，具鞭毛，形态多样，有数千种，至少具有一个鞭毛，有的具有上千个鞭毛，大都进行无性生殖。该类群在进化中具有重要地位，它们中的领鞭毛虫（choanoflagellates）可能是海绵动物，甚至是所有其他动物的祖先。有些种类如锥虫属（*Trypanosoma*），是人类重要的病原体，寄生于人体脑和脊髓，会引起昏睡，严重可致死。

2．纤毛纲

纤毛纲（Ciliata）种类较多，大约有 8000 种。虫体具有纤毛，纤毛较鞭毛短小，数目较多，用于运动和摄食。虫体构造较复杂，具有多种形态和功能的细胞器，几乎达到了单个细胞所能特化的极限。许多种类具有两种细胞核，一个大核，一个或多个小核。大核对动物的正常代谢具有重要作用，小核则与生殖有关。代表动物草履虫（*Paramecium caudatum*）具有纤毛、胞口、胞咽、食物泡等结构。

3．肉足纲

肉足纲（Sarcodina）为单细胞异养原生动物，有数百种，代表动物为阿米巴变形虫（*Amoeba proteus*），其运动和摄食都是由伪足来完成，细胞质运动时向外伸出伪足，伪足可以随时形成或消失，细胞体形不断改变，形成特有的变形运动，或称为阿米巴运动。

4．孢子虫纲

孢子虫纲（Sporozoa）是不能游动的，常为单细胞寄生性原生动物，大多为细胞内寄生。没有运动和营养器官，靠渗透方式从宿主获得营养。孢子虫的生活史非常复杂，包括无性生殖和有性生殖，两种生殖方式往往交替进行，一般分为裂体生殖、配子生殖和孢子生殖几个阶段，有些种类还有更换宿主的现象。代表种类如疟原虫（*Plasmodium*），可寄生于人体红细胞内，引发疟疾疾病。

6.1.3　原生动物与人类的关系

原生动物中没有可供直接利用的食品资源，但该类群与人类关系仍然密切。有些原生动物是病原体，可引发人类疾病，如痢疾内变形虫可寄生于人类肠道，引发米巴痢疾，造成大便出血；利什曼原虫经白蛉传播，寄生于巨噬细胞内，造成肝脾肿大，导致黑热病发生；锥虫经舌蝇传播，寄生于脑和脊髓，导致昏睡症状。

有些原生动物是组成海洋浮游生物的主体，可为鱼类提供饵料，间接被人们利用。古代原生动物大量沉积水底淤泥，在微生物的作用和覆盖层的压力下形成石油。原生动物中有孔类化石是地质学上探测石油的标志。利用原生动物对有机废物、有害细菌进行净化，对有机废水进行絮化沉淀。原生动物还是科学研究的重要实验材料，如草履虫、四膜虫等。

6.2　海绵动物

海绵动物属于多孔动物门（Porifera），大约有5000多种，基本上都生活在海中，生长在海底，像个瓶子。海绵动物由多细胞构成，无组织分化，身体由两层细胞构成体壁，外层为扁平细胞，内层细胞生有鞭毛，具领，称为领细胞（collar cell）；体内有硅质或钙质骨针、骨丝，起支撑身体的作用。体壁围绕形成中央腔，中央腔通过出水口与外界相通，体壁上也有许多小孔或管道，并与外界或中央腔相通。生活过程中，由于领细胞鞭毛有规律的摆动，引起水流通过体内的小孔或管道进入中央腔，水流带来的食物颗粒被领细胞或其他细胞摄取利用，不消化的东西随水流从顶端出水口流出体外。

尽管海绵为多细胞生物，但细胞相对独立生活，不太分化。海绵细胞有个重要的特性，即细胞之间可相互识别，如将海绵动物通过丝绸网，细胞之间相互分开，在丝绸网另一侧，这些细胞聚到一起后会经过相互识别，再组装形成海绵。

海绵动物的领细胞与原生动物的领鞭毛虫非常相似，因此，海绵动物可能是由领鞭毛虫演化而来。这些领鞭毛虫也可能是其他动物的祖先。海绵动物不可食用。

6.3　腔 肠 动 物

从腔肠动物（coelenterate）开始为后生动物，动物体具有两个胚层，体壁的外层来自胚胎发育时期的外胚层；体壁的内层来自胚胎发育时期的内胚层。所有高等的多细胞动物发育过程中都经历过两胚层阶段。广义腔肠动物分为刺胞动物门（狭义腔肠动物）和有栉板动物门（栉水母动物门），大多海产，少数生活于淡水中。

6.3.1　腔肠动物门的主要特征

1．躯体辐射对称

通过身体的中轴可以有两个以上的切面把身体分成两个相等的部分，这是一种原始的对称形式。辐射对称有利于营固着（水螅型）或漂浮（水母型）生活。

2．躯体由两个胚层组成

腔肠动物第一次出现胚层分化，身体由两个胚层组成，即内胚层和外胚层，两胚层之间是中胶层，具有支持的作用。由内胚层所围绕的空腔称为消化腔，只有一个口（原口）与外界相通。外胚层分化为外层体壁，具保护、运动和感觉功能。内胚层分化为胃层，具消化、营养功能。

3．出现原始消化腔，进行细胞外消化

从腔肠动物开始，动物首次出现了消化腔和细胞外消化。腔肠动物通过原口摄取食物，胃层腺细胞分泌消化液，使食物在消化腔内进行初步消化，消化腔内水的流动，可把消化后的营养物质输送到身体各部分，兼有循环作用，故也称为消化循环腔。消化腔只有一个对外开口，是原肠期的原口形成的，兼有口和肛门两种功能。出现原始消化腔，进行细胞外消化是所有更高级动物的共同特征。

4．具有原始的组织分化

腔肠动物形成了原始的组织分化，内胚层分化出内皮肌细胞、腺细胞、感觉细胞；外胚层分化出外皮肌细胞、刺细胞、感觉细胞、神经细胞等。腔肠动物的皮肤肌肉组织，既是上皮细胞，又是原始的肌肉细胞，具有上皮和肌肉两种功能。腔肠动物的神经组织较原始，由神经细胞构成弥散型的网状神经系统，传导无方向性，传导速度慢，是人的神经传导的 1/1000。

腔肠动物中的刺胞类，即刺胞动物门，具有独特的刺细胞，刺细胞分布于外层细胞中，以触手最多，所有其他动物都不具有此种类型细胞。刺细胞朝外一侧具有刺针（trigger），内含刺丝囊，刺细胞建立了一种非常高的内部渗透压，并能用它爆发性地将刺丝囊推出，甚至可穿透蟹的硬壳。

5．具有水螅型、水母型两种基本形态

水螅型有垂唇，圆筒形，固着生活，口通常朝上。水母型，有缘膜，营自由浮游生活，口朝下。有些种类一生只有水螅型，有的一生只有水母型，也有的一生中具有水螅型和水母型两种类型，在生活史中交替出现，如薮枝螅。

6. 生殖方式

无性生殖为出芽生殖。有性生殖，雌雄同体，产生精巢和卵巢。

6.3.2　腔肠动物门主要资源动物及利用价值

腔肠动物（狭义）约900种，常分3个纲，分别为水螅纲（Hydrozoa）、钵水母纲（Scyphozoa）、珊瑚纲（Anthozoa）。代表动物包括：珊瑚纲的红珊瑚（*Corallium rubrum*）、羽毛细指海葵（*Metridium senile*）、海仙人掌（*Cavernularia habereri*）；钵水母纲的中华桃花水母（*Craspedacusta sinensis*）、海月水母（*Aurelia aurita*）、海蜇（*Rhopilema esculentum*）；水螅纲的褐水螅（*Hydra fusca*）、绿水螅（*Hydra viridissima*）等。

1. 食用种类

（1）海蜇（*Rhopilema esculentum*）（图6.1），属于腔肠动物钵水母纲，海蜇属，在我国沿海分布广泛，北自辽东湾，南至海南岛沿岸及北部湾，也分布于日本、朝鲜海域。本种为我国沿海产量最高的食用水母，特别是浙江、江苏、福建等沿岸产量最大。

（2）黄斑海蜇（*Rhopilema hispidum*），属于腔肠动物钵水母纲，海蜇属，分布于日本、菲律宾、越南、泰国、马来西亚、印度尼西亚沿海、红海、印度洋等。在我国分布于福建南部、广东、广西沿海一带。以往仅少量食用，多数作为农肥利用，近年已被加工食用。

海蜇

图6.1　腔肠动物门
主要食用种类

（3）沙海蜇（*Stomolophus meleagris*）（图6.1），钵水母纲，口冠水母属，我国山东俗称沙海蜇，浙江称倒牛。国外称炮弹水母（cannonball jellyfish）或笨蛋水母（cabbagehead jellyfish），直径可达25cm，本种为暖温带种类，主要分布于北美东海岸至巴西、日本、朝鲜半岛南岸，我国分布于黄渤海至东海北部外海，常在冷暖水团中出现。本种刺细胞剧毒，所以渔民极少捕捞，主要是辽宁、山东等地渔民作为秋冬讯兼捕的对象。美国和墨西哥都有商业捕捞，干制后出售给日本、中国、泰国等亚洲国家。

（4）马赛克水母（*Catostylus mosaicus*）：是钵水母纲生物，也被称为蓝鲸脂水母，是沿澳大利亚东海岸最常见的水母，有时在河口水域大量出现，对澳大利亚渔民的生活产生滋扰。马赛克水母无毒，与海蜇是同属一科的近亲。一些澳大利亚人感知水母在亚洲市场增加的需求，试图发展与海蜇相近的马赛克水母渔业，但处理、加工、运输和保鲜马赛克水母十分困难和费时。近年来，马赛克水母的订单也在不断上升。

还有一些种类的水母也可食用，如海月水母（*Aurelia aurita*）、叶腕水母（*Lobonema smithii*）、拟叶腕水母（*Lobonemoides gracilis*）等。

2．营养价值

水母几乎不含脂肪，含有少量碳水化合物、5% 左右的蛋白质和 95% 左右的水。营养分析表明，食用水母还含有维生素（核黄素、烟酸、硫胺素）和矿物质（钙、磷、铁、钾）等多种营养成分，是低脂肪、低热量的营养食品。

海蜇是水母中最常见的食用种类，口感爽脆，无异味，在亚洲是备受推崇的美食。中医认为吃海蜇会降低高血压。干海蜇在许多亚洲国家，特别是日本，被认为是烹饪美食而流行。因其质地松脆又富有弹性，因而得名"橡皮筋色拉"。在中国其也是传统销售的海产品。热加工烹制海蜇等需要一定技巧，高于 50℃时，海蜇会收缩。

水母也可入药。《本草纲目》中记载，水母气味咸温，无毒，主治妇人劳损，积血带下，小儿风疾，丹毒，汤火伤等。水母的刺丝囊中含有毒素，有些水母含有较高的毒素。

3．加工

海蜇的含水量在 95% 以上，产在温度较高的夏秋季节，不及时处理，很易发生腐烂变质。加工海蜇一般采用明矾和盐处理，让海蜇脱水变硬。

6.4　扁　形　动　物

6.4.1　扁形动物门的主要特征

扁形动物是一群背腹扁平，两侧对称，具三胚层而无体腔的蠕虫状动物，具有消化系统、排泄系统、神经系统。

1．身体扁平，两侧对称

通过身体的中轴，只有一个切面能把身体分成左右相等的两个部分。从辐射对称到两侧对称的意义：这是动物在体制上的进化，两侧对称使动物体分化出头和尾（前、后端），左右侧，背腹面。身体各部分功能也出现分化，头部是神经和感觉器官集中的区域，腹面承担运动和摄食的功能。运动由不定向转为定向，不仅增加了动物的活动性，而且使动物对外界反应更迅速而准确。

2．产生三胚层

在内外胚层间出现中胚层，中胚层是动物的许多器官、系统的来源，是动物体型向大型化和复杂化发展的结构基础。但扁形动物胚层之间没有空腔，仍是比较原始的表现。

3．首次出现肌肉组织

中胚层发育出肌肉组织，使运动速度加快。肌肉组织与外胚层形成的表皮紧贴，组成的体壁称为皮肤肌肉囊，具有保护、强化运动、促进消化和排泄等功能。

4．产生器官

扁形动物首次产生器官，如睾丸、卵巢、眼点、肠。

5．不完全的消化管道

消化管有口而无肛门，寄生种类消化系统趋于退化（吸虫）或完全消失（绦虫）。

6．原肾管排泄

扁形动物出现了排泄系统，如涡虫产生了原肾管，由焰细胞、毛细管和排泄管组成。纤毛的摆动驱使排泄物从毛细管经排泄管由排泄孔排出体外。

7．梯形神经系统

扁形动物产生了梯形神经系统，在进化上具有重要大意义。

6.4.2　扁形动物门的代表动物

扁形动物约20 000种，分为3纲，分别为涡虫纲（Turbellaria）、吸虫纲（Trematoda）、绦虫纲（Cestoidea）。代表动物包括：蜗虫（Euplanaria），生活于淡水溪流的石块下。自由生活，体表、腹面有纤毛，肠道发达。血吸虫（Schistosoma）寄生，1～2个吸盘。绦虫（tapeworm），营体内寄生生活，消化系统完全退化，如猪带绦虫（*Taenia solium*）。扁形动物除了涡虫纲以外都是寄生性动物，对人和牲畜有一定的危害。

6.5　假体腔动物

6.5.1　假体腔动物的主要特征

1．假体腔的形成

假体腔（pseudocoelom）是中胚层（体壁）与内胚层（肠壁）之间的空腔，是动物在系统发生上第一次产生的体腔，也称作初级体腔（primary coelom）。

意义：假体腔内充满体腔液，能把消化管吸收的养分运送给体壁层和生殖器官，功能上似循环系统。由于体腔充满体腔液而使虫体膨胀变硬，这相当于液压骨骼（hydrostatic skeleton），为肌肉驱动身体运动开了一条路。

2．具有完全的消化系统

消化系统出现肛门，使食物在消化管内沿着单线运动，残渣直接经肛门排出体外，促进消化管不同部位在机能上的分工和形态上的分化。

6.5.2　假体腔动物的分门及代表动物

假体腔动物包括7个门，即腹毛动物门（Gastrotricha）、轮形动物门（Rotifera）、动吻动物门（Kinorhyncha）、线虫动物门（Nematoda）、线形动物门（Nematomorpha）、棘头动物门（Acanthocephala）、内肛动物门（Entoprocta）。假体腔动物的食用价值不高，这里介绍 3 个与人类关系密切的 3 个门。

1. 线虫动物门

线虫动物虫体一般很小，自由生活的种类一般长度不超过 1mm，两侧对称，长圆柱形，体表覆被有一层上皮细胞分泌的角质膜，光滑而有弹性。最大特点是没有鞭毛或纤毛细胞，甚至精细胞也无鞭毛，构成成体的细胞数量少而固定，如秀丽新小杆线虫（*Caenorhabditis elegans*），合子发育 3 天就能成熟，身体透明，雌雄同体的成体只有 959 个细胞构成，发育规律固定，是遗传发育研究的模式生物。旋毛虫（trichinella）能引发疾病，松材线虫（*Bursaphelenchus xylophilus*）能引发松树大面积发病。

2. 线形动物门

大部分为小型的蠕形动物，体通常呈长圆柱形，大部分种类 50～100mm 长。两端尖细，不分节，具假体腔，消化道不弯曲，前端为口，后端为肛门，雌雄异体。许多代表为寄生虫，如蛲虫（*Enterobius vermicularis*）、蛔虫（*Ascaris lumbricoides*）、十二指肠钩虫（*Ancylostoma duodenale*）、丝虫等，在海洋或淡水中营漂浮或底栖生活。

3. 轮形动物门

轮形动物门，身体由 1000 个左右的细胞组成，主要为淡水浮游生物，少数海产。体壁和内脏器官之间是假体腔，呈袋状。身体左右对称，分头、躯干和尾三部分。体表的角质层在躯干部最厚，成为被甲，能把头和尾（足）收缩进去。肌肉与原体腔横切，是体壁和内脏器官之间的结构。排泄器官为原肾管。在头部有纤毛，轮生或列生，呈轮盘状，用于运动和捕食。异性生殖，卵较多，可分为非需精卵（夏卵）、需精卵和休眠卵（冬卵）三种。常见动物为轮虫，大约有 2000 多种，形体微小，长 0.04～2mm，多数不超过 0.5mm，分布广，多数自由生活。大多数轮虫以细菌、霉菌、酵母菌、藻类、原生动物及有机颗粒为食，轮虫又是水生动物的食料。

6.6　软 体 动 物

6.6.1　软体动物门的主要特征

1. 首次产生真体腔

从软体动物开始产生真体腔。

真体腔：是动物的中胚层发育过程中通过囊裂形成的体腔，中胚层囊裂后产生体壁中胚层和肠壁中胚层，两层之间围成的腔即真体腔。真体腔是假体腔之后出现的，也称次生体腔。真体腔发生后也带来问题，真体腔动物的肠道再次被肠壁中胚层组织包被，肠道吸收的营养不能有效地扩散。为此，真体腔动物产生了循环系统，该系统能够给组织输送养分和氧气，带走二氧化碳等废物。

真体腔形成的意义：肠壁外附有肌肉，使肠道蠕动，增强消化功能，消化道在形态和功能上进一步分化，如形成了胃、小肠、大肠等，消化能力加强。排泄器官从原肾管型进化为后肾管型。真体腔形成过程中残留的囊胚腔形成血管系统，真体腔动物开始出现循环系统。

2. 身体分为头、足、内脏团三部分

软体动物身体柔软，不分节，两侧对称，一般分为头、足和内脏团三部分。头部生有口、触角、眼和其他器官。足着生在身体腹面，有丰富的肌肉组织，是软体动物的运动器官。内脏团也称为躯干，一般在足的背部，是心脏、消化、生殖等内部器官的所在部位。

3. 具有贝壳和外套膜

大多数软体动物身体的柔软部分外面都具有贝壳（shell）。贝壳的形态、数目各不相同，但其基本结构相似，都有 3 层结构：①角质层：是最外层，薄而透明，具光泽，主要成分是壳质素，由外套膜边缘内侧分泌而成。随着动物生长，面积逐渐扩大。保护贝壳的中、内层不被碳酸溶解。②棱柱层：也称壳层，为中间的一层，占据贝壳的大部分，主要成分是棱柱形碳酸钙晶体，由外套膜边缘背面的细胞分泌而成，随着生长面积不断扩大，其厚度不增加。③珍珠层：也称壳底，在最内层，有珍珠光泽，主要成分是碳酸钙，呈薄片状。由整个外套膜外表面分泌而成，随着生长厚度不断增加。珍珠即在珍珠层内形成，珍珠的形成是外套膜对外来物的反应。

外套膜（mantle）：软体动物身体背侧皮肤褶皱向下延伸形成的膜性结构，由两层上皮细胞及中间的结缔组织和肌肉纤维组成。外套膜向下包裹了整个内脏团和足部，是一种重要的功能器官，其围成的外套腔是水流和食物进入体内的通道。分泌物质形成贝壳。外套腔内有呼吸器官——鳃，有消化、排泄、生殖器官的开口，具有辅助呼吸的作用。

4. 真体腔极度退化

由于结缔组织的侵入，真体腔极度退化，缩小为围心腔、生殖管腔和排泄管腔。除真体腔外，初生体腔同时存在，初生体腔内充满血液，因此称为血窦。

5. 出现专门的呼吸器官——鳃

具呼吸器官，水生动物利用外套膜内壁皮肤伸展而成的栉鳃进行呼吸；陆生种类以外套膜进行呼吸作用。

6. 具开管式血液循环

软体动物首次出现循环系统，但为开放式循环系统，血液从心脏的心室流经动脉、血腔（初生体腔 / 血窦）、静脉，最后回到心脏的心耳和心房。

6.6.2　软体动物门主要资源动物及利用价值

1. 软体动物门主要门类及其特征

软体动物种类很多，约 115 000 多种，仅次于节肢动物，是动物界的第二大门。按照体制可分为 3 个主要的纲。

（1）腹足纲（Gastropoda），身体螺旋状，头部明显，具眼和触角，外套膜分泌产生一个螺旋形的贝壳，肌肉足位于腹面，用于爬行，如田螺、蜗牛。

（2）瓣鳃纲（Lamellibranchia），具两片瓣状贝壳，头部退化，足斧状，适于挖掘泥沙，如河蚌、海贝。

（3）头足纲（Cephalopoda），有或无贝壳。头部发达，具一对发达的眼睛。鳃羽状。足特化为腕足和口漏斗，腕足排列在口的周围，如乌贼、鹦鹉螺等。

2．主要食用种类及其营养价值

软体动物除了少数种类外，几乎都可食用。

1）瓣鳃纲　瓣鳃纲（图 6.2）可食用的种类包括以下几种。

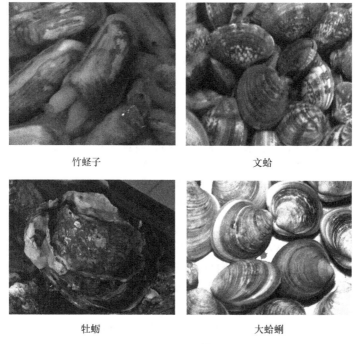

竹蛏子　　　　　　　　　　　　文蛤

牡蛎　　　　　　　　　　　　大蛤蜊

图 6.2　软体动物门瓣鳃纲主要食用种类（自曹建国）

（1）蛤蜊类（clams），是瓣鳃纲多种贝类的常用名，如竹蛏子（*Solen strictus*）、黄蚬子（*Corbicula aurea*）、大西洋浪蛤（*Spisula solidissima*）、硬壳蛤（*Mercenaria mercenaria*）、北极蛤（*Arctica islandica*）、文蛤（*Meretrix meretrix*）。蛤蜊肉的营养价值丰富，每 100g 新鲜蛤肉中含蛋白质 10g、脂肪 1.2g、碳水化合物 2.5g，含碘、钙、磷、铁等多种矿物质和维生素。

（2）海扇蛤/鸟蛤（cockles），一般指鸟蛤科（Cardiidae）贝类，大约有 250 种，世界性分布，如普通鸟蛤（*Cerastoderma edule*）、泥蚶（*Tegillarca granosa*）等。

（3）贻贝（mussels），一般指贻贝科（mussel family）贝类，如青口贝（*Mytilus*

edulis, blue mussel)（亦称海虹、青口，煮熟后加工成干品称淡菜，壳黑褐色，生活在海滨岩石上，分布于中国黄海、渤海沿岸）、地中海贻贝（Mediterranean mussel, *Mytilus galloprovincialis*）、加利福尼亚贻贝（California mussel, *Mytilus californianus*）、新西兰贻贝（New Zealand green-lipped mussel, *Perna canaliculus*）等。每100g鲜贝肉含蛋白质10.8g，糖2.4g，灰分2.4g，脂肪1.4g，干制贻贝肉蛋白质含量高达59.3%。贻贝还含有多种维生素及人体必需的锰、锌、硒、碘等多种微量元素。

（4）牡蛎（oysters），为瓣鳃纲牡蛎属（*Ostrea*）和巨蛎属（*Crassostrea*）多个种的俗称，主要种类包括：褶牡蛎（*Ostrea plicatula*）、密鳞牡蛎（*Ostrea denselamellosa*）、长牡蛎（*Ostrea gigas*）、*Crassostrea virginica*、*Ostrea lurida*、*Ostrea angasi*、*Ostrea edulis*、*Crassostrea angulata*等。

牡蛎均为海产，分布在温带至热带沿海潮间带中区。我国自渤海、黄海至南沙群岛均产，都适宜养殖。牡蛎为固着型贝类，一般固着于浅海物体或礁石上，以开闭贝壳运动进行摄食、呼吸，滤食性，以细小的浮游动物、硅藻和有机物颗粒等为主要食料。公元前2000年就有食用牡蛎的记录，19世纪之前牡蛎非常便宜，是底层百姓的食物，现在已经成为高档食物。牡蛎富含蛋白质、锌、铁、钙、硒、维生素A、维生素B_{12}、ω-3脂肪酸及酪氨酸，胆固醇含量低。有研究表明，牡蛎富含氨基酸，有助于提高性激素水平，锌含量高，有助于产生睾丸酮。牡蛎有各种吃法，如水煮、烘焙、煎、烤、炖、清蒸、腌制等。

（5）扇贝（scallop），一般指瓣鳃纲扇贝科（Pectinidae）的贝类，是我国沿海主要养殖贝类之一，世界上出产的扇贝共有60多种，我国约占一半。常见的有栉孔扇贝（*Chlamys farreri*）、海湾扇贝（*Argopectens irradias*）、虾夷扇贝（*Patinopecten yessoenisis*）、大扇贝（*Pecten maximus*）、新西兰扇贝（*Pecten novaezelandiae*）、地中海扇贝（*Pecten jacobaeus*）、秘鲁扇贝（*Argopecten purpuratus*）等。每100g鲜贝肉含蛋白质11.1g，碳水化合物2.6g，脂肪0.6g，还含有胆固醇、核黄素、烟酸、维生素E、钙、磷、钾、钠、镁、铁、锌、硒、铜、锰等。

2）腹足纲　腹足纲（具有一个螺旋形贝壳）可食用种类包括以下几种。

（1）鲍鱼（abalone）（图6.3），是腹足纲鲍属（*Haliotis*）多个种的俗称，其他别称有海耳、鳆鱼、镜面鱼、将军帽等。主要种类包括：白鲍（*Haliotis sorenseni*）、红鲍（*Haliotis rufescens*）、黑鲍（*Haliotis cracherodii*）、黑唇鲍（*Haliotis rubra*）、桃红鲍螺（*Haliotis corrugata*）、绿唇鲍（*Haliotis laevigata*）、罗氏鲍（*Haliotis roei*）等。鲍鱼均为海产，分布在潮间带至100多米深的区域，我国沿海都有分布，适宜养殖。在自然界，鲍鱼栖息于海流畅通、水体透明度高、盐度高、海藻丛生及具有很多岩石缝隙的浅海岩礁底质的环境下。幼鲍主要摄食单细胞藻类，成鲍主要摄食绿藻类、红藻类和褐藻类等大型海藻，如石莼、海带、龙须菜等。

鲍鱼足部肥大、肉质细嫩、营养丰富、味道鲜美，具有较高的食用价值。研究表明，每100g干鲍鱼含糖33.7g、脂肪0.9g，另外还含有钙、磷、铁、碘等多种人

黑鲍（背面观）

黑唇鲍（腹面观）

欧洲玉黍螺

图 6.3　软体动物门腹足纲主要食用种类

体必需的微量元素。鲍鱼是世界公认的美味佳肴和珍贵食品，享有"餐桌黄金"的美誉。中医认为，鲍肉味甘、咸、性温，有润肺益胃、调经、利肠、滋肾补虚之功能；鲍鱼的贝壳在中药上称为石决明，内含碳酸钙、壳角质、氨基酸及多种微量成分，具有平肝清目、滋阴补阳的药效。

（2）海螺（conches），一般指凤螺科（Strombidae）螺类软体动物，多为大型螺类，具有显著的螺旋和口沟，如女王凤凰螺（*Lobatus gigas*）、黑唇凤凰螺（*Lentigo pipus*）、水晶凤凰螺（*Laevistrombus canarium*）等。

（3）笠贝/帽贝（limpets），以腹足吸附在岩礁上，具有一个广圆锥形的外壳，足强劲有力，壳嵌于岩石窝槽，属于草食性贝壳，以海藻为食。白天它依靠腹足紧附在礁岩上，夜间则四处寻找食物，如 *Cellana exarata*、*Cellana talcosa*、*Patella ulyssiponensis* 等。

（4）玉黍螺（periwinkle）（图 6.3），一般指玉黍螺科（Littorinidae）动物，如欧洲玉黍螺（*Littorina littorea*）、台湾玉黍螺（*Granulilittorina millegrana*）、金塔玉黍螺（*Tectarius coronatus*）等。

（5）海螺/蛾螺（whelks），一般指各种海螺，以蛾螺科（Buccinidae）种类居多，也包括其他科的一些螺类，如欧洲蛾螺（*Buccinum undatum*）、克莱特蛾螺（*Kelletia kelletii*）、刺香螺（*Busycon carica*）等。

（6）淡水/陆生螺类，我国常用来食用的包括：田螺（river snails），泛指田螺科（Viviparidae）动物，如中国圆田螺/螺蛳（*Cipangopaludina chinensis*）、中华圆田螺（*Cipangopaludina cathayensis*）；福寿螺（*Ampullaria gigas*）（注：可能带有线虫，食用有感染线虫病的风险）；光亮大蜗牛（*Helix lucorum*）、法国大蜗牛（*Helix pomatia*）、散布大蜗牛（*Cornu aspersum*）等都是可食用的螺类。

3）头足纲　头足纲（具有两个贝壳）可食用的种类包括以下几种。

（1）乌贼（cuttlefish）（图 6.4），也称墨鱼，头部有 10 条腕足，其中两条特化为触腕，背部内具有内壳，称乌贼板，在直肠末端具有墨囊。常见如曼氏无针乌贼（*Sepiella inermis*）、金乌贼（*Sepia esculenta*）等。乌贼蛋白质含量高，味感鲜脆爽口，乌贼板（乌贼骨）中医称海螵蛸，是一味制酸、止血、收敛之常用中药。

乌贼　　　　　　　　　　　　　　　　太平洋褶柔鱼

图 6.4　软体动物门头足纲主要食用种类

（2）章鱼（octopus），触手的长度约是躯体的3倍多，躯体可以自由伸缩，身体表面密生疣，如真蛸（*Octopus vulgaris*）、大西洋白斑章鱼（*Callistoctopus macropus*）、北太平洋巨型章鱼（*Enteroctopus dofleini*）。章鱼属于高蛋白低脂肪的食材，每100g的章鱼含有蛋白质高达19g。

（3）鱿鱼（squid）（图6.4），也称柔鱼、枪乌贼，体圆锥形，体色白，有淡褐色斑，头大，前方生有触足10条，尾端的肉鳍呈三角形，常成群游弋于深约20m的海洋中，如中国枪乌贼（*Uroteuthis chinensis*）、茎鱿鱼/美洲大赤鱿（*Dosidicus gigas*）、太平洋褶柔鱼（*Todarodes pacificus*）（该种在中国常被称为日本鱿鱼）、阿根廷鱿鱼（*Illex argentinus*）。每100g鲜鱿鱼含蛋白质17g，碳水化合物少量，脂肪0.8g，还含有维生素A、维生素E、核黄素、钙、磷、钾、钠、镁、铁、锌、硒、铜、锰等。

3. 软体动物食用安全

软体动物中大部分种类肉质鲜嫩，营养价值高，需要加工熟制后食用。

许多软体动物是滤食性种类，容易携带细菌等病原菌，也有些种类是一些病原菌的宿主，如福寿螺可以寄生线虫，因此，不建议生食软体动物。

6.7　环节动物

6.7.1　环节动物门的主要特征

1. 发达的真体腔

环节动物具有发达的真体腔，中胚层的体壁和肠壁之间形成了宽阔的空腔，腔壁上有体腔膜，体腔内充满体腔液。

2. 身体分节

从环节动物开始，体制上的一个关键的革新是具有分节现象（segmentation）。分节体制可分为同律分节和异律分节（节肢动物介绍）。

同律分节：环节动物的身体分节，除了头部几节和尾部最后体节，其余各体节在形态和机能上基本相同，称为同律分节，各体节大多有附肢（疣足）或刚毛，加强了运动功能。环节动物头部几节分化出了脑、感觉器官，甚至分化出了视网膜。

意义：体节的出现对动物体的结构和生理功能的进一步分化提供了可能性。

3. 出现刚毛和疣足形式的附肢

刚毛：刚毛是由表皮细胞内陷形成的刚毛囊内的毛原细胞分泌的几丁质毛，是寡毛纲的运动器官。

疣足：体壁向外突起的中空构造，与体腔相通，是多毛纲的运动器官。

4. 闭管式的循环系统

环节动物在动物进化过程中第一次出现循环系统，且是一种高级形式的闭管式循环系统，血液始终在血管中流动。

5. 排泄器官为后肾管型

后肾管型的排泄器官是由中胚层的体腔膜形成的，具有两个开口，向体内的开口为肾口，向体外的开口为肾孔。排泄物直接从肾口进入排泄管，效率更高。

6. 链索状神经系统

链索状神经系统由脑、围咽神经索、咽下神经节和腹神经索组成。

7. 皮肤呼吸

大多数环节动物无专门的呼吸器官。由于循环系统的产生，使皮肤内有丰富的毛细血管，这样可依靠体表进行皮肤呼吸。多毛纲的部分海产种类出现专门的呼吸器官——鳃。

6.7.2　环节动物门的代表动物

（1）寡毛纲（Oligochaeta）：大多陆生，少数生活在淡水中，头部退化，无疣足，以刚毛为运动器官；具生殖带；雌雄同体，如蚯蚓。

（2）多毛纲（Polychaeta）：全为海产，有发达的头部和疣足，以疣足为运动器官；无生殖带；雌雄异体。大多可作为鱼类饵料，如沙蚕。

（3）蛭纲（Hirudinea）：淡水、陆生，半寄生生活。前后有吸盘，身体扁平，体腔退化，无疣足和刚毛，雌雄同体，有生殖带，如水蛭。水蛭素是凝血酶的天然抑制剂，是一种非常有前途的抗凝药物。

环节动物一般经济价值不高，蚯蚓、水蛭、沙蚕可入药，蚯蚓也是优良的蛋白饲料。

6.8　节肢动物

6.8.1　节肢动物门的主要特征

节肢动物在体制上比环节动物更加进化，如成体为异律分节，具带关节的附肢，产生了几丁质外骨骼、横纹肌等新特征。

1．异律分节和附肢

异律分节：身体的体节数量减少并高度愈合归并，产生形态和机能不同的体区，如头部、胸部及腹部。头部是感觉和取食中心；胸部是运动和支持中心；腹部是营养和繁殖中心。

节肢动物具有成对分节并具关节的附肢，附肢除了作为足，还可作为翅、触角、颚、交尾器等，与环节动物的附肢疣足相比，有了重大进步。

2．具几丁质的外骨骼

节肢动物体壁较坚硬，起着相当于骨骼的支撑作用，故称其为外骨骼。外骨骼由上皮细胞分泌，主要由几丁质成分构成，其功能是提供肌肉的支撑点，但其伸展性有一定限度，会限制身体的生长，因此，节肢动物有蜕皮现象。

3．具有发达的横纹肌

节肢动物门以前的动物肌肉都是平滑肌，从节肢动物开始形成横纹肌，肌肉与体壁之间不形成连续的肌肉层，而形成分离的肌肉束，具有高度发达的运动机能。

4．呼吸系统多样性

呼吸器官形式多样，不同类群有不同的呼吸系统。

（1）体壁：低等的小型甲壳动物依靠体壁进行呼吸，如水蚤。

（2）鳃：鳃是水生节肢动物（甲壳类）在足的基部由体壁向外突起的薄膜状结构，充满毛细血管，如虾、蟹等。

（3）书鳃：由足基部体壁向外突起折叠成书页状，有血管分布。为水生种类鲎的呼吸器官。

（4）书肺：由体壁向内凹陷折叠成书页状，为陆生的节肢动物蜘蛛、蝎的呼吸器官。

（5）气管：由体壁内陷形成分支的管状结构，为陆生节肢动物马陆、蝗虫等的呼吸器官。气管上无毛细血管分布，直接将氧气输送到呼吸组织。

5．具混合体腔和开管式循环系统

（1）混合体腔：节肢动物真体腔在发育中退化为生殖管腔、排泄管腔和围心腔。进一步发育，围心腔壁消失与初生体腔混合形成混合体腔（mixocoel），混合体腔内充满血液，也称作血腔。

（2）开管式循环系统：血液从心脏的心室流经动脉、血腔（混合体腔／血窦）、静脉，最后回到心脏；心脏能自主搏动，血流具有一定方向。

6．排泄器官

（1）排泄腺：与后肾管类型排泄器官同源，一般为囊状，一端是排泄孔，开口于体表，与外界相通，另一端是盲端，相当于残留的体腔囊与体管。例如，甲壳类的触角腺（绿腺）、颚腺（壳腺）、蛛形纲的基节腺。含氮废物经渗透进入腺体过滤后经排泄孔排出体外。

（2）马氏管：马氏管是由消化道中、后肠交界处的肠壁向外突起形成的细长的盲管状结构，它直接浸浴在血腔中，收集血淋巴中的代谢废物，含氮废物以可溶性盐的形式进入马氏管腔，再以尿酸结晶析出，送入后肠，随粪便经肛门排出体外。多足纲、昆虫纲和部分蜘蛛纲动物以马氏管为排泄器官。

7. 神经系统

感觉器官发达，具链状神经系统，形成较发达的脑、眼、触角。眼分单眼（感光）和复眼（视觉），触角负责触觉、嗅觉、味觉。

8. 部分具变态现象

（1）完全变态：幼体与成体的形态结构和生活习性差异很大，发育过程经历卵、幼虫、蛹、成虫四个时期，如蚊、蝇、蚕、金龟子。

（2）不完全变态：个体发育过程中经历卵、幼虫、成虫三个阶段，无蛹期，包括半变态、渐变态、无变态 3 种类型。

（3）半变态：个体发育过程中经历卵、稚虫、成虫三个阶段，稚虫与成虫的形态、生活习性均不同，如蜻蜓。

（4）渐变态：幼体与成体的形态结构和生活习性非常相似，但各方面未发育成熟，发育经历卵、若虫、成虫三个时期，若虫与成虫的形态、生活习性均相似，只是翅未长成，生殖器官未成熟，如蝗虫、蟋蟀等。

（5）无变态：也有节肢动物卵孵化后就是成虫，只是略小，如衣鱼。

6.8.2　节肢动物门主要资源动物及利用价值

1. 节肢动物主要门类及其特征

节肢动物是地球上最成功的类群，其种类众多，约 126 万种，占动物界种类的 84%。节肢动物数量庞大，适应性强，各种环境都有节肢动物的身影，与人类生活关系密切。

按照体制，节肢动物可分为 15 个纲，常见的包括肢口纲、蛛形纲、甲壳纲、昆虫纲、多足纲。

（1）肢口纲（Merostomata），身体分为头胸部和腹部；尾部末节延长为尾剑；无触角，具头胸甲；头胸部有一对螯肢和脚须；4 对步足，足围口而生；以书鳃为呼吸器官，如鲎。

（2）蛛形纲（Arachnida），身体分为头胸部和腹部；无触角和复眼；头胸部第 1、2 对附肢为螯肢和脚须，具 4 对足；用书肺和气管呼吸，如红蜘蛛、蜘蛛、蝎子等。

（3）甲壳纲（Crustacea），水生，虫体分头胸部和腹部，头胸上覆盖着坚硬的头胸甲，每体节几乎都有 1 对附肢，头上有大、小触角 2 对，基部有颚腺或触角腺，具复眼、大颚 1 对，小颚 2 对，至少有 5 对行走足，以鳃呼吸，如蟹、虾等。

（4）多足纲（Myriopoda），蠕虫形陆生节肢动物，头有一对触角和多个单眼，躯干每节有 1～2 对附肢，如蜈蚣，常栖息于阴暗潮湿的环境，其毒液常入中药。

（5）昆虫纲（Insecta），身体分为头、胸、腹三部分，具 1 对触角，胸部有 3 对足，大多有 2 对翅，腹部附肢退化，如蜻蜓、蜜蜂等。

2．节肢动物主要食用种类及其营养价值

节肢动物中可食用种类众多，最多的是甲壳纲，其次是昆虫纲，其他类群也有可食用种类。

1）甲壳纲（Crustacea）　本纲可食用种类最多，按类别可分为蟹、大龙虾、小龙虾、小虾、大虾等。以上 5 类也可以粗分为虾、龙虾、蟹。虾主要依靠游泳运动，触须长，头胸甲圆柱形，步足不发达，游泳足发达，腹部肌肉发达；龙虾结构与虾类似，触须较长，头胸甲圆柱形，步足发达，依靠行走运动，具螯的龙虾一般螯肢发达，刺龙虾螯肢不发达，游泳足有或无，腹部肌肉发达；蟹触须短，头胸甲宽扁平，步足发达，依靠行走运动（横行），螯肢发达，尾部短，具游泳足，但主要用来交配繁殖，并非用来游泳。

（1）蟹（crab）（图 6.5）：为甲壳纲，十足目，短尾次目的节肢动物，食用尤指短尾族的种类（真蟹）为多，分布海洋、河流及陆地。蟹的尾卷曲于胸部下方，背甲常宽阔，第一对胸足特化为螯足，通常以步行或爬行的方式移动，多数蟹具有横行步态。梭子蟹科的种类及其他一些类型用扁平桨状的附肢游泳。我国蟹的资源十分丰富，种类有 600 种左右，基本上都可食用。代表种类：中华绒钳蟹［大闸蟹（*Eriocheir sinensis*）］；锯缘青蟹（*Scylla serrata*），石蟹 /东方溪蟹（*Potamon orientale*）；蛙蟹（*Ranina ranina*）；三疣梭子蟹（*Portunus trituberculatus*）、日本的巨蟹 / 巨螯蟹（*Macrocheira kaempferi*）、巨大拟滨蟹 / 塔斯马尼亚蟹 / 巨伪蟹 / 皇帝蟹 / 澳洲皇帝蟹（*Pseudocarcinus gigas*），此外，还有帝王蟹，又名石蟹或岩蟹，属石蟹科，主要分布在寒冷的海域，因其体型巨大而得名，素有"蟹中之王"的美誉。帝王蟹属于深海蟹类，生存深度达 850m 之深，生存水温在 2～5℃，如堪察加拟石蟹（*Paralithodes camtschaticus*）。

中华绒钳蟹　　　　　　　三疣梭子蟹

图 6.5　节肢动物门甲壳纲蟹类

蟹占节肢动物捕捞、养殖和消费总量的 20% 左右，每年消费总量达到 150 万吨，三疣梭子蟹的消费量占到 1/5 左右，远海梭子蟹 / 花蟹（*Portunus pelagicus*）的消费量也较高；蓝蟹（*Callinectes sapidus*）、普通黄道蟹（*Cancer pagurus*）、首长黄道蟹 / 邓杰内斯蟹（*Metacarcinus magister*）、锯缘青蟹等品种每年产量也有 2 万吨左右。中国主要消费的品种是中华绒钳蟹，又称大闸蟹、长江蟹、河蟹、毛蟹、清水蟹，口感极其鲜美。中华绒钳蟹广泛分布于长江、瓯江、辽河等水系，其中以长江水系产量最大。大闸蟹每年产量在 80 万吨左右。日本的巨蟹 / 巨螯蟹、塔斯马尼亚蟹 / 巨伪蟹是已知最大的甲壳动物。前者步足伸展后，两侧步足尖端之间的宽度几乎达 4m；皇帝蟹重量可达 9kg 以上，其螯足短，强壮，产于澳大利亚塔斯马尼亚岛，是现存蟹类中体重最大的一种，多膏多肉，蟹肉结实，味道鲜美。

蟹的可食用部分主要为肌肉、肝脏和性腺（雌蟹的蟹黄、雄蟹的蟹膏），这三部分占体重的 38% 左右，每 100g 大闸蟹可食部分含蛋白质 17.5g，脂肪 2.8g，磷 182mg，钙 126mg，铁 2.8mg，每 100g 蟹膏中含有胆固醇 466mg，每 100g 蟹肉中含有胆固醇 65mg。美国心脏学会建议每人每日进食的胆固醇不应超过 300mg，就健康人来说，每次吃一只大闸蟹就够了。蟹黄与蟹膏中的粗蛋白含量分别约为 29% 和 10%，粗脂肪分别约为 44% 和 34%，蟹黄还含有许多的必需氨基酸。

蟹类菜肴有清蒸、清炒、炖、蟹肉汤、浇汁蟹、香辣蟹、蟹饼（含有蟹肉）、蟹汁冰淇淋、蟹黄豆腐等。梭子蟹可鲜食，或蒸、或煎、或炒，或一切两半炖豆瓣酱，或用蟹炒年糕、炒咸菜、煮豆腐，是沿海一带居民餐桌上的家常菜。亦可腌食，即将新鲜梭子蟹投入盐卤中浸泡，数日后即可食用，俗称"新风抢蟹"。过去，渔民因梭子蟹产量高，常挑选膏满活蟹，将黄剥入碗中，风吹日晒令其凝固，即成"蟹黄饼"，风味特佳，但现今产量少，一般人难尝此味。

（2）大龙虾（lobster）：主要是指甲壳纲，十足目，海螯虾科（Nephropidae），通常也包括螯龙虾科（Homaridae）、龙虾科（Palinuridae）、蝉虾科（Scyllaridae）和多螯龙虾科（Polychelidae）中的种类。龙虾一般生活于海洋，常底栖于海底裂缝或洞穴内，体型较大，最大的龙虾长 66cm，重 8kg。龙虾一般呈圆筒状，具有肌肉质的尾，胸部有步足 5 对，通常第 1~3 对步足末端呈螯状（钳状），第 4~5 对步足末端呈爪状，其中第 1 对特别强大、坚厚，故龙虾又称螯虾，也有缺少钳子（pincer）的，如刺龙虾。

有重要经济价值的龙虾包括以下几种。

a. 纽澳多刺岩龙虾（*Jasus edwardsii*）（图 6.6），英文名 southern rock lobster，red rock lobster，spiny rock lobster，属于龙虾科，产于南大洋澳大利亚、新西兰海岸，体长可达 58cm（雄性）和 43cm（雌性）。与龙虾相比，它们的第一步行足缺少钳子，肉可烹制食用。

b. 美洲螯龙虾（*Homarus americanus*），亦称 American lobster，属于海螯虾科，产于北美洲大西洋沿岸，体长可达 64cm，体重可达到 20kg，是最重的甲壳纲动物，也是最重的节

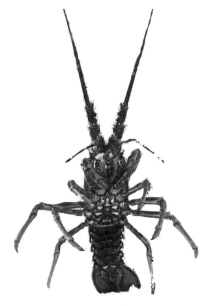

图 6.6　节肢动物门甲壳纲纽澳多刺岩龙虾（自曹建国）

肢动物，第一步行足具有发达的钳子。美洲螯龙虾是很受欢迎的海鲜，煮、蒸后即可食用。

c. 挪威龙虾（*Nephrops norvegicus*），亦称 Norway lobster、Dublin Bay prawn，属于海螯虾科，是海螯虾属唯一现存的种，也是一种较为纤细的龙虾，长达25cm，分布于东北大西洋、地中海，是欧洲重要的商业甲壳纲动物，常常以活龙虾的形式市售。

d. 欧洲龙虾（*Homarus gammarus*），亦称欧洲螯龙虾，European lobster，活体呈蓝色，见于欧洲大西洋沿岸和地中海岩石质的海底，体长可达 60cm，体重可达到 6kg。

e. 中国龙虾（*Panulirus stimpsoni*），龙虾科（Palinuridae）龙虾属（*Panulirus*），体长可达 30cm，头胸甲背面密布大小不同的棘。腹部第 2 至第 6 节背面左右各有一较宽的横凹陷，其中密布短毛。体呈橄榄绿或绿中带褐色，腹部背甲上带有白色小点，为中国特有种，分布于中国南海和东海南部近岸海区，栖息于几米、十几米深的岩礁缝隙、石堆和珊瑚丛中。昼伏夜出，杂食性，多以小型双壳贝类、多毛类、小蟹、藤壶等底栖生物为食，可用小鱼作饵诱捕。肉味鲜美、营养丰富、市场售价高，具有很高的经济价值，而且中国龙虾有很高的食疗作用。中国龙虾肉味甘咸、清嫩爽口、性温，具有滋阴补肾之功效，是名贵海产品，市场需求量大。每 100g可食部分含水分 76g、蛋白质 19.37g、脂肪 1.60g、碳水化合物 0.7g、灰分 1.8g、钙41.95mg、磷 266.1mg，还含有维生素 B_1、维生素 B_2、烟酸等成分。

可食用的还有：日本龙虾（*Panulirus japonicus*）、东方扁虾（*Thenus orientalis*）、南极岩礁扇虾（*Parribacus antarcticus*）等。

（3）小龙虾（crayfish）：主要是指甲壳纲十足目，通常指淡水生的龙虾，包括两个超科，螯虾总科 / 河虾科（Astacoidea）分布在北半球，以及拟螯虾总科（Parastacoidea）分布在南半球南美洲。螯虾总科包括螯虾科（Astacidae）和蝲蛄科（Cambaridae）。

有重要经济价值的小龙虾包括以下几种。

a. 克氏原螯虾（*Procambarus clarkii*）（图 6.7），蝲蛄科原螯虾属，亦称红螯虾，淡水小龙虾，是我们常食用的小龙虾，成体呈圆筒状，长 6～12cm，暗红色，甲壳坚厚，近黑色。胸部有步足 5 对，前 3 对步足末端具螯（呈钳状），第 4～5 对步足末端呈爪状。第 1 对螯足特别强大有力，雄性的螯足更强。腹部（肌肉尾）具有游泳足 5 对，雄虾腹部第 1、2 对游泳肢特化为交配足。小龙虾为杂食性动物，以水草、藻类、水生昆虫等为食，食物匮缺时亦自相残杀。小龙虾因肉味鲜美广受人们欢迎。从 20 世纪 90 年代开始，我国产量占整个龙虾产量的 70%～80%。小龙虾原产于北美，后传入日本，20 世纪 30 年代由日本传入我国，因其肉质细嫩，味道鲜美而备受人们的青睐，目前养殖的规模也是逐年扩大。

b. 欧洲小龙虾（*Astacus astacus*），亦称贵族龙虾或宽指龙虾，是欧洲常见种，也是传统美食。欧洲小龙虾是严格的淡水种，生于清洁的溪流、河流和湖泊，法

图 6.7 节肢动物门甲壳纲克氏原螯虾（自曹建国）

国、中欧和巴尔干半岛均产，雄性身长 16cm，雌性为 12cm。

其他可食用的种类包括：*Orconectes virilis*、*Paranephrops planifrons*、*Paranephrops zealandicus*，以及信号小龙虾（*Pacifastacus leniusculus*），其螯足钳子部位有白色至蓝绿色补丁，就像信号旗，故称信号小龙虾。

（4）虾类（shrimp/prawn）：主要是指甲壳纲，十足目，常说的虾主要指身体较长，主要靠游泳运动的种类。关于 shrimp 和 prawn 两个词，没有严格的科学定义，在英文文章中也常发生混用的情况，界限不清。英国和英联邦用 prawn 多一些，但在日常使用中，prawn 多用来指大虾，或有商业意义的种类，shrimp 多用来指小虾、虾米。

a. 对虾（*Penaeus orientalis*）（图 6.8）：学名东方对虾，又称中国对虾、中国明对虾。甲壳纲，十足目，对虾科，过去为对虾属（*Penaeus*），也有归为明对虾属（*Fenneropenaeus*）。个体大，通称大虾，雌性成长个体体长一般 16~22cm，重 50~80g，最大的可达 30cm，重 250g；雄性较小，体长 13~18cm，重 30~50g。对虾为广温广盐性海产种类。对虾左右侧扁，身体可分为头胸部和腹部，共有 21 节构成。除最前和最后一节外，各节皆具一对附肢。头部有附肢 5 对，第 1 对为短触角，具有嗅觉、触觉、平衡身体的功能；第 2 对为长触角，具有感觉和控制运动方向作用；第 3 对为 1 对大颚，第 4~5 对为 2 对小颚，具有切碎和咀嚼食物作用。胸部附肢 8 对，前 3 对成为颚足，是构成口器的　部分，具有抱持食物入口、协助游泳的作用；其余 5 对为

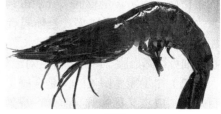

东方对虾　　　　　　　　　　　　　　　草虾

图 6.8 节肢动物门甲壳纲虾类（自曹建国）

步足，前3对步足的末端均为钳状，以第3对步足为最长，后2对末端成为爪状，步行足具有捕食、爬行的作用。腹部游泳足5对，雄性第一对为交配足，较其他游泳足发达。最后为尾肢，短粗，与腹部第7节末端甚尖的尾节合为尾扇。

b. 河虾（*Macrobranchium nipponense*）：又称青虾，学名叫日本沼虾，是淡水虾，广泛分布于我国江河、湖泊和池塘。体长1.5～3cm，身体由头胸部和腹部两部分构成，由20个体节组成，头部5节，胸部8节，腹部7节。有步足5对，其前2对呈钳形，后3对呈爪状。

除了上述两个代表种外，可食用的虾种类繁多，包括：日本对虾（*Penaeus japonicus*）（常称竹节虾，俗称车虾、花虾、斑节虾、花尾虾）、草虾（*P. monodon*）（即斑节对虾，又称黑壳虾、大虎虾，喜欢栖息于水草场所）（图6.8）、长毛对虾（*P. penicillatus*）、墨吉对虾（*P. merguiensis*）（香蕉虾）、短沟对虾（*P. semisulcatus*）（又称黑节虾、花虾、丰虾、花脚虾、竹节虾、熊虾，联合国粮食及农业组织通称缘虎虾）、新对虾属的刀额新对虾（*Metapenaeus ensis*）（俗称基围虾、沙虾）、日本囊对虾（*Mersupenaeus japonicus*）（亦称日本对虾、竹节虾、斑竹虾、车虾）。

其他食用甲壳动物：虾爬子（*Oratosquilla oratoria*），学名虾蛄，别名又称螳螂虾、琵琶虾、蝲蛄虾、皮皮虾等，是甲壳纲口足目虾姑科口虾姑属动物。虾爬子躯体扁平状，长约15cm，宽2～4cm。它的胸部长着一对好似螳螂一样的大刀腿。磷虾（krill）产量大，是主要的蛋白质来源，含有Ω-3脂肪酸，可作为牲畜的饲料、宠物的食物。

2）昆虫纲（Insecta）　　中国"食用昆虫"的记载最早见于3000多年前的《周礼·天官》和《礼记·内则》。当时记载"蚁子酱、蝉和蜂"三种昆虫作为贡品贡奉给皇族和达官贵人。世界上的许多国家和地区都有食用昆虫的习惯，如墨西哥、哥伦比亚、日本、泰国、德国、澳大利亚、扎伊尔、乌干达等。据不完全统计，中国有可食用昆虫11目54科170多种。昆虫种类丰富，约占地球总生物物种的一半，食物转化率高，繁殖速度快。而从营养价值来说，其蛋白质含量丰富，氨基酸组成合理，又具有多种功能因子，是极具食品开发价值的重要资源。经常可以吃到的昆虫纲动物包括蚕蛹、蜂蛹、知了猴、竹虫、柴虫等。部分种类已经商业化养殖。昆虫纲可食用的种类主要有以下几种。

（1）蚕蛹（图6.9），是家蚕（*Bombyx mori*）的蛹，也叫小蜂儿，蚕蛹含有丰富的蛋白质，脂肪含量较低，分别占其干重的69%和9%，脂肪中不饱和脂肪酸的含量为77%。氨基酸种类多，是体弱者、病人、老人及产后妇女的高级营养补品。食用蚕蛹可有效提高人体内白细胞水平，从而提高人体免疫功能，延缓人体机能衰老。蚕蛹油可以降血脂、降胆固醇，对治疗高胆固醇血症和改善肝功能有显著作用。

（2）知了猴（图6.9），是金蝉（*Cyptotympana atrata*）的若虫，属昆虫纲同翅目蝉科，成虫又称炸蝉、黑蝉，成熟若虫俗称爬拉猴、知了龟、知了猴、爬炸等。蝉若虫营养物质丰富，干基蛋白质含量在71%以上，脂肪约10%，维生素及各种有益微量元素均高于一般肉类食品，可称其为当今食品中的蛋白王。知了猴有益精

蚕蛹　　　　　　　　　　　　　　知了猴

图 6.9　节肢动物门昆虫纲的食用种类（知了猴自吴波、曹建国）

壮阳、止咳生津、保肺益肾、抗菌降压等作用。

（3）蜂蛹（bee pupa），蜂蛹一般指昆虫纲膜翅目蜜蜂科、胡蜂科等的蜜蜂、胡蜂、黄蜂、黑蜂、土蜂等野蜂的蛹和幼虫。蜂王在蜂房产的卵，孵化成幼虫，经过 7 天的生长发育进入蛹期，即为蜂蛹，主要包括工蜂蛹和雄蜂蛹，作为商品的主要为雄蜂蛹。蜂蛹干物质中含蛋白质约 46%、脂肪 26%、碳水化合物 20%、灰分 4.5%、总糖 0.73%、几丁质 4.37%、黄酮类化合物 45mg/100g。食用蜂蛹能增进食欲，改善睡眠，增强体质，抑制妇女更年期潮热症的发生。

（4）竹虫（bee pupa），又名竹蛆，属鳞翅目螟蛾科禾草螟属昆虫竹蠹螟（*Chilo fuscidentalis*）。Singtripop 等通过研究认为竹虫为野蠹螟属的 *Omphisa fuscidentalis* 种。国内主要分布于云南南部的西双版纳州、德宏州等地区，是云南当地少数民族传统美食。竹虫在泰国北部、老挝、缅甸等国家，以及我国云南都是食用昆虫。竹虫营养丰富，每 100g 鲜虫含蛋白质 10g，脂肪 21g，糖分 2.4g，还含有维生素 B_1、维生素 B_2、烟酸、维生素 C、维生素 E 等多种维生素。

3）蛛形纲（Arachnida）　蛛形纲可食用的种类以蝎子为代表。

蝎子（scorpion），是蛛形纲蝎子目（Scorpiones）中的一些用以入药、泡酒的种类，如东亚钳蝎（*Mesobuthus martensii*）对风湿类疾病有较好的治疗效果，东亚钳蝎数量最多，分布最广，遍布我国 10 余省。其他蝎子还有西藏琵蝎（*Scorpiops tibetanus*）、条斑钳蝎（*Mesobuthus eupeus*）。目前，市场上的蝎子主要依靠养殖供应，一方面是为了满足药材市场的需要，另一方面也越来越多用于食用，自 20 世纪 80 年代中期以后，大量全蝎产品是作为食品和保健滋补品来消费的。

6.9　棘 皮 动 物

6.9.1　棘皮动物门的主要特征

棘皮动物门（Echinodermata）的主要特征如下。

（1）形态：身体表面具有棘和刺。

（2）体制在发育过程中发生根本性改变，棘皮动物幼体两侧对称，但成体为辐射对称（多数为五辐射对称），这种辐射对称属于次生性辐射对称。

（3）骨骼：棘皮动物进化上首次产生了内骨骼，这与脊椎动物相同，都是由中胚层产生，内骨骼呈小骨片状，位于皮下，埋在组织内部，故为内骨骼。

（4）水管系统：棘皮动物进化上另一个新产生的结构是水管系统，能帮助运动。这个充满液体的水管系统是由环管（ring canal）、辐管（radial canal）和侧管（lateral canal）构成。辐管沿途向两侧伸出成对的侧管，左右交替排列。侧管末端膨大，穿过腕骨片向内进入体腔形成坛囊（ampulla）。坛囊的末端成为管足进入步带沟内。当坛囊收缩时，它与侧管交界处的瓣膜关闭，囊内的液体进入管足，管足延伸，与地面接触，管足末端的吸盘产生真空以附着地面。当管足的肌肉收缩时，管足缩短，液体又流回坛囊。棘皮动物就是这样靠管足的协调收缩以完成运动，而水管系统的其他部分可能仅用以维持管内的压力平衡。

（5）消化系统：可分成两类，一类是囊状的，囊状的消化管有的没有肛门，如蛇尾；有的有肛门而不用，如海盘车，消化后的残渣仍由口吐出来。另一类是管状的消化管，比较长，一般在体内盘曲着，有肛门。口附近有收集食物的器官，如海参的触手。

（6）神经系统没有神经节和中枢神经系统。

（7）以内陷法形成原肠胚，以腔肠法形成中胚层和真体腔。

（8）后口动物：后口动物的口在原肠孔（原口）相对的一端形成，称为后口。棘皮动物和脊索动物都是后口动物。

在演化地位上，棘皮动物属于无脊索动物，是最原始的后口动物，但其与脊索动物有很多的相似之处，如后口、内骨骼，说明脊索动物是从无脊椎动物进化来的。

6.9.2　棘皮动物门主要资源动物及利用价值

1．棘皮动物主要门类及其特征

棘皮动物可分为海星纲、蛇尾纲、海胆纲、海参纲、海百合纲5个纲，约有5900种，全为海产，且大多营固着生活。

（1）海星纲（Asteroidea），具有5个腕，口在下方，具步带沟、管足和吸盘。

（2）蛇尾纲（Ophiuroidea），5个腕，与体盘区分明显，细而多棘，有的有分枝，易脱落，但能再生，体盘小，口在腹面，无肛门。

（3）海胆纲（Echinoidea），球形、盘形或心形，无腕，内骨骼互相愈合，形成一个坚固的壳，多数种类口内具复杂的咀嚼器，其上具齿，可咀嚼食物，以藻类、水螅、蠕虫为食。

（4）海参纲（Holothuroidea），长筒形，呈蠕虫或腊肠形，无腕，5条肌肉带，无棘或五叉棘。一端为口，另一端为肛门。

（5）海百合纲（Crinoidea），成体以柄固着于海底而生活。柄上有鳞茎状的身体和羽状分枝形似蕨叶的触手（腕），整个动物外形似植物。

2．棘皮动物主要食用种类及其营养价值

在棘皮动物中，海参纲的 20 多种海参可食用，中国是海参的消费大国。海胆卵也是比较高级的食品。

（1）刺海参（*Apostichopus japonicus*）（图 6.10），是我国的主要养殖种，体长 20～40cm，柔软，呈圆筒形，黑褐色或黄褐色。背面隆起，有 4～6 个大小不等排列不规则的圆锥形肉刺。腹面平坦，有 3 列管足，口端有 20 条触手。体壁内骨骼退化成微小骨片。喜生活于海底岩石下，或藻类丛间栖息，做迟缓运动，有夏眠习性，水温过高或混浊时，常自肛门排出内脏，如环境适宜，2 个月左右能再生。中国北方大连、山东沿海多产，为名贵海珍品。现已开展人工养殖。鲜刺海参含水量 94%，粗蛋白占干重的 62%，总糖占干重的 8%，脂肪占干重的 1.2%。刺海参的吞咽度和润滑感较好。

刺海参　　　　　　　　　　　　　　刺海参（干品）

图 6.10　刺海参（自曹建国）

（2）糙海参（*Holothuria scabra*），俗名明玉参、沙参、白参，糙海参属热带海参，在我国主要产于西沙、南沙和海南岛及广东徐闻一带，近几年在东南亚许多国家也开始养殖。鲜糙海参含水量 81%，粗蛋白占干重的 81%，总糖占干重的 2.2%，脂肪占干重的 1.4%。南方糙海参具有更好的弹性和咀嚼性。这可能与它含有较多的胶原蛋白有关。

（3）海胆（sea urchin），可食用型经济海胆主要为光棘球海胆（*Strongylocentrotus nudus*）和马粪海胆（*Hemicentrotus pulcherrimus*）。海胆性腺俗称海胆黄，是海胆重要的可食部分，其味道鲜美，营养丰富，具有较高的食用价值和药用功能。海胆蛋白质由 17 种氨基酸组成，富含不饱和脂肪酸和磷脂，矿物元素钙、磷等的含量极为丰富，海胆黄还含有较多的维生素 A、维生素 D 及其他多种矿物质。中医认为，海胆黄有强精、壮阳、益心、强骨、补血的功效。海胆的吃法多种多样，不论是新鲜海胆黄或是经过加工的任何系列品种，都可用于清蒸，煎炒、冷盘或烹调成汤等。

7.1 脊索动物和脊椎动物简介

扫码见
本章彩图

7.1.1 脊索动物门的基本特征

脊索动物主要特征包括具有脊索、背神经管、咽鳃裂，此外，脊索动物具有肛后尾，心脏位于消化道腹面，为闭管式循环，有后口等特征，这些与无脊椎动物不同（图7.1）。

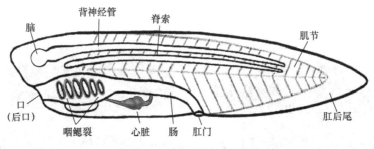

图 7.1　脊索动物解剖简图

1. 具有脊索

脊索是纵贯动物躯体背部，起支持作用的一条棒状结构，位于消化管背面，神经管腹面，并与二者平行。脊索由柔软而富有弹性的结缔组织组成，脊索细胞内充满半液态的胞质，外面包有细胞膜。脊索外有两层鞘膜组成脊索鞘，里层是纤维组织鞘，外层是弹力纤维鞘。低等脊索动物大多终生保留脊索，而高等脊索动物只在胚胎时期出现脊索，成体则为脊柱代替，称为脊椎动物。

2. 中空的背神经管

背神经管源于外胚层，是一条位于脊索背面的中空的管状神经索。神经管的前部膨大为脑，神经腔形成脑室，脑以后的神经管发育成为脊髓。

3. 有咽鳃裂

咽鳃裂在口的后方，是咽部两侧一系列成对的裂缝，与外界相通。在咽鳃裂上有许多毛细血管，有呼吸作用。咽鳃裂是水生脊索动物的呼吸器官，高等脊椎动物仅在胚胎时具有咽鳃裂。

7.1.2 脊索动物门的主要门类

脊索动物门约50 000种，可分为4个亚门：半索动物亚门、尾索动物亚门、头索动物亚门和脊椎动物亚门。前三个亚门为低等脊索动物，不出现脊椎，终生有脊索，都是小型海生动物，总称原索动物。

1. 半索动物亚门

半索动物亚门（Hemichordata），脊索不发达，为口腔背面伸出的一条短盲管，称为口索，是脊索的雏形，还不是真正的脊索，故被称为半索动物或隐索动物；在背神经索的前端有中空的管腔，是背神经管的雏形；口的后方有咽鳃裂。

该亚门代表动物柱头虫（balanoglossus）（图 7.2），身体呈蠕虫形，由吻（proboscis）、领（collar）和躯干（trunk）三部分组成。躯干部最长，前端为鳃裂区，末端为肛门。吻位于体前端，可伸缩，呈柱状，故名柱头虫。吻后为领，吻可缩入领内。吻和领的伸缩运动，可掘泥沙作穴。柱头虫为开管式循环，血液无色，背神经索和腹神经索组成神经系统。

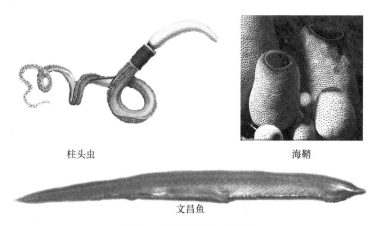

柱头虫　　　　　　　　　　　　　海鞘

文昌鱼

图 7.2　原索动物主要种类

柱头虫发现的意义：半索动物是联系无脊椎动物和脊椎动物进化的桥梁，胚胎发育、卵裂、体腔形成及幼虫类似棘皮动物；具有原始的脊索，成体具鳃裂，有神经索但没有形成背神经管，说明半脊索可能处于从无脊椎动物到脊椎动物演化的过渡阶段。

2. 尾索动物亚门

尾索动物亚门（Urochordata）幼体具有脊索、背神经管、咽鳃裂三大特征，但脊索仅限于尾部。自由生活的种类，脊索终生保存，而固着生活的种类，长成后脊索和尾部消失。

该亚门代表动物海鞘（sea squirt）（图 7.2），形如茶壶，壶口为入水孔，壶嘴即出水孔，躯体外被有植物纤维素的被囊，被囊内面为单层上皮细胞组成的体壁，体壁里面是围鳃腔，咽裂开口于围鳃腔内。

逆行变态：海鞘幼体形如蝌蚪，能自由游动，有发达的尾部，内有一条典型的脊索，脊索背方有一条中空的背神经管，咽部有成对的咽鳃裂，是典型的尾索动物。但幼体自由生活数小时后，将躯体前端吸附在其他物体上，尾部，包括肌肉、脊索和背神经管的大部分逐渐退化，残留的神经系统集中为神经节，眼点和平衡器消失，躯体被被囊所包裹，开始营固着生活。这种经变态后失去一些重要器官，使躯体变得更简单的变态方式称为逆行变态。

3. 头索动物亚门

头索动物亚门（Cephalochordata）终生保留脊索、背神经管和咽鳃裂三大特征，脊索纵贯全身，超过背神经管伸达躯体的最前端，故称为头索动物；中空的背神经管位于脊索之上，前端稍膨大形成脑泡。在咽的两侧有 7 对以上的咽鳃裂。

该亚门代表动物文昌鱼（图 7.2）（lancelet），产于我国厦门、烟台等地，长 4～5cm，两端尖，无偶鳍而有奇鳍，游泳能力差，半栖息于沙中。

头索动物在动物系统进化上占有十分重要的位置，是典型的桥梁动物：头索动物产生了肌节、有奇鳍、肛后尾、闭管式循环系统，其胚胎发育和三个胚层的分化也与脊椎动物相似，但头索动物无头、无骨骼、无心脏、排泄器官为肾管，又比脊椎动物原始。

4. 脊椎动物亚门

脊椎动物亚门（Vertebrata）的主要特征如下。

（1）以脊柱代替脊索，脊柱由一块块脊椎骨组成，每一个脊椎骨都有一个中空的孔，各个椎骨相连接成为脊柱，中空的孔成为椎管，其内为神经索。具有脊椎骨的动物称为脊椎动物。脊椎保护着背神经管（脊髓），在前端发展成为头颅保护脑。

（2）脊椎动物产生明显的头部，内有头颅和脑，脑是由背神经管在前端分化形成，分为大脑、间脑、中脑、小脑、延脑五部分。脑内具有高度发达和集中的神经系统，演化出嗅、视、听等集中的感觉器官。

（3）出现完善的口器，除圆口类外，均有上、下颌分化，强化了动物主动摄食和消化功能，并出现消化腺，如唾液腺、肝脏等。

（4）除圆口纲外，出现了成对的前后肢，包括鳍形肢，为水生种类所特有，如鱼的胸鳍、腹鳍；掌形肢为陆生种类的前后肢。成对附肢的出现，扩大了动物的运动能力和活动范围，提高了摄食、求偶、逃避敌害和躲避不良环境的能力。

（5）具有完善的循环系统，具有搏动能力的心脏，血液中开始出现红细胞，血液循环加快，效能提高。

（6）水生种类以鳃呼吸，陆生种类在胚胎期有咽鳃裂，成体以肺呼吸。

（7）具有一对结构复杂的肾脏，加强了排泄能力。有 3 种类型：前肾、中肾、后肾。

脊椎动物亚门约 40 000 多种，分为圆口纲、鱼类、两栖纲、爬行纲、鸟纲和哺乳纲 6 个纲。

7.2　圆　口　纲

7.2.1　圆口纲的主要特征

圆口纲的主要特征如下。

（1）无上、下颌，所以又称无颌类（agnatha），具吸附性的、不能开闭的口漏斗，是脊椎动物进化史中第一阶段的代表。

（2）没有成对的附肢，没有偶鳍，只有奇鳍，是脊椎动物中唯一没有成对附肢的动物。

（3）终生保留脊索，没有真正的脊椎骨，在脊索上方及神经管的两侧只有一些软骨小弧片，这是脊椎的雏形。脑的发达程度低。

7.2.2　圆口纲的主要资源动物及其利用价值

圆口纲约 70 多种，分属于 2 个目，七鳃鳗目（Petromyzoniformes）和盲鳗目（Myxiniformes）。圆口纲种类大都可以食用，但其数量少，长相怪异，有口无颌，较少登上人们餐桌。代表种如日本七鳃鳗（*Lampetra japonicus*），是体外寄生的种类，形如鳗鱼。头部两侧有一对眼睛，眼后有 7 个鳃孔，故称七鳃鳗。

7.3　鱼　　类

7.3.1　鱼类的主要特征

鱼类的主要特征如下。

（1）有上、下颌，使动物在取食方面由被动变主动，增强了摄食能力。

（2）有成对的附肢和发达的尾部。成对的附肢（偶鳍）包括胸鳍和腹鳍，其作用是保持躯体平衡和进行转向、拐弯等动作。鱼类还有奇鳍，包括背鳍、臀鳍和尾鳍。背鳍和臀鳍能使身体稳定而有利于运动。尾鳍和尾柄组成尾，鱼类尾部发达，其作用是使身体向前运动，并兼有舵的作用。

（3）以脊柱代替脊索，作为支持躯体中轴的脊索被一系列脊椎骨构成的脊柱所代替，从而加强了支持身体、保护脊髓的机能。

（4）终生以鳃呼吸，鱼用鳃进行呼吸，鳃呈丝状，里面布满毛细血管，当水流经过鱼鳃时，能用鱼鳃提取水中的氧气。

（5）循环系统为单循环，心脏由静脉窦、一心房、一心室组成，心脏内含缺氧血。

（6）具有特殊的感觉器官——侧线，侧线是由许多单独侧线器官组成的一条管状结构。侧线器官在鳞片上以小孔向外开口，基部与感觉神经相连，能感受水的低频振动，以此来判断水流方向、水波动态及周围环境的变化。

（7）皮肤有丰富的黏液腺，大多数种类有鳞片。

鱼类皮肤能分泌大量黏液，使体表润滑，以减少水的摩擦，形成一层隔离膜，使皮肤减少对水分的渗透，以维持体内渗透压的平衡。

鳞片可分成 3 类：①盾鳞，由菱形的骨质基板和隆起的圆锥形棘组成，为软骨鱼所特有；②硬鳞，为斜方形骨板，表面有一层闪光物硬鳞质，为原始硬骨鱼所特有，如中华鲟；③骨鳞：为圆形鳞片，根据其后缘的形状可分为圆鳞（后缘光滑，如鲫鱼）和栉鳞（后缘有锯齿状突起，如鲈鱼）。

（8）鱼类不能合成芳香族氨基酸，这些氨基酸必须从饮食中获得。

7.3.2　鱼类主要资源及其利用价值

从古到今，鱼类一直是人类的主要食物来源，公元前 3500 年中国就有养鱼活动的证据。现在鱼类养殖已经成为越来越重要的产业。人类约 1/6 的蛋白质是由鱼类提供的。

1. 鱼类的主要门类及其特征

近来的研究认为，鱼类在系统发育上不是单系的，因此，现代鱼类分类学上一般不用"鱼纲"一词，而常用"鱼类"一词。现代鱼类常分为 2 个纲，即软骨鱼纲和硬骨鱼纲。

（1）软骨鱼纲（Chondrichthyes），骨骼完全由软骨组成，椎体双凹型，有脊索残留，呈念珠状。上、下颌均有牙齿，成为捕食和攻击的武器。具有偶鳍、奇鳍、尾鳍，尾鳍多为歪尾型。鳃孔每侧 5～7 个，或鳃孔 1 对，被以皮膜。皮肤表面覆以楯鳞，其基底是一块骨质的板，内有髓腔与真皮相通，基板埋于皮肤内，上面是齿质的刺，向后倾斜，露于皮肤之外。软骨鱼无鳔，依靠肥大的肝调节身体比重。该纲又分为两个亚纲：①板鳃亚纲（Elasmobranchii），两鳃瓣之间的鳃间隔特别发达，甚至与体表相连，形成宽大的板状鳃，故名板鳃类，鳃裂 5～7 对，不具鳃盖。分为下孔总目（包括锯鳐目、鳐形目、鲼形目、电鳐目）和侧孔总目（鲨形总目）（包括六鳃鲨目、虎鲨目、鼠鲨目、须鲨目、真鲨目、角鲨目、扁鲨目、锯鲨目）。②全头亚纲（Holocephali），头大而侧扁，鳃裂 4 对，上颌骨与脑颅愈合，仅包括银鲛目。

（2）硬骨鱼纲（Osteichthyes），成体的骨骼大多为硬骨，无牙齿。具有偶鳍、奇鳍、尾鳍，尾鳍多为正尾型。鳃间隔退化，具鳃盖骨，因而鳃裂并不直接开口于体表。体表大多被圆鳞或栉鳞，两者都是骨质鳞，圆鳞的游离缘圆滑，栉鳞的游离缘成齿状；少数硬骨鱼被硬鳞，鳞片呈菱形，表面有一层闪光质。大多数有鳔，作为身体的比重调节器，借鳔内气体的改变以帮助调节身体的浮沉。分为两个亚纲。①肉鳍亚纲（Sarcopterygii）：肉鳍鱼类又称内鼻鱼类（Choanate），肺呼吸，具内鼻孔，双背鳍，齿鳞。偶鳍基部有较发达的肌肉及粗壮的骨骼，具原尾。该亚纲主要繁盛于泥盆纪，极少数属种残存至今。由该亚纲某些类群在泥盆纪时进化出两栖类，因此该亚纲在脊椎动物进化历史上占有极为重要的地位。该亚纲包括肺鱼目（Dipnoi）、总鳍鱼目（Crossopterygii）。②辐鳍亚纲（Actinopterygii）：

包括 90% 的现代鱼类，全世界有 20 000 多种，主要特征为鳞片为圆鳞或栉鳞；骨化程度高；鳃间隔消失；心脏不具动脉圆锥，有动脉球；肠内无螺旋瓣；正尾型。该亚纲包括硬鳞总目（Chondrostei）、鲱形总目（Clupeomorpha）、鳗鲡总目（Anguillomorpha）、骨舌总目（Osteoglosso）、鲤形总目（Cyprinomorpha）、银汉鱼总目（Atherinomorpha）、鲑鲈总目（Parapercomorpha）、鲈形总目（Percomorpha）、蟾鱼总目（Batrachoidomorpha）。

　　鱼类总计约 24 000 种，是脊椎动物中最大的类群，几乎分布于地球上所有水域。

　　2.　鱼类的主要食用种类及其营养特点

　　1）海产或海产洄游鱼类（图 7.3）

　　主要食用种类有如下几种。

　　（1）金枪鱼（tuna）。金枪鱼一般为鲭科，金枪鱼族（Thunnini），含 5 个属，15 种左右，与鲭、鲐、马鲛等近缘。主要种类有大西洋蓝鳍金枪鱼（Atlantic bluefin tuna, *Thunnus thynnus*）、长鳍金枪鱼（*T. alalunga*）、太平洋蓝鳍金枪鱼（*T. orientalis*）、黑鳍金枪鱼（*T. atlanticus*），巴鲣（*Euthynnus affinis*）、双鳍舵鲣/圆花鲣（*Auxis rochei*）。金枪鱼蛋白质含量约 20%，所含氨基酸齐全，人体所需 8 种氨

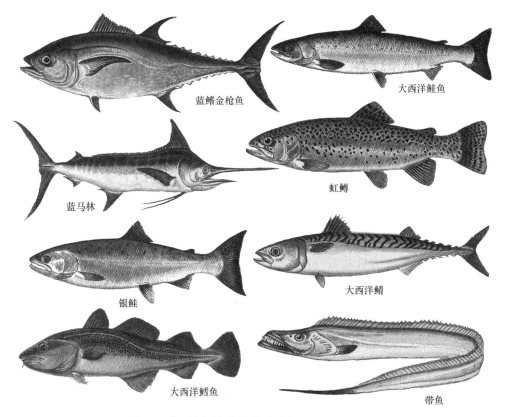

图 7.3　主要食用海产鱼类（引自 Schultz，2003）

基酸均有；脂肪含量很低，含有 EPA 等不饱和脂肪酸，还含有维生素，丰富的铁、钾、钙、镁、碘等多种矿物质和微量元素。

（2）马林鱼（marlin），属于硬骨鱼纲辐鳍亚纲旗鱼科（Istiophoridae），是大型海洋鱼类的俗称。体被小棱鳞，皮肤粗厚如皮革。上颌骨向前突出如枪头状，其侧缘钝圆，被称为"长嘴鱼"。背鳍 2 枚，第一背鳍由后头部直走尾部，状如帆，与小型的第二背鳍接近。臀鳍 2 枚，尾鳍大型深分叉，胸鳍呈镰刀状，尾柄每侧有 2 条隆起棱脊。广泛分布于热带与亚热带 200m 以内的上层水域。种类包括印度枪鱼（*Istiompax indica*）、大西洋蓝马林（*Makaira nigricans*）、印度太平洋蓝枪鱼（*Makaira mazara*）、白皮旗鱼（*Kajikia albida*）、条枪鱼（*Kajikia audax*）。马林鱼中蛋白质、DHA、EPA、钙、镁及维生素 D 等的营养成分含量丰富，鱼油含量也很高，是有较高食用价值的鱼类。

（3）三文鱼（salmon），原本指鲑属（*Salmo*）的大西洋鲑（*Salmo salar*），是一类洄游性鱼类。现在商家常把鲑鱼科太平洋鲑属／大麻哈鱼属（*Oncorhynchus*）的多种鱼也称为三文鱼，如大鳞大麻哈鱼（*Oncorhynchus tshawytscha*）（chinook salmon）、大麻哈鱼（*Oncorhynchus keta*）（chum salmon）、银鲑（*Oncorhynchus kisutch*）（coho salmon）、山女鳟（*Oncorhynchus masou*）（Masu salmon）（又称樱鳟）、细鳞大麻哈鱼（*Oncorhynchus gorbuscha*）（pink salmon）、红大麻哈鱼（*Oncorhynchus nerka*）（sockeye salmon）、麦奇钩吻鳟（*Oncorhynchus mykiss*）（又称虹鳟）。三文鱼红白相间的纹理特别明显，脂肪含量却比较高，它的肉色偏橙黄。三文鱼营养丰富，蛋白质含量约 55%，粗脂肪含量约 39%，富含不饱和脂肪酸，鱼肉中的蛋白质含有 18 种氨基酸。此外，三文鱼还富含多种矿物质（如钙、磷、铁、锰、锌、镁、铜等）。

（4）鳕鱼（cod），通常指鳕鱼科（Gadidae）的一些鱼类。真正的鳕鱼是指鳕属（*Gadus*）的鱼类，分为大西洋鳕鱼（*Gadus morhua*）、格陵兰鳕鱼（*Gadus ogac*）和太平洋鳕鱼（*Gadus macrocephalus*）。鳕鱼科有 50 多种，重要鱼种有黑线鳕（*Melanogrammus aeglefinus*）、蓝鳕（*Micromesistius poutassou*）、绿青鳕（*Pollachius virens*）、牙鳕（*Gadus merlangus*）等。主要分布于太平洋、大西洋北部大陆架海域，一般栖于近底层（水深 0～2740m），属冷水性底层鱼类，为北方沿海出产的海洋经济鱼类之一。鳕鱼是全世界年捕捞量最大的鱼类之一，具有重要的食用价值和经济价值。鳕鱼肉质白细鲜嫩，清口不腻，除鲜食外，还可加工成各种水产食品，鳕鱼肝大而且含油量高，富含维生素 A 和维生素 D，是提取鱼肝油的原料。

（5）马鲛鱼（mackerel），一般为鲭科鲭属（*Scomber*）、马鲛属（*Scomberomorus*）不同种类鱼的统称，大部分为近海生，中国主要产于东海、黄海和渤海，是我国北方海域的主要经济鱼种，且产量丰富。主要种类包括：鲭／大西洋鲭（*Scomber scombrus*）、日本鲭（*Scomber japonicus*）、花腹鲭／澳洲鲭（*Scomber australasicus*）、蓝点马鲛鱼（*Scomberomorus niphonius*）。马鲛鱼肉多刺少，肉质细嫩洁白，每 100g 鱼肉含蛋白质 19.1g、脂肪 2.5g，固醇含量低，富含 DHA，并含多种维生素等，糯软鲜爽，营养丰富，尾巴的味道特别好，物美价廉。

（6）鲱鱼（herring）。鲱鱼（*Clupea harengus*）全称为太平洋鲱鱼，又名海鳞鱼、青条鱼等，我国主要产于渤海和黄海。鲱鱼的肉质鲜嫩，富含脂肪，刺多，细小。它具有生长快，成熟早，产量较高，价格低廉，肉刺虽多但结合不紧密，容易加工剔除使之软化等特点。因而，鲱鱼是颇受人们喜食的一种海鱼。鲥鱼（*Tenualosa ilisha*）也是鲱科中重要的鱼类，鲥鱼与河豚、刀鱼齐名，素有"长江三鲜"之称。

（7）鲳鱼（herring），属于鲈形目鲳科，体短而高，体长约 20cm，极侧扁，略呈菱形。头较小，吻圆，口小，牙细。成鱼腹鳍消失，尾鳍分叉颇深。体银白色，上部微呈青灰色，以小鱼、水母、硅藻等为食。常见如金鲳鱼（*Trachinotus ovatus*）、灰鲳鱼（*Pampus argenteus*）等。鲳鱼含有多种营养，100g 鱼肉含蛋白质约 15g、脂肪 6.5g，还含有较丰富的钙、磷、硒、镁、铁等元素，含有丰富的不饱和脂肪酸，有降低胆固醇的功效。

（8）带鱼（cutlassfish 或 hairtail），一般指带鱼科（Trichiuridae）的种类，体形扁长如带，脊椎骨 100 以上，背鳍与臀鳍很长，并彼此连续，腹鳍退化或无，无尾鳍，牙齿锐长。中国有 2 属 4 种，分布在暖海域，是中国最重要的经济鱼类之一。主要种类包括：白带鱼（*Trichiurus lepturus*）、短带鱼 / 中国短尾带鱼（*Trichiurus brevis*）、南海带鱼（*Trichiurus nanhaiensis*）、沙带鱼（*Lepturacanthus savala*）、西非叉尾带鱼（*Lepidopus dubius*）、太平洋深海带鱼（*Benthodesmus pacificus*）等。每 100g 带鱼肉含蛋白质 19g、脂肪 7.4g、维生素 A、维生素 B_1、维生素 B_2 和烟酸、钙、磷、铁、碘等成分。带鱼性温，味甘，具有暖胃、泽肤、补气、养血、健美，以及强心补肾、舒筋活血、消炎化痰、清脑止泻、消除疲劳之功效。

（9）比目鱼（flatfish）。比目鱼又叫鲽鱼，是硬骨鱼纲鲽形目鱼类的统称。比目鱼体甚侧扁，呈长椭圆形、卵圆形或长舌形，成鱼身体左右不对称。大菱鲆（*Scophthalmus maximus*），即欧洲比目鱼，在中国又称多宝鱼，属菱鲆科（Scophthalmidae）菱鲆属（*Scophthalmus*），为海洋底栖鱼类，原产于欧洲大西洋海域，是世界公认的优质比目鱼之一。市售多为人工养殖，在适宜的条件下，当年可达 500～600g。其胶质蛋白含量高，味道鲜美，营养丰富，经常食用可以滋补健身，提高人体免疫力。此外，还有牙鲆（Bastard halibut）、舌鳎（Tongue sole）、格陵兰大比目鱼（*Reinhardtius hippoglossoides*）、黄尾鲽（*Limanda ferruginea*）。比目鱼类都属于深海鱼类，含有不饱和脂肪酸，肝脏含有较高的油脂，可以提炼鱼肝油。

（10）小黄鱼（small yellow croaker）（*Larimichthys polyactis*），又名小黄花鱼，硬骨鱼纲石首鱼科，又名小鲜、小黄瓜、黄鳞鱼、黄花鱼、小黄花等。体形似大黄鱼，但头较长，眼较小，鳞片较大，尾柄短而宽，背鳍起点至侧线间具 5～6 行鳞，金黄色，椎骨 28～30 块。冬季在深海越冬，春季向沿岸洄游，3～6 月间产卵，主要以糠虾、毛虾及小型鱼类为食，秋末返回深海。鳔能发声。中国产于东海、黄海、渤海，朝鲜半岛西海岸也有分布。为中国重要经济鱼类。供鲜食或制成咸干品。

（11）大黄鱼（small yellow croaker）（*Larimichthys crocea*），又名黄鱼、大王鱼、大鲜、大黄花鱼、红瓜、金龙、黄金龙等，我国传统"四大海产之一"，是我国近海主要经济鱼类。冬季在深海区，4～6 月向近海洄游产卵，产卵后分散在沿岸索饵，以鱼虾等为食，秋冬季又向深海区迁移。鳔能发声，渔民常借此估测鱼群的大小。分布于南海、东海和黄海南部。为中国重要的经济鱼类。供鲜食或制黄鱼鲞等。

2）淡水鱼类（图 7.4）

主要食用种类有如下几种。

（1）青鱼（*Mylopharyngodon piceus*），属鲤形目鲤科（Cyprinidae），又名黑鲩、螺蛳青、乌混、黑混、螺蛳混等。它是长江中、下游和沿江湖泊里的重要渔业资源，也是主要的养殖对象。青鱼与草鱼、鲢鱼、鳙鱼为我国淡水养殖的四大家鱼。青鱼可以捕食螺蛳、蚌、蚬、蛤等，亦捕食虾和昆虫幼虫。青鱼体较长，略呈圆筒形；腹部平圆，无腹棱，尾部稍侧扁；吻钝；上颌骨后端伸达眼前缘下方；鱼体青黑色，背部尤深；各鳍灰黑色，偶鳍更深些。青鱼含蛋白质 19.5%，脂肪5.2%，还有钙、磷、铁、维生素 B_1、维生素 B_2 和微量元素锌。

青鱼　　草鱼　　鲢鱼　　鳙鱼/花鲢　　鲫鱼　　鲤鱼

图 7.4　主要食用的淡水鱼类

（2）草鱼（*Ctenopharyngodon idellus*），属鲤形目鲤科（Cyprinidae），又名鲩、白鲩、草根、厚鱼、黑青鱼，为典型的草食性鱼类，分布在我国东部各大水系，为我国淡水养殖的四大家鱼之一。草鱼身体略呈圆筒形，头部稍平扁，尾部侧扁；口呈弧形，无须；上颌略长于下颌；头部平扁，尾部侧扁。背鳍和臀鳍均无硬刺；眼眶后的长度超过一半的头长。体呈浅茶黄色，背部青灰，腹部灰白，胸鳍、腹鳍略带灰黄，其他各鳍浅灰色，其体较长。草鱼含水分 80%，蛋白质约 20%，脂肪约 0.5%，并含有钙、镁、磷、钠、钾、铜、铁、锌、锰等元素。

（3）鲢鱼（*Hypophthalmichthys molitrix*），属鲤形目鲤科，又叫白鲢、水鲢、跳鲢、鲢子，以滤食性水体中的藻类为生，分布在中国东部各大水系，鲢鱼以水中的浮游植物为主要食饵。鲢鱼体形侧扁、稍高，呈纺锤形，背部青灰色，两侧及腹部白色；头较大，吻短，钝圆，口宽，眼睛位置很低。鳞片细小，侧线鳞 108～120 个。鲢鱼和鳙鱼外形相似，鲢鱼性急躁，善跳跃。含粗蛋白 15.7g，脂肪 1.9g，还含有钙、铁等微量元素。

（4）鳙鱼（*Aristichthys nobilis*），属鲤形目鲤科，又名花鲢、胖头鱼、包头鱼、大头鱼、黑鲢、麻鲢，我国特产，分布在我国东部各大水系，为我国淡水养殖的四大家鱼之一。和鲢鱼外形十分相似，但浑身黑纹（麻子），故称为"麻鲢"。鳙鱼含蛋白质、脂肪、灰分及钙、磷、铁、维生素 B_1、维生素 B_2、维生素 P 等。

（5）鲫鱼（*Carassius auratus*），属于鲤形目鲤科鲫属，又名鲫瓜子、鲋鱼、寒鲋、鲫壳、河鲫。鲫鱼在我国广泛分布，后被引入世界各地的淡水水域。鲫鱼体长 15～20cm，呈梭形，体高而侧扁；头短小，吻钝，无须，鳃耙长，鳃丝细长。鳞片大，侧线微弯，侧线鳞 32 个左右。背鳍、臀鳍第 3 根硬刺较强，后缘有锯齿。三、四月的鲫鱼肉厚而且鱼子多，肉质细嫩，每 100g 肉含粗蛋白 17g，脂肪 1.7g，并含有大量的钙、磷、铁等矿物质，为我国重要食用鱼类之一。

（6）鲤鱼（*Cyprinus carpio*），属于鲤形目鲤科鲤属，又名鲤拐子、鲤子。其最大特点是上腭两侧各有二须，也是中国神话里可以化龙的鱼种，原产亚洲，后被引入欧洲、北美及其他地区，现今在美国成为入侵物种。鲤鱼身体侧扁而腹部圆，口呈马蹄形，须 2 对；体侧金黄色，尾鳍下叶橙红色；背鳍基部较长，背鳍和臀鳍均有一根粗壮带锯齿的硬棘。鲤鱼可食用部分每 100g 含粗蛋白 17g 左右，脂肪 1.7g 左右。

（7）鳊鱼（*Parabramis pekinensis*），属于鲤形目鲤科鳊属，又名鳊、长身鳊、鳊花、油鳊，主要分布于中国长江中、下游附属中型湖泊，现在人工养殖也非常多。鳊鱼体高，侧扁，全体呈菱形，体长约 50cm，为体高的 2.2～2.8 倍；体背部青灰色，两侧银灰色，腹部银白；体侧鳞片基部灰白色，边缘灰黑色，形成灰白相间的条纹。每 100g 鲜肉含粗蛋白 18g，脂肪 2.6g。

（8）鳜（guì）鱼（*Siniperca chuatsi*），属于鲈形目真鲈科（Percichthyidae）鳜属，又名菊花鱼、鳜花鱼、桂花鱼、桂鱼、鳌鱼、脊花鱼、胖鳜、花鲫鱼、母猪壳等。鳜鱼分布于全国各主要水系，淡水湖泊中均有分布。体高侧扁，背隆起，头大，口裂略倾斜，两颌、犁骨均具绒毛状齿，上下颌前部的小齿呈犬齿状；体色棕黄，腹灰白，圆鳞甚细小；体侧有不规则暗棕色斑块、斑点。肉嫩无小刺，最多的做法是清蒸。

可以食用的淡水鱼还有很多种，如武昌鱼（*Megalobrama amblycephala*）、松江四鳃鲈鱼（*Trachidermus fasciatus*）、兴凯湖大白鱼（*Topmouth culter*）、鲶鱼（*Silurus asotus*）、黑鱼（*Channa argus*）、罗非鱼（*Oreochromis mossambicus*）、中华鲟（*Acipenser sinensis*）、河豚/红鳍东方鲀（*Takifugu rubripes*）等都是我国比较著名的鱼类。

7.4　两　栖　纲

两栖纲（Amphibian）之前的脊椎动物都是生活在水里的，自两栖类动物开始，脊椎动物开始侵入陆地，完成从水生到陆生的过渡，因此，两栖动物在动物进化过程中具有重要的意义。两栖动物是水陆的过渡类群，既保留水栖脊椎动物的特征，又出现了陆生脊椎动物特征。适应水生的特征：低等类群，仍生活于水中；高等类群，生殖在水中，幼体也在水中，无四肢，以鳃呼吸。适应陆地的特征：成体以肺呼吸，有四肢，能在陆地上行走。

7.4.1　脊椎动物完成水陆过渡须解决的问题

（1）水陆环境不同，水环境主要由水构成，其密度大，与动物密度相当，动物不需要解决支撑身体的问题；水比热大，温度相对恒定，有利于生物生存；但水中含氧量低，动物需要具备有效的交换氧气的能力，总的来讲，水环境更适合动物生存。

（2）陆地环境主要由空气构成，登陆生活的动物，其附肢首先要能够支撑身体，保障动物自由活动；呼吸方式要改变，以鳃呼吸要变为以肺呼吸；保水能力要加强，陆地干燥，水分易蒸发，动物表皮要具有防止水分蒸发的结构；陆地温度变化幅度大，动物要具有温度调控机制；受精卵的发育离不开水，因此，陆生动物必须产生适应陆地环境的繁殖方式。

7.4.2　两栖纲的主要特征

1．发育中有变态现象

两栖类动物在个体发育中有变态现象，其幼体为水生，以鳃呼吸，具侧线，无五趾型附肢，一心房、一心室，单循环，与鱼类相似；其成体为陆生，以肺呼吸，无侧线，具五趾型附肢，二心房、一心室，为不完全的双循环。

2．产生典型的五趾型附肢

两栖类产生了典型的五趾型附肢，前肢包括上臂、前臂、腕、掌和指5部分，其中掌骨和指骨的骨块数通常为5。五趾型附肢既稳定又灵活，是动物登陆成功的关键之一。

3．呼吸系统

两栖类动物成体产生了肺脏，尽管结构简单，仅有一对薄壁的囊状肺，内部结构呈蜂窝状，不具支气管，但却解决了陆地生活的呼吸矛盾。尽管有肺，皮肤和口腔黏膜仍是蛙类辅助呼吸的重要方式。两栖类由于没有胸廓，呼吸动作很特殊，为咽式呼吸。

咽式呼吸：吸气时，上、下颌紧闭，鼻孔外的瓣膜开放，口腔底部下降，空气由鼻孔进入口腔（吸入一口气）；然后瓣膜紧闭，口腔底部上升，将口腔内的空气压入肺内（咽下一口气）；呼气时，瓣膜重新开放，借助于肺壁的弹性收缩，肺内空气被压出体外（呼出一口气）。

4．循环系统

两栖类动物心脏已经进化出两个心房，心脏由静脉窦、二心房、一心室和动脉圆锥组成。两栖类心室的动脉圆锥产生了颈动脉、体动脉和肺动脉，其中肺动脉的血液经肺脏进行气体交换后再经肺静脉返回右心房，因此两栖动物既有体循环，又有肺循环，但由于心室不分隔，在心室中多氧血和缺氧血有混合现象，属于不完全的双循环。

5．皮肤裸露无鳞片

表皮内有丰富的皮肤腺，分泌黏液，使皮肤保持湿润。

6．开始出现中耳

能将声音传入内耳产生听觉。

7．生殖

雌雄异体，卵为胶质卵，这种卵必须生在水中，避免干燥。雌雄个体通过抱对方式将卵和精子排入水中，完成体外受精，因此，其受精作用离不开水。

7.4.3　两栖纲的主要资源动物及其利用价值

1．两栖类的主要门类及其特征

由于两栖类对陆地生活适应并不完善，导致其分布受到很大的局限，成为脊椎动物中种类数量最少，分布区最窄的类群，仅分布于淡水和潮湿环境中。两栖类约2800多种，我国200多种。通常分为3个目：①无尾目（Anura），种类最多的一类，成体无尾，具尾杆骨，有胸骨，无肋骨，四肢发达，善跳跃，如蛙、蟾蜍等。②有尾目（Urodela），终生存在长尾，发达，有分离的尾椎骨，有胸骨和肋骨，如中国大鲵、小鲵等。③无足目（Apoda）：原始，地下穴居，四肢退化，尾极短，有肋骨，无胸骨，如双带鱼螈。两栖纲大多为有益动物，可消灭农田害虫，部分养殖种类可以食用。

2．两栖类动物的主要食用种类及其营养特点

（1）石蛙（*Quasipaa spinosa*）（图7.5），是叉舌蛙科（Dicroglossidae）的一种，又名石蛤、石鸡、山鸡、石蛤蟆、石虾蟆、石坑蛙、中国棘蛙等，主要分布在我国的云南、贵州、安徽、江苏（苏南山区）、浙江、江西、湖北、湖南、福建、广东、广西、香港；国外分布于越南（北部）。成蛙生活于海拔600～1500m，近山溪的岩边。白昼多隐藏于石缝或石洞中，晚间蹲在岩石上或石块间。雄蛙体长123mm，雌蛙体长131mm左右，头宽大于头长；吻端圆，突出下唇；吻棱不显；雄蛙胸部有大小疣刺；前肢极粗壮，第拇指及内侧3指有黑色锥状刺；有单

咽下内声囊，声囊孔长裂状；有雄性线，紫红色。在我国，食用石蛙历史悠久，有"药用化疮，食之长寿"之说，是古代皇宫御筵中的名贵山珍。每100g蛙肉含天门冬氨酸5.88g，谷氨酸11.89g，亮氨酸2.43g，苏氨酸1.4g，丝氨酸1.65g，缬氨酸1.68g，异亮氨酸1.47g，苯丙氨酸1.45g，赖氨酸3.94g，脯氨酸5.4g，精氨酸1.23g，还有甘氨酸、丙氨酸、甲硫氨酸、酪氨酸、组氨酸、胱氨酸等多种氨基酸。此外，我国还有小石蛙（*Quasipaa exilispinosa*），又称香港石蛙（Hong Kong spiny frog），普通石蛙（common spiny frog）等。

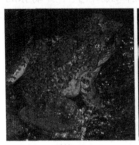

石蛙　　　　　　　　　　　中国林蛙　　　　　　　　　　　牛蛙

图 7.5　两栖类代表动物

（2）中国林蛙（*Rana chensinensis*），是蛙科（Ranidae）的一种，又名山蛤、田鸡、黄蛤蟆、哈什蟆、雪蛤等，分布于中国和蒙古国。我国主要分布于东北三省和内蒙古，河北、山西、陕西、甘肃、青海、新疆、山东、江苏、四川、西藏也有分布。中国林蛙雌蛙体长71～90mm，头较扁平，头长宽相等或略宽，吻端钝圆，略突出于下颌，吻棱较明显。雄蛙较雌蛙明显偏小。林蛙主要可利用部位为蛙皮、蛙肉和哈士蟆油。中国林蛙是集食、药、补为一体的珍贵蛙种，蛙皮主要成分是胶原蛋白和透明质酸；蛙肉的组成主要是蛋白质，林蛙肉质细嫩，鲜美可口，营养丰富，林蛙油含蛋白质56.3%，脂肪3.5%，矿物质元素4.7%，含人体必需的18种氨基酸和多种微量元素，特别富含雌二醇、睾酮、孕酮三种性激素，具有滋阴强肾，激发免疫功能和调节生理机能的作用。林蛙油还含有 EPA 和 DHA。与中国林蛙相似的还有黑龙江林蛙（*Rana amurensis*），其营养价值与中国林蛙相似。石蛙、中国林蛙、黑龙江林蛙均属于野生动物，只有养殖者，并取得许可者方可将其作为商品售卖。

（3）牛蛙（*Rana catesbiana*），是蛙科（Ranidae）一种大型食用蛙，原产于北美洲落基山脉以东地区，北到加拿大，南达佛罗里达州北部，目前已遍及世界各大洲，是各地食用蛙中的主要养殖种类。成体体长一般在70～170mm，最大可在200mm 以上，是最大的蛙类之一。皮肤通常光滑，无背侧褶，吻部宽圆。雌性的鼓膜约与眼等大，而雄性的则明显大于眼。其肉质细嫩，味道鲜美，营养丰富，具有一定的药用价值。

7.5　爬　行　纲

7.5.1　爬行纲（Reptilia）的主要特征

两栖类只是脊椎动物开始陆地生活的序幕，爬行类才开始了真正的陆地生活，产生了适应陆地生活的一些重要特征。

1. 羊膜卵

从爬行动物开始，产生了羊膜卵，这种类型的卵在胚胎发育过程中产生了绒毛膜（chorion）、羊膜（amnion）、卵黄囊（yolk sac）和尿囊（allantois）。每一种结构在生命发育系统中都扮演了重要的角色，如绒毛膜具有透气性，且能保持内部水分；羊膜内充满水分，保证胚胎在一个水环境中发育；卵黄囊通过血管系统提供营养；尿囊能够排出代谢废物，吸收氧气，是胚胎的排泄和呼吸器官。

爬行类、鸟类的卵是一个密封的卵，从外向内依次是卵壳、卵膜、卵清蛋白和受精卵，受精卵含有丰富营养物质的卵黄（yolk），在受精卵发育过程中胚膜分别产生绒毛膜、羊膜、卵黄囊和尿囊四种结构。哺乳类动物受精卵进入母体子宫后植入子宫壁，受精卵发育产生的绒毛膜和尿囊与子宫内膜结合成为胎盘（placenta），可通过母体获得营养和氧气，并排出代谢废物。

羊膜卵出现的意义：羊膜卵的出现是脊椎动物演化史上的一个飞跃。胚胎悬浮在羊水中，使胚胎在自身的水域中发育，环境更稳定，既避免了陆地干燥的威胁，又减少振动，以防机械损伤。羊膜卵的出现解除了脊椎动物个体发育中对水的依赖，使脊椎动物完全陆生成为可能，使陆生脊椎动物能向陆地的各种不同栖息环境发展。

2. 具有干燥的皮肤

爬行动物皮肤干燥，外被一定角质鳞片和骨板。鳞片由表皮细胞骨化而成；骨板为真皮的衍生物。这种皮肤能阻止水分的丧失。

3. 具胸式呼吸

爬行动物发展了肺呼吸的方式，可以通过扩张和收缩胸腔让肺吸入或排出空气。

4. 骨骼

骨化程度较高，硬骨比重大，趾端具爪，适于爬行。开始具有胸廓，胸廓是羊膜动物所特有的。爬行动物在颈椎、胸椎和腰椎两侧都有肋骨。胸椎的肋骨与胸骨形成胸廓，可保护内脏和加强呼吸作用。具次生颚，内鼻孔后移，口腔与鼻腔分开。

5. 消化系统

出现牙齿，包括端生齿、侧生齿、槽生齿，是重要的消化器官。具发达的口腔腺，能润湿食物，帮助吞咽。大、小肠交界处开始出现盲肠，与纤维素消化有关。

6. 呼吸系统

肺呈海绵状，有气管、支气管。次生性水生种类在咽和泄殖腔壁上都有丰富的毛细血管，可进行辅助呼吸。

7．循环系统

心脏由二心房、一心室和退化的静脉窦组成，心室具有不完全的分隔，仍属于不完全的双循环。爬行动物中的高等类群鳄类，心室隔膜仅留一个孔，已基本属于完全的双循环。动脉圆锥消失，分化为肺动脉和左、右两根体动脉弓。

8．排泄系统

成体没有前肾和中肾，以后肾为排泄器官，排泄物主要为尿酸。

9．神经系统

大脑明显分为两半球纹状体，表层出现神经细胞集中的新脑皮。延脑发达，在脑和脊髓之间形成弧度弯曲，称为颈弯曲，是高等脊椎动物的重要特征。

10．感觉器官

内耳发达，鼓膜形成外耳道雏形，有利于收集陆上声波。具犁鼻器，这是蛇和蜥蜴特有的化学感受器，位于口腔顶部。鳄与龟鳖类的犁鼻器退化。腹亚科的有红外线感受器颊窝。

11．生殖

体内受精，大多数为卵生，少数卵胎生或胎生。

7.5.2　爬行纲主要动物

1．爬行纲主要门类及其特征

现存爬行类约 5700 多种，我国约有 370 种，分属四个目。

（1）喙头目（Rhynehoeephalia），仅存 1 属 1 种，喙头蜥（楔齿蜥），产于新西兰，本物种的最大特点是具有第三只眼睛，即松果体，与感光功能有关，其结构与眼睛相似。但在其他动物中，松果体通常退化并深埋于颅腔内。另一重要特征是雄性无交配器，借雌雄二者的泄殖肛孔相结合达到受精的目的。

（2）龟鳖目（Chelonia）：如乌龟、甲鱼等，该目背、腹具坚硬的甲板，甲板外披有角质鳞片或厚皮；具单个雄性交配器；泄殖孔纵裂。

（3）有鳞目（Squamata）：种类数量多，生活方式多样，如蟒、蛇、壁虎等。蛇亚目为蛇型，蜥亚目为蜥蜴型；体表密披骨质鳞片；具端生齿或侧生齿；具成对的雄性交配器；泄殖孔横裂。

（4）鳄目（Cricodilla）：半水生，种类较少，如扬子鳄。体型为蜥蜴型；皮肤革质，覆有骨质方形大鳞；具横膈、槽生齿；泄殖腔纵裂。

2．爬行纲主要种类

爬行纲的种类大都属于野生动物，一般不作为主要食用种类。

1）龟鳖类　　包括乌龟和鳖类。

（1）乌龟（*Mauremys reevesii*）（turtle 或 tortoise），属龟鳖目龟科/地龟科（Geoemydidae）乌龟属（*Mauremys*），又名金龟、中华草龟、草龟、泥龟和山龟等。我国大部分地区都有分布。乌龟的头是圆的，无牙齿；有非常硬的甲壳，受到袭击时可以把头、尾及四肢缩回壳内。大多数为肉食性，亦吃植物的茎叶。乌龟性情温顺，头和四肢有花纹。

（2）中华鳖（*Pelodiscus sinensis*），属龟鳖目鳖科（Trionychidae）中华鳖属（*Pelodiscus*），俗称王八、甲鱼（soft-shelled turtle）。鳖的头是尖的，有牙齿，颈部可以伸得很长，有攻击性；鳖壳柔软，光滑，多为深绿色，没有花纹。

2）蛇类　　属蛇目，蛇类种类繁多，有无毒蛇和有毒蛇。

（1）乌梢蛇（*Zaocys dhumnades*），属蛇目游蛇科（Colubridae）乌梢蛇属（*Zaocys*），俗称乌蛇、水律蛇、乌梢鞭、乌风蛇、一溜黑等。成蛇体长一般在 1.6m 左右，较大者可达 2m 以上，背面颜色由绿褐、棕褐到黑褐，也可分为黄乌梢、青乌梢和黑乌梢，体侧各有两条黑线纵贯全身，此黑线在成年蛇的身体后部渐隐。

（2）黑眉锦蛇（*Elaphe taeniura*）：属蛇目游蛇科锦蛇属（*Elaphe*），俗称家蛇、黄长虫、菜花蛇、三索线、广蛇等。成蛇体长 1.5～2.2m，主要特征是眼后有 2 条明显的黑色斑纹延伸至颈部，状如黑眉，故称黑眉锦蛇。

（3）王锦蛇（*Elaphe carinata*），属蛇目游蛇科锦蛇属，俗名王蛇、锦蛇、菜花蛇、王字头蛇等。头背鳞缝黑色，显"王"字斑纹，体粗壮，体长近 2m，背面黑色，混杂黄花斑，似菜花，所以有菜花蛇之称。食性杂，动作敏捷、性凶猛。

3）鳄鱼类　　属鳄目，大都可以食用。

暹罗鳄（*Crocodylus siamensis*），属鳄目（Crocodile）鳄科（Crocodylidae）鳄属（*Elaphe*）。暹罗鳄（泰鳄）是我国被广泛人工驯养的鳄鱼，其他驯养种类包括湾鳄（*Crocodilus porosus*）、尼罗鳄（*Crocodylus niloticus*）。暹罗鳄属中型鳄，成体最长可达 4m，常见成体长 2.5～3m，成体吻部宽，喉部鳞甲横排。前颌齿 4，上颌齿 13～14，颌齿 15，齿总数 64～66。幼体金褐色，尾部有黑色条纹。中国允许暹罗鳄养殖，但必须办理养殖手续，否则属于非法养殖和贩卖。

7.6　鸟　　纲

鸟类由爬行类进化而来，体表被覆羽毛，有翼，恒温、卵生脊椎动物。鸟类与爬行类有着许多共同特征，如产生羊膜卵，皮肤干燥，缺乏皮肤腺；都具有皮肤衍生物，如羽毛和角质鳞片；头骨具单一枕髁；排泄物为尿酸。鸟类独特之处包括体表被羽毛，轻质骨骼系统，具有高而恒定的体温（37.5～44.6℃），具有较高而稳定的新陈代谢水平和调节体温的能力，减少了对环境的依赖；扩大了分布区域范围。鸟类的许多特征都是与适应飞翔生活相适应的。

7.6.1　鸟类的主要特征

1. 身体纺锤形
鸟类都呈两端尖，中间粗的流线型，以减小飞行阻力。

2．体表覆被羽毛

羽毛属于皮肤衍生物，可以分为正羽、绒羽和纤羽三种类型。正羽是披覆在体表的大型羽片，正羽由羽轴和羽片构成，羽轴下段不具羽片的部分称羽根，羽根插入皮肤中，飞羽和尾羽都属于正羽。绒羽密生在正羽下面，羽柄短，顶端发出细长的丝状羽枝，羽小枝上无钩、槽。纤羽又称毛状羽，具一毛干，其顶端有几根短的羽枝，在其他羽毛之间。

3．皮肤薄而轻，缺乏皮肤腺

薄而松软的皮肤有利于皮肤的活动和肌肉的收缩。唯一的皮肤腺是尾脂腺，能分泌油脂，润泽羽毛。具有多种表皮衍生物，包括羽毛、角质鳞（分布于趾端的爪）和角质喙。为减少飞行时羽毛间的摩擦，不使肌肉收缩受到限制，羽毛着生在体表的一定区域，分为羽区和裸区。

4．骨骼为轻而坚固的气质骨

气质骨可以减轻体重，并有愈合现象，以增加牢固度。例如，综荐骨是由一部分胸椎与腰椎、荐椎及一部分尾椎愈合而成，与组成腰带的骨骼（髂骨、坐骨、耻骨）愈合成开放式的骨盆，成为后肢强有力的支柱，以适应后肢支持体重；尾综骨是最后几节尾骨愈合而成，以支撑大型尾羽，有利于飞行中保持平衡；后肢的胫骨和部分跗骨愈合成胫跗骨，部分跗骨和部分跖骨愈合成跗跖骨并延长，在鸟类起飞和降落时增加缓冲力；部分骨骼特化，胸骨特化成龙骨突，以扩大胸肌的附着面，前肢特化成翼。

5．肌肉

与飞翔有关的胸大肌、胸小肌特别发达。因胸部、腰部脊椎骨愈合不能活动，使背部肌肉退化。皮下肌肉发达，皮下肌肉收缩可控制羽毛的运动。腿部有适合于树栖握枝的肌肉。

6．消化系统

没有牙齿，不咀嚼食物；具嗉囊贮存食物；有腺胃，能分泌消化液；具肌胃，内含砂粒用以磨碎食物；直肠短，不贮存粪便；消化能力特别强。

7．呼吸系统

包括气管、支气管、肺部和气囊。气囊指鸟类伸出肺外、分布于内脏间的膨大的膜质囊，有的气囊还通入肌肉间、皮肤下面和骨腔内。鸟在休息时，主要靠肋间肌及腹部肌肉的运动，进行胸式呼吸。当飞翔时，进行双重呼吸，即吸气时，气体经肺进入气囊，呼气时再从气囊经肺排出，由于气囊的扩大和收缩，气体两次在肺部进行气体交换，称为双重呼吸，是鸟类适应飞翔生活的一种特殊呼吸方式。气囊除了参与双重呼吸，还具有减轻体重，增加浮力，减少肌肉及内脏器官之间的摩擦，调节体温的作用。

8．循环系统

心脏分为四腔，即二心房和二心室，为完善的双循环。此外，鸟类心脏大：重量占体重的 $0.4\% \sim 1.5\%$，在脊椎动物中占首位；心跳速率快，血压高，血液循环速度快。以上的结构和功能可以保证鸟类高水平的新陈代谢正常进行。

9．泄殖系统

不具膀胱，不贮存尿液，排泄物为尿酸，以固体状态排出；输卵管不仅是生殖细胞的输出管道，其不同部位有着不同的功能，如蛋白质分泌部：管壁细胞能分泌蛋白质即白蛋白或清蛋白；峡部，形成内壳膜和外壳膜；子宫，分泌物质形成蛋壳。

10．神经系统和感觉器官发达

大脑纹体高度发达，是鸟类的智慧中枢，使鸟类具有复杂的本能活动和学习能力。小脑发达，与鸟类飞翔时运动的协调和平衡有关。视叶发达，眼睛结构上的变化包括：①具瞬膜：为眼睑内侧的能开闭的半透明膜。功能：在飞行中眼睑张开时，可防止异物伤害眼球。②具巩膜骨：为巩膜前面的一组小骨片组成的环。功能：防止眼球变形。③具栉膜：为眼球后眼房内的一种含丰富色素和毛细血管的梳状结构。功能：供给视网膜氧气和营养，调节眼球内部压力，使鸟类增加对移动物体的识别能力。④特殊的双调节机制：不仅能调节眼球晶状体的凸度，还能调节角膜的凸度和改变晶状体和视网膜之间的距离，这种眼球的调节方式称为双重调节。听觉有了外耳雏形。嗅觉退化。

11．繁殖

鸟类在繁殖时会表现出一系列复杂的行为，如占据巢区、筑巢、孵卵、育雏等，以此减少不良环境对胚胎和雏鸟的影响，提高子代成活率。

7.6.2　鸟纲主要资源动物及其利用价值

1．鸟纲主要门类及其特征

现已知鸟类约有 9000 多种，分为古鸟亚纲和今鸟亚纲。

古鸟亚纲（Archaeornithes）既有爬行动物（恐龙）的特征，又有鸟类的特征。

与恐龙相似之处：具槽生齿，具尾椎的长尾；脊椎双凹型；前翅掌指骨游离并具爪；脑、胸骨、肋骨及后肢等特征又与爬行类接近。与鸟类相似之处：具有羽毛；后足对趾；腕掌骨和跗跖骨愈合；骨盘结构、锁骨、喙部、下颌关节方式及眼等许多特征与鸟类相似。例如，始祖鸟，先后在美国、德国，以及中国辽宁发现多只化石，可能是现代鸟类的祖先。

今鸟亚纲（Neornithes）：三块掌骨愈合成一块，且近端与腕骨愈合成腕掌骨；尾椎骨不超过 13 块，通常具尾综骨；胸骨较发达，少数为平胸，多数为突胸（具龙骨突起）。共分为以下 4 个总目。①齿颌总目（Odontognathae）：为化石鸟类。②平胸总目（Ratitae）：是现存体型最大，适于奔跑生活的原始类群。翅退化；不具龙骨突；无裸区；羽枝不具羽小钩，不形成羽片；足仅有 2~3 个趾，如鸵鸟和鸸鹋。③企鹅总目（Impennes）：是不会飞翔，善于潜水生活的大、中型鸟类，具有一系列适应潜水生活的特征。前肢鳍状，不能飞翔；身披鳞片状羽毛；趾间具蹼；具龙骨突；骨沉重，不充气；无裸区；腿短且移至躯体后方。④突胸总目（Carinatae）：包括现存鸟类的绝大多数，有 35 个目，8500 多种。翼发达，善于飞翔；具龙骨突；骨骼充气；有裸区和羽区之分；羽毛发育良好，构成羽片。根据其生活方式和结构特征，突胸总目可分为6个生态类群：游禽、涉禽、猛禽、攀禽、陆禽和鸣禽。

2. 鸟纲主要食用种类及其营养价值

尽管几乎所有的鸟类都可以食用，大多数鸟类肉味鲜美，鸟类的蛋也是重要的食品资源，但我们不支持食用野生鸟类。然而，全世界9000多种鸟类中已有1200多种濒临灭绝，180余种鸟类面临严重威胁，344种面临高度濒危，另外680多种鸟类目前已经非常罕见。可供人们食用的主要是家禽类和驯养的珍禽鸟类。

（1）鸡（chickens）（图7.6），常见家禽，中国是驯化鸡最早的国家，现在的家鸡（*Gallus gallus domesticus*）主要是源自亚洲的红原鸡，有些是源自灰原鸡，驯化可能发生在7000～10 000年。但直到1800年前后鸡肉和鸡蛋才成为大量生产的商品。特点：身体粗短、昂首挺胸、红鸡冠，群居性，一般不能飞。

三黄鸡　　　　　　　麻鸭　　　　　　　鹅

图7.6　主要食用鸟类动物（三黄鸡自曾仪；麻鸭、鹅自曹建生）

中国家鸡有许多优良品种，如九斤黄（Cochin），又叫浦东鸡、三黄鸡，产于上海南汇、奉贤、川沙一带，是一种大型肉鸡，羽毛、喙、脚皆为黄色，因此称三黄鸡。九斤黄，个体特大，肉味鲜美，因此受到世界人民的欢迎，对世界家鸡的品种改良起了很大作用。1843年九斤黄首先引入英国，1847年输入美国，美国洛克鸡是1865年由中国九斤黄与黑白斑的美国鸡杂交而成。日本在幕府末期，引入上海的九斤黄，培育成著名的名古屋蛋、肉兼用鸡。狼山鸡主要产于江苏一带，此种鸡抗病能力强，胸部鸡肉发达。1872年输入到英国，英国的奥品顿鸡是由狼山鸡与当地鸡杂交而成，后来狼山鸡又输入到美国和德国。鸡的品种非常多，如矮脚鸡、上饶白耳黄鸡、北京油鸡、臧鸡、茶花鸡、庄河鸡、东乡绿壳蛋鸡、峨嵋黑鸡、高脚鸡、固始鸡、广西三黄鸡、河田鸡、红山鸡、麻鸡、乌鸡、黑鸡、陕北鸡、乌骨鸡、芦花鸡、西双版纳斗鸡等。

鸡肉味道鲜美且有营养，鸡肉含蛋白质22%左右，脂肪2%左右，碳水化合物1.3%，还含有维生素A、维生素B_1、维生素B_2、维生素E、烟酸、钠、钙、铁，鸡肉中胆固醇较高，每100g鸡肉含106mg，应注意合理食用。现在的鸡肉大都是养鸡场养殖，鸡饲料中如果添加激素、抗生素等，会影响鸡肉品质，也会影响人体健康。

（2）火鸡（*Meleagris gallopavo*）：是在墨西哥首先驯化成家禽的。火鸡体长1m多，体重可达10kg，是当地林地最大的鸟类。火鸡嘴强大稍曲，头颈几乎裸出，仅有稀疏羽毛，并着生红色肉瘤，喉下垂有红色肉瓣；背稍隆起，体羽呈金属褐色或绿色，散布黑色横斑；两翅有白斑；尾羽褐色或灰色，具斑驳，末端稍圆。脚和趾强大。雄火鸡尾羽可展开呈扇形，胸前一束毛球。火鸡肉鲜嫩爽口，野味极浓，瘦肉率高，蛋白质含量高达 30.5%，而且富含多种氨基酸，特别是甲硫氨酸和赖氨酸都高于其他肉禽，维生素 E 和 B 族维生素也含量丰富，具有提高人体免疫力和抗衰老等功效。

（3）鸭（duck）（图 7.6），属于雁形目鸭科（Anatidae）鸭属（Anas），一般认为是由绿头野鸭（Anas platyrhynchos）和斑嘴鸭（Anas poecilorhyncha）驯化而来，是一种常见家禽。鸭子属于水禽，身体稍扁，喙扁宽，脖颈较长，具有蹼，善于游泳。主要有嫩鸭、番鸭、菜鸭三个品种。品种众多，如微山麻鸭、高邮鸭、绍兴鸭、莆田黑鸭、北京鸭、连城白鸭、建昌鸭、瘤头鸭、番鸭、大余鸭、巢湖鸭等。根据使用目的一般可分为肉鸭和蛋鸭，都是重要的食品资源。每 100g 鸭肉含水分约 74g，粗蛋白 20g，粗脂肪 2.5g，灰分 1.5g，还含有维生素 B 族和维生素 E 等，能有效抵抗脚气病、神经炎和多种炎症，还能抗衰老。鸭蛋营养丰富，每 100g 鸭蛋含粗蛋白质 13g，粗脂肪 12g，还含有磷、钙、铁、硒、多种维生素，但胆固醇含量也较高，达到 1.4%。

（4）鹅（goose）（图 7.6），属于雁形目鸭科（Anatidae）雁属（Anser）。家鹅（Anser anser domesticus）的祖先是雁（Anser cygnoides），大约在三四千年前人类已经驯养。鹅头大，脖颈长，喙扁阔，前额有肉瘤，羽毛白色或灰色，腿高尾短，脚趾间有蹼，善于游泳。鹅的品种众多，可按体型大小分，大型的如狮头鹅；中型如皖西白鹅、溆浦鹅、江山白鹅、浙东白鹅、四川白鹅、雁鹅等；小型有太湖鹅、乌鬃鹅、籽鹅、伊犁鹅、阳江鹅、闽北白鹅、扬州鹅等。每 100g 鹅肌肉含粗蛋白约 20g，粗脂肪 5.7g，灰分 2.3g，含有维生素 A、硫胺素、核黄素、烟酸、维生素 E，还含有钙、磷、钾、钠、镁、铁、锌、硒、铜等元素。鹅肉营养丰富，与风味有关的赖氨酸含量较高，不饱和脂肪酸含量高，对人体健康十分有利。

（5）鸽（pigeon），属于鸽形目鸠鸽科（Columbidae）鸽属（Columba）。家鸽（Columba livia domestica）是由原鸽驯化而成，体呈纺锤形，外耳孔由羽毛遮盖，视觉、听觉都很灵敏，善飞。羽毛颜色多样，以青灰色较普遍，也有纯白色、茶褐色等。品种极多，按用途可分信鸽和肉鸽。信鸽具有强烈的归巢性。鸽肉味咸，性平。入肝、肾二经。每 100g 鸽肉含粗蛋白约 20g，粗脂肪 2.7g，蛋白质含必需氨基酸 7 种，非必需氨基酸 10 种，鲜味氨基酸如谷氨酸、甘氨酸、天门冬氨酸和丙氨酸占肌肉总量达 7% 以上，均高于其他畜禽肉，故鸽肉味美肉鲜。中医认为鸽肉具有滋肾益气，祛风解毒，具有补中益气，解毒等功效。

（6）鹌鹑（quail），属于鸡形目雉科（Phasianidae）鹌鹑属（Coturnix）。鹌鹑（Coturnix coturnix）最早由日本人驯化。体型较小，成年鹌鹑一般体重 100g 左右，羽色多较暗淡，通常雌雄相差不大。嘴粗短而强，上嘴先端微向下曲，但不具钩；翅稍短圆，尾长短不一，尾羽或呈平扁状，或呈侧扁状。雄性好斗，合群性差，35～50 日龄开始产蛋，年产蛋 200～300 枚。每 100g 生鹌鹑肉中含蛋白质 22g、脂肪 5g、胆固醇 70mg，有较高的营养价值。

除了家禽，人们越来越对各种野生鸟类的养殖感兴趣，这主要是由于人们的传统饮食观念中认为，珍禽野味是一种品质的食材。养殖珍禽不但能够为人们提供食品等肉类资源，还能大大减少野生珍禽被恶意捕杀，从而保护野生自然环境不被破坏。目前，被广泛养殖的品种很多，主要有：雉鸡/七彩山鸡（*Phasianus colchicus*），即我们常说的野鸡；绿头鸭（*Anas platyrhynchos*），即我们常说的野鸭；灰雁（*Anser anser*），即所谓的野鹅，还有珍珠鸡（*Numida meleagris*）、蓝孔雀（*Pavo cristatus*）、黑天鹅（*Cygnus atratus*）、红腹锦鸡（*Chrysolophus pictus*）、白腹锦鸡（*Chrysolophus amherstiae*）、鸳鸯（*Aix galericulata*）、中华鹧鸪（*Francolinus pintadeanus*）、美国鹧鸪/石鸡（*Alectoris chukar*）、花尾榛鸡（*Tetrastes bonasia*）（俗称飞龙/松鸡）等。

7.7　哺　乳　纲

与爬行动物和鸟类相比，哺乳动物是全身被毛，以哺乳的方式抚育幼崽的高等脊椎动物。哺乳动物还具有恒温、善于运动、适应环境能力强等特点。

7.7.1　哺乳动物的主要特征

1. 胎生、哺乳

绝大多数哺乳动物的生殖方式为体内受精、胎生和哺乳抚育幼儿。胎生为胚胎发育提供了营养、保护及恒温发育条件，使外界环境对胎儿的不良影响减少到最低程度。哺乳使后代能在优越的营养条件和安全的保护下迅速成长，大大提高了哺乳类后代的成活率。

胎盘（placenta）：胎盘是胚胎的绒毛膜和尿囊膜相愈合，并形成许多指状突起（绒毛）嵌入母体子宫内膜的特殊结构，胎盘使得胎儿和母体相连接，胎儿可通过胎盘获得营养物质和氧气，并把代谢废物排出到母体内。胎盘有两种类型：①蜕膜胎盘，胎盘的绒毛膜和尿囊膜与子宫内膜联系紧密，愈合在一起，分娩时绒毛膜连带子宫内膜一起脱出体外，这会造成分娩时大量出血，如人。②无蜕膜胎盘：胎盘的绒毛膜和尿囊膜与子宫内膜联系不紧密，胎儿出生时胎盘与子宫内膜容易分离，分娩时子宫内膜不受伤害，无大量出血的现象，如牛、羊。

2. 身体被毛发

体表被毛（hair）是哺乳动物区别于其他脊椎动物的最显著特征之一。毛发是表皮角质化的产物，与爬行类的角质鳞片及鸟类的羽毛是同源物，具有保温、保护和触觉作用。

3. 皮肤腺发达

皮肤腺来源于表皮生长层，有皮脂腺、汗腺、味腺和乳腺4种类型。①皮脂腺：分泌皮脂以润滑皮肤和毛发，防止干燥等；②汗腺：分泌汗液，排泄部分尿素。出汗可调节体温；③味腺：为汗腺和皮脂腺的变形，能分泌特殊物质以吸引异性、识别同种个体或用以自卫；④乳腺：为变态的汗腺，若干乳腺集中的一定区域称为乳区。

4. 肌肉

具膈肌，膈肌是哺乳动物所特有的，膈肌将体腔分为胸腔和腹腔两部分，并形成胸廓，有辅助呼吸的作用。皮肤肌发达，高等的动物，如灵长类有表情肌，是面部的皮肤肌肉，表情肌的收缩可表现喜怒哀乐。

5．消化系统

有的哺乳动物有换牙现象，牙齿有乳牙和恒牙之分，乳齿脱落后长出恒牙。哺乳动物具肉质的唇，为吮吸、摄食和辅助咀嚼的重要器官。具唾液腺，口腔内有 3 对唾液腺，不仅能湿润食物帮助吞咽，还能分泌淀粉酶。

6．呼吸系统

哺乳动物具有喉，不仅是呼吸气体的通道，还是重要的发音器官，在喉腔两侧有黏膜皱襞形成的声带，可以进行发声。进行腹式呼吸和胸式呼吸。腹式呼吸靠膈肌的收缩；胸式呼吸靠肋间肌的收缩。

7．血液循环

静脉系统趋于简化，成对的前后主静脉变成单一的前、后大静脉；肾门静脉消失；成体腹静脉消失。静脉系统简化缩短了循环路径，有利于提高血压，加快循环速度。

8．排泄

哺乳动物的肾卵圆形，排泄物主要为尿素。

9．神经和感觉

大脑的体积增大，皮层加厚，表面出现褶（沟和回）。形成胼胝体、小脑皮层、脑桥等哺乳动物特有的结构。嗅觉特别发达。听觉敏锐，具有发达的外耳和耳壳，中耳具 3 块听骨（锤骨、砧骨、镫骨）。

7.7.2　哺乳动物主要资源动物及其利用价值

1．哺乳动物主要门类及其特征

世界约 4200 多种，分为 3 个亚纲。

（1）原兽亚纲（Prototheria），哺乳动物中最原始的类群，仍保留着一些近似于爬行类的原始特征，如卵生；有乳区，无乳头；具泄殖腔，并以单一泄殖腔孔开口体外，原兽亚纲也称为单孔类。成体口腔内无齿，大脑皮层不发达，无胼胝体。

同时具有哺乳动物的特征，如体表被毛，有乳腺，以乳汁哺育幼仔；具横膈膜；体温在 26～35℃，为变温向恒温过渡的中间类型。原兽亚纲分布在澳大利亚，有两个科：鸭嘴兽科和针鼹科。

（2）后兽亚纲 / 有袋亚纲（Metatheria），为低等哺乳动物，如袋鼠、袋狼、袋熊等。

胎生，但不具真正的胎盘，胚胎不借助于尿囊，而是借卵黄囊与母体接触，幼仔发育不良。母体具育婴袋，具乳头，乳头位于育婴袋中；大脑皮层不发达，不具胼胝体；体温在 33～35℃间波动。

（3）真兽亚纲（Eutheria）：为哺乳动物的高等类群，胎生，具真正的胎盘。大脑皮层发达，具胼胝体。体温恒定， 一般在 37℃左右。本亚纲的现存种类有 19 个目，我国主要有食虫目、翼手目、鳞甲目、兔形目、啮齿目、鲸目、食肉目、长鼻目、鳍足目、偶蹄目、奇蹄目、灵长目。

2. 哺乳纲主要食用种类及其营养价值

大部分哺乳动物都可以食用，它们可提供人们肉类产品，主要为蛋白质和脂肪，是人类重要的食品资源。然而，兽类大多为大型动物，由于人类的活动，地球上可供兽类生活的环境越来越少，导致部分动物达到濒危的程度，据统计全世界有110多种哺乳动物达到濒危程度，可供人们食用的主要是家畜类（livestock）和驯养的野生哺乳动物。以下主要介绍家畜类。

（1）猪（pig），属于偶蹄目猪科（Suidae）猪属（Sus）。家猪（Sus scrofa domestica）是野猪（Sus scrofa）驯化而来。猪的品种众多，中国家猪包括东北民猪、黄淮海黑猪、里岔黑猪、八眉猪、宁乡猪、金华猪、监利猪、大花白猪、太湖猪、滇南小耳猪、蓝塘猪、陆川猪、内江猪、荣昌猪、成华猪、桂中花猪、藏猪等。国外著名的包括杜洛克猪、大约克猪、约克夏猪、汉普夏猪等。猪一般身体肥壮，头长，耳大，鼻直，四肢短小，腰背窄，适应力强，繁殖快，有黑、白、酱红或黑白花等色。除了部分人群因各种原因不食用猪肉外，猪肉是人们的主要食品资源。

不同部位的猪肉有不同的名称，这就是猪肉的分类：①里脊肉，是脊椎骨内侧的条状肉，肉中无筋，是猪肉中最嫩的肉。②后腿肉，可分为臀尖肉和坐臀肉。臀尖肉于臀部的上面，都是瘦肉，肉质鲜嫩；坐臀肉位于后腿上方，臀尖肉的下方臀部，全为瘦肉，但肉质较老，纤维较长，一般多作为白切肉或回锅肉用。③前腿肉，肉质比较鲜嫩又细腻，肥瘦相间刚刚好，一般要是家里做饺子就选前腿肉，口感要比后腿肉好。④五花肉，又称肋条肉，三层肉，五花三层，是猪肋骨外侧的肉，其特点就是肥瘦相间。⑤奶脯肉，在肋骨下面的腹部的肉，结缔组织多，均为泡泡状，肉质差，多熬油用。猪肉肌肉含蛋白质较高，脂肪少，每100g肌肉含蛋白质29g，脂肪为6g左右；但五花肉等部位的肉脂肪可高达37%。猪肉还含有多种维生素和金属元素，如铁、铜、钾、硒、锌、锰、镁、钠等。

（2）牛（cattle），属于偶蹄目反刍亚目牛科（Bovidae），我们常说的牛包括牛属（Bos）和水牛属（Bubalus）。牛种类一般包括黄牛（Bos taurus domestica）、普通牛（Bos taurus）、牦牛（Bos grunniens）、野生牦牛（Bos mutus）、水牛（Bubalus bubalus）。此外，野牛属（Bison），如美洲野牛（B. bison）、欧洲野牛（B. bonasus）；麝牛属的麝牛（Ovibos moschatus），也被称为牛。牛也可按用途分为肉牛和奶牛（过去还有耕牛之说），肉牛的主要品种包括：渤海黑牛、延边牛、晋南牛、秦川牛、南阳牛、神户肉牛、鲁西黄牛、夏洛莱牛、利木赞牛、西门塔尔牛等。奶牛是乳用品种的黄牛，经过高度选育繁殖的优良品种，主要有黑白花奶牛，也称荷兰牛，还有中国黑白花奶牛。

牛肉通常分为不同类别：①牛里脊，有时也包含外脊肉，是脊椎骨附着的条状肉，肉质细嫩，适于滑炒、滑熘、软炸等，红烧牛柳、沙律牛排等都是用里脊肉。②腱子肉，是膝关节以上大腿上的肉，有肉膜包裹的，内藏筋，硬度适中，纹路规则。前腿肉称前腱，后腿肉称后腱，适于炖、焖、酱等。③牛腿肉，牛前后腿和腱子肉之外的腿部肉，肉质结实脂肪含量少，肌肉多。④牛腩，即牛腹肉，国内牛腩是指带有筋、肉、油花的肉块，即牛腹部及靠近牛肋处的松软肌肉，是一种统称；在国外牛腩还包括牛胸腩（brisket）这一块。⑤牛肩肉，位于牛的前肩胛部，前腿的上部，由冈上肌、冈下肌、前臂筋膜张肌、臂三头肌外侧头肌构成，牛肩肉的间隙脂肪含量较多，肉质鲜嫩，适合炖、煮、卤。⑥牛上脑是位于肩颈部靠后，脊骨两侧的牛肉，俗称"脖子肉"，肉质细嫩多汁，脂肪杂交均匀，有好看的大理石花纹，口感绵软，入口即化，脂肪低而蛋白质含量高，适合涮火锅，可煎炸、炸和烧烤。⑦牛眼肉，上脑与外脊之间的肉，肉质酷似眼睛，脂肪夹杂呈大理石花纹状，眼肉肉质细嫩，脂肪含量较高，吃起来的口感比较香甜多汁，不干涩，适合涮、烤、煎。牛肉含有丰富的营养，每100g牛肉约含蛋白质20g，脂肪2.3g，牛肉还含有维生素A、维生素C、维生素E、硫胺素、核黄素、烟酸，还含有钙、磷、碘、铁、铜、钾、硒、锌、锰、镁、钠等。肥牛的英文是beef in hot pot，直译为"放在热锅里食用的牛肉"，既不是一种牛的品种，也不是单纯育肥后屠宰的牛，更不是肥的牛，而是经过排酸处理后切成薄片在火锅内涮食的部位，被称为"肥牛"。

（3）牦牛，藏语称为雅克（Yak），是以中国青藏高原为中心，及其毗邻高山、亚高山高寒地区的特有珍稀牛种之一。牦牛对藏族来说非常重要，藏族人的衣食住行烧耕都离不开它。人们喝牦牛奶，吃牦牛肉，烧牦牛粪，农耕等都离不开它。牦牛肉含蛋白质较其他肉都高，而脂肪较其他肉中脂肪含量都低，且矿物质元素含量丰富，氨基酸结构比例更与人体相近。

（4）山羊（goat），属于偶蹄目牛科羊亚科，我们常说的山羊是指山羊属（*Capra*）的山羊（*Capra aegagrus hircus*），又称夏羊、黑羊，和绵羊一样，是最早被人类驯化的家畜之一。山羊分布的地区广，养殖遍及全国。全球约有150多个山羊品种，可以分为奶山羊、毛山羊、绒山羊、毛皮山羊、肉黑山羊和普通地方山羊。按其经济用途分为乳用型、肉用型、绒用型三类。山羊有30对染色体，角细而长，向两侧开张，山羊毛分为粗刚毛和绒毛。每100g山羊肉约含蛋白质22g，脂肪5.8g，矿物质1.1g。

（5）绵羊（sheep），通常指盘羊属（*Ovis*）的绵羊（*Ovis aries*），主要品种有新疆细毛羊、林肯羊、小尾寒羊、蒙古羊、卡拉库尔羊、大尾寒羊、哈萨克羊、吉萨尔羊等。绵羊主要分布在我国北方地区，更适合寒冷地区放养。绵羊有27对染色体，体躯丰满，头短。公绵羊多有螺旋状大角，母绵羊无角或角细小。绵羊被毛粗细不同，细软稠密，富油汗；易在尾部、臀部和内脏器官周围蓄积脂肪，故绵羊较肥硕；但绵羊性温顺，胆小，行动缓慢；仿效性、合群性强，有跟随领头羊集合成群的习性；放牧时好向高处采食，夜间亦喜睡于牧地高处。绵羊肉与山羊肉相比脂肪含量稍高，吃起来口感更滑嫩、细腻。

（6）马（horse），属于奇蹄目马科马属（*Equus*）。马（*Equus caballus*）种类众多，全世界马的品种约有200多个。其头面平直而偏长，四肢长，骨骼坚实，肌腱和韧带发育良好，蹄质坚硬，毛色多样，皮毛春、秋季各脱换一次，汗腺发达，有利于调节体温，不畏严寒酷暑，容易适应新环境。胸廓深广，心肺发达，适于奔跑。盲肠发达，有助于消化吸收粗饲料。每 100g 马肉约含蛋白质 22g，脂肪 4.9g，具有较高的营养价值。

（7）驴（donkey），属于奇蹄目马科马属。驴（*Equus asinus*）品种众多，中国驴的品种约在 30 种以上。与马相比其体型较小，头大耳长，胸部稍窄，四肢瘦弱，躯干较短，颈项皮薄，蹄小坚实，驴毛发多为灰褐色，腹部灰白，体质健壮，抵抗能力很强，不易生病，并有性情温驯、耐劳、听从使役等优点。驴肉被认为是珍肴，其肉质细，味美，素有"天上龙肉，地上驴肉"之说。经测定，每 100g 驴肉中含粗蛋白 21g，粗脂肪 2.38g，粗灰分 1.1g，还含有维生素 A、维生素 B_1、维生素 B_2、维生素 E 等维生素，含有钠、钾、钙、磷、镁、铁、铜、锌、锰等微量元素。驴肉具有补血、益气补虚等保健功能。我国华北、华南都兴吃驴肉。驴皮质柔韧厚实，可用于制革，并且具有药用价值，是名贵中药"阿胶"的原料。

（8）鹿（deer），属于偶蹄目反刍亚目鹿科（Cervidae）鹿属（*Cervus*）、驯鹿属（*Rangifer*），所有种类统称为鹿。驯化的种类主要包括：梅花鹿（*Cervus nippon*）、马鹿（*Cervus elaphus*）、驯鹿（*Rangifer tarandus*）。鹿的主要价值包括肉用和药用。肉用鹿主要依靠养殖获取，养殖品种主要有梅花鹿和马鹿。有研究报道，每 100g 马鹿肉约含蛋白质 27.5g，脂肪 2.14g，灰分 1.1g；还含有铁、锌、铜、硒、磷等微量元素；必需氨基酸占总氨基酸的 38.87%。马鹿肉具有高蛋白、低脂肪、丰富的矿物质、氨基酸含量全面等特点，并含有一定量的活性物质，对人体有较高的营养和滋补价值，是优质的动物性食品资源。

（9）兔（rabbit），是兔形目兔科（Leporidae）动物的总称，兔科动物一般具有管状长耳，簇状短尾，强健后腿的特点。兔科分为兔亚科和古兔亚科。兔亚科仅有兔属（*Lepus*），该属动物统称兔类，终生在地面生活。初生的幼兔全身具毛，眼睛开不久便能走路，成年兔耳长，后腿长，适应迅速奔跑，后鼻孔变宽，适应更快呼吸，该属共 29 种。古兔亚科通称穴兔类，体型略小，耳朵和后腿相对较短，穴居。常见的家兔（*Oryctolagus cuniculus* f. *domesticus*）是由一种野生的穴兔，即欧洲兔（*Oryctolagus cuniculus*）经过驯化饲养而成的。家兔品种达 30 多种，如安哥拉兔、阿亨特兔、香槟兔、比华伦兔、奥托白兔、加利福尼亚兔、玉桂兔、荷兰兔、比利时野兔、波兰兔、侏儒海棠兔、喜马拉雅兔、新西兰兔、黄褐兔、银貂兔、缎毛兔、维兰特兔、雷克斯兔和垂耳兔。有研究表明，福建白兔每 100g 肌肉含水分 75.84g，粗蛋白 20.5g，粗脂肪 2.2g，粗灰粉 1.03g，肌肉氨基酸总量为 17.62g。由此可见，兔肉的蛋白质含量高，脂肪少，是国内外市场上优良的食品资源。

除了上述常见的家畜种类，被人们驯化饲养的动物还有很多，有的处于正在驯化的过程中，如美洲的羊驼（alpaca）、美洲驼（llama）、曲角羚羊（addax）、大羚羊（eland）、弯角剑羚（scimitar oryx）、麋鹿（elk）、爪哇牛（Bali cattle）、骆驼（camel）、水豚（capybara）、几内亚猪／豚鼠（guinea pig）、蔗鼠（greater cane rat）、獐子（water deer，*Hydropotes inermis*）、狍子（roe deer，*Capreolus pygargus*）等。

第8章　食品生物资源的开发利用与保护

8.1　我国粮食资源的开发利用与保护

8.1.1　我国粮食资源的开发、利用和消费现状

粮食植物是最重要的食品生物资源，粮食资源除满足我国人口口粮外，还用于牲畜饲料和工业原料。我国用于粮食生产的品种主要包括稻谷（水稻）、小麦、玉米、豆类、薯类等。从总量上来看，2019年粮食产量达到6.63亿吨多，人均占有粮食已经达到470kg左右，完全能够满足我国14亿人口的口粮、饲料、工业用粮食的消费和使用需求。

从各个品种产量来看，我国粮食产量最高的是玉米，年产可以达到2.18亿吨，其次是稻谷，年产量达到2.0亿吨，小麦年产量约为1.2亿吨，薯类为0.33亿吨，豆类约为0.16亿吨。除了自生产自销，我国每年都从国外进口部分的粮食，进口的主要品种包括稻谷，每年约300万吨，小麦约500万吨，玉米300多万吨，薯类800多万吨，大豆的进口量大，2019年大豆进口为8800万吨。由此可见，我国稻谷、玉米、小麦和薯类以国内生产为主，但粮食进口量都大于出口量，净进口量非常小，进口粮食只是粮食消费的补充；进口粮食中大豆的依赖程度高，超过我国产量的5倍多，这一点值得警惕，避免出现粮食风险。

从消费来看，我国粮食主要用于口粮、饲料和工业用粮。2013年，稻谷消费量为1.67亿吨，其中口粮消费1.2亿吨，占稻谷消费量的72%；小麦消费量为0.96亿吨，其中口粮消费0.53亿吨，占小麦消费量的55%；玉米消费量为1.75亿吨，其中饲料用粮为1.07亿吨，工业用约为0.48亿吨，二者占玉米消费总量的89%；薯类消费量为0.22亿吨，以工业用粮和饲料用粮为主，占薯类消费量的62%。豆类消费量为0.78亿吨，其中饲料用粮为0.49亿吨，占豆类消费量的63%。由此可见，我国稻谷和玉米的实际消费总量和人均消费量相对较高，薯类相对较低；对不同用途而言，稻谷和小麦以口粮消费为主，玉米和豆类以饲料用粮消费为主，薯类以工业用粮和饲料用粮消费为主。

随着我国城镇化推进与人口结构老龄化加速，粮食消费需求出现一些新动向，一是口粮消费整体下降，肉蛋奶及水产品消费增长，饲料粮的需求增加；二是功能性的粮食，如红豆、绿豆、黑豆、红米、黑米等具有保健功能的粮食消费有所增加，此外具备补益功能的粮食，如富硒、富锌、降血脂、降血糖的粮食新品种需求出现较大增长；三是随着城市宠物群体迅速增长，宠物粮食市场规模保持增长态势，无谷粮、全价湿粮、定制粮等成为消费潮流。

除正常消费外，我国粮食损失浪费也较高。据统计，我国各种粮食损耗多达0.3 亿吨，造成粮食损失的环节主要集中在粮食收割、农户储粮、仓储运输、粮食加工和餐桌等环节。在粮食收割环节，南方地区机收率相对北方较低，逢雨天致使稻谷发芽霉变时常发生，造成的损失就占总产量的 10% 左右。在粮食收储环节，由于部分农户储粮设施条件简陋，烘干能力不足，保存的粮食中每年因虫霉鼠雀造成的损失比例在 8% 左右。

此外，我国粮食库存量较高，特别是稻谷、小麦、玉米等品种的库存较高。有资料显示我国库存消费比（库存量除以当年消费量）高达 55% 以上，远超联合国粮农组织规定的 17%～18% 的水平。粮食结余量和粮食库存量不断增加带来的问题包括储藏成本增加、陈化粮不断累积，也造成了土地资源的浪费，还进一步导致生态与环境问题。

8.1.2　我国粮食资源的安全和保护策略

我国的基本国情是人口众多，近大陆部分人口已经超过 14 亿，尽管我国粮食已经连续 5 年年产超过 6.5 亿吨，人均拥有粮食已超过 460kg，粮食能够自给自足，但我国粮食压力一直较大，一旦出现灾年，粮食安全就难以保障，因此，我们要做好粮食资源的保护工作。

（1）适当调整粮食种植结构，解决国内粮食供求的紧平衡状态。尽管我国粮食生产能够满足要求，但在品种结构上，稻谷和小麦等口粮供大于求，陈粮积压，库存成本高，而优质强筋小麦产能不足，大豆等作物严重缺乏。因此，适当调整种植结构，增加高筋小麦和大豆的种植是改善我国供应品种的重要手段。

（2）节约成本，增加效益，解决粮食生产成本高的问题。目前，我国农业生产成本高，主要表现在农业用工成本上涨加速，我国农业用工成本占生产成本比重在 30%～40%，而美国维持在 5%～10%；其次土地成本逐步上升，2010～2018年，稻谷、小麦、玉米和大豆土地成本分别上涨了 66.24%、74.50%、66.15% 和71.11%，导致租地成本升高；再者是农业生产资料价格上升，如农药、化肥、农膜、农机等近些年都有一定价格上升。因此，粮食生产成本增长速度远大于粮食收益增长速度。粮食每亩地净利润较低，为百元左右，显然种粮收益已远远不能够支撑农村居民消费需求，导致农民种粮积极性不高，农业副业化成为普遍现象。针对此情况，国家要出台政策，进一步加大农业补贴政策，不但要补贴土地，更要补贴种植业者，让真正种地的人获得实惠，此外，鼓励农业的集中经营，如家庭农场、"公司＋农户"、土地信托等模式也是节约成本，增加效益的重要方式，值得进一步探索。

（3）调配水资源，实施节水农业是保证我国粮食安全的重要手段。我国农业水资源相对匮乏，淡水资源总量为 2.75 万亿 m^3，占全球水资源的 7% 左右，人均水资源量也仅为世界平均水平的 1/4。我国水资源还分布不均，南方的水用不掉，北方的水不够用是我国水资源的基本情况。因此，调配水资源，实施节水农业是增加粮食产量的重要手段，目前，我国国力的增加使得南水北调已经成为现实，取得了重要的成效，将来还可加大水资源的调配；除了水资源调配，还要实施节水农业，主要包括四个方面，一是农艺节水，如调整农业种植结构、整地、地表覆盖、发展间套作等；二是生理节水，如培育耐旱抗逆的作物品种等；三是管理节水，包括设置管理机构，出台管理政策，调整用水价格，推广节水措施等；四是工程节水，如滴灌、精准灌溉、微喷灌、涌泉根灌等，节水农业是我国今后发展的重点方向。

（4）减少化肥使用量，促进粮食绿色生产改善粮食品质。由于我国耕地面积有限，粮食增产过度依赖化学肥料，尽管化肥的应用极大地促进了粮食单产增加，但也带来了土壤污染、粮食品质下降等问题，因此迫切需要改变粮食增产模式。自2015 年原农业部开展了"到 2020 年化肥农药使用量零增长行动"，绿色发展已成为我国农业转型的主攻方向。从 2016 年开始，我国化肥施用量就实现了负增长。目前，我国农业化肥污染情况得到改善，2017 年全国农业源化学需氧量、总氮、总磷分别比 2007 年下降了 19%、48%、26%。尽管农业绿色发展取得显著成效，但相较于发达国家与国际平均水平，我国农业化肥施用量 2019 年为 325.5 kg/hm^2，远高于 120kg/hm^2 的世界平均水平，是美国的 2.6 倍，距离农业绿色发展的目标还有很长的距离。

8.2　我国经济植物和野生植物资源的开发利用与保护

8.2.1　我国经济植物和野生植物资源的开发利用现状

除了粮食作物，与饮食相关的植物还包括油料、糖料、香料、饮料、蔬菜、水果等各类植物，这些植物可分为经济植物和野生植物两类。经济植物是指具有一定规模的人工栽培的植物。野生植物是指还没有进入种植阶段，仍处于野生或引种阶段的资源植物。经济植物和野生植物在补充人们食品营养、改善食品口味、促进人体健康方面具有重要的作用。

我国的经济植物和野生植物种类丰富。

（1）油料作物，传统上以种植大豆、花生、油菜、芝麻、向日葵为主，此外胡麻（油用亚麻）、核桃、椰子、油棕、油茶、棉花籽也是部分地区种植的油料植物，近些年一些新的油料植物也逐渐开发出来，如文冠果、油橄榄、牡丹、红花、小葵子、海甘蓝、星油藤、苏子、油莎豆和元宝枫等，此外，传统上非油料植物，如玉米、水稻等的胚中也含有大量的油脂，可以用来榨油，这些种类对丰富我国食用油品种具有重要意义。

（2）糖料作物，规模化种植，并形成制糖产业的为甘蔗和甜菜。

（3）香料作物，我国种植的香料植物种类繁多，种植量比较大的包括辣椒、生姜、葱、蒜等，其他包括芥末、胡椒、八角、花椒、豆蔻、肉桂、小茴香、草果、薄荷、罗勒、紫苏、留兰香等。

（4）饮料作物，我国饮料植物仍然以茶叶为主，咖啡也有一定种植规模，其他开发为茶饮品的包括苦丁茶、柿子、甜叶菊、甜茶，甚至莲叶、银杏叶等植物也开发成为保健茶。

（5）蔬菜和水果，我国蔬菜主要品种包括大白菜、萝卜、黄瓜、南瓜、苦瓜、青菜、卷心菜、抱子甘蓝、菠菜、芹菜、生菜、茼蒿、蕹菜、藕、葱、蒜、莴苣、韭菜等；我国种植的主要水果品种包括葡萄、苹果、柑橘、梨、香蕉，其他种类包括枣、山楂、猕猴桃、菠萝、樱桃、杏、李、火龙果、莲雾、杨桃等。以上资源主要靠种植获得，少部分靠野生资源获得，如部分榛果、核桃、松子、软枣猕猴桃、蓝莓等。

我国的经济植物种类呈现明显的地域特征，如油料作物中油菜主要分布在江南地区，花生主要分布于华北、东北和西北地区。甘蔗生产集中于广西、云南等地，甜菜生产东北传统产区地位正在下降，主产区正在向西北省域迁移。饮品中茶叶主产江南地区，咖啡主要产于云南和海南，广东和广西也有部分种植。中国的香料植物除了辣椒、葱和蒜广泛种植外，其他多少都呈地域性分布，如八角、豆蔻主要分布在南方，花椒主要分布于西部。蔬菜和水果也成地域性分布，我国的苹果主要分布于华北、西北地区，柑橘类水果主要分布于江南地区，十字花科蔬菜喜生于温凉地区。

8.2.2　我国经济植物和野生植物资源的保护策略

总体上，我国对经济植物注重开发和利用，对品种的保护考虑得较少，因此，我们要加强对经济植物和野生植物的保护。

（1）保护生境，保护经济植物和野生植物的多样性，随着农业的大规模开发，一些野生植物的生长环境受到了破坏，导致资源的丧失，因此我们要特别注意对野生植物资源生长环境的保护，勿使生境破坏导致其生物多样性丧失。如果能建立各类经济植物的种质资源库，将大大改善经济植物的保护、开发和利用的现状。

（2）严禁破坏性采摘，人们在野外采集时常出现伐木摘果现象，导致资源的破坏；此外，没有到采收期人们就把果实采收下来也造成资源的品质下降。

（3）成立保护区，加强引种和驯化也是野生植物资源保护的重要手段。

（4）在种植发面，我们要发挥地域特色，在适合的地区种植适合的经济植物，以便保障植物的品质，同时发挥我国交通运输网络的作用，把产地和消费地连接起来，保障产得好，卖得出。

8.3　我国畜牧资源的开发利用与保护

8.3.1　我国畜牧资源的开发利用现状

畜牧业主要为人们提供肉、奶、蛋等形式的食物，为人们提供优质的蛋白质和脂类营养，是人们重要的营养来源。目前，我国畜牧养殖规模和水平不断提升，肉、蛋、奶的产量不断增加，2018 年我国肉类总产量 8517 万吨，其中，羊肉产量 475 万吨，牛肉产量 644 万吨，猪肉产量 5404 万吨。每年人均可消费各类肉品 62kg，与发达国家人均年肉类消费 100kg 的水平相比，还有一定差距。全国禽蛋产量达 3128 万吨，人均年消费达到 22.3kg；2018 年牛奶产量 3075 万吨，人均年消费达到 22kg。

从养殖品种上来看，我国畜牧养殖的主要种类包括猪、牛、羊、鸡、鸭、鹅等，此外经过驯化养殖的还包括梅花鹿、驯鹿、珍珠鸡、野鸭等。由于规模化养殖的发展，我国畜牧业养殖的品种趋向于养殖品种多样性减少，具有单一化的倾向。例如，中国的猪的品种丰富，地方品种猪有 100 多个品种，但目前养殖量较大的多为进口品种，如长白猪、杜洛克猪、大约克猪、约克夏猪、汉普夏猪等，中国地方品种猪的存栏量已经越来越少，个别品种已经处于濒危状态。中国鸡的品种众多，但养殖的肉鸡以白羽鸡、红羽肉鸡、黄羽肉鸡为主；蛋鸡品种多，大规模养殖的主要品种有罗曼鸡、海兰鸡、京白鸡、京粉系列等。从养殖方式来看，我国畜牧业已经从传统的一家一户及分散性养殖逐渐过渡为规模化集中养殖。目前，全国畜禽养殖规模化率达到 64.5%，规模化养殖已经成为肉蛋奶市场供应的主体。

8.3.2　我国畜牧资源发展的保护策略

根据我国畜牧养殖发展的特点和趋势，制定合适的应对策略，促进畜牧业高质量发展，提升农畜产品的保障能力。

（1）加强地方品种的保护已经迫在眉睫，据农业部 2004～2008 年全国畜禽遗传资源调查，我国有畜禽品种、配套系 901 个，包括地方品种 554 个，目前 19 个地方种已经灭绝。我国的畜禽品种遗传多样性，特别是地方畜禽品种的优异种质特性，是几千年来多样化的自然生态环境所赋予的，是祖先选留下来的，这些地方畜禽品种资源不仅是当前和今后畜牧业可持续发展的宝贵资源，也是我们培育新品种不可缺少的原始素材，我们有责任也有义务做好我国畜禽品种的保护工作，避免品种的丧失。

（2）改变养殖方式，扶持中小养殖户进行规模化经营，发展适度规模经营是现代畜牧业的发展方向，是高质量发展的必由之路。目前，全国畜禽养殖规模化率达到 64.5%，规模化养殖已经成为肉蛋奶市场供应的主体，但我国畜禽规模养殖与发达国家相比，还有相当差距，设施装备条件差，生产效率不高，与规模化相对应的标准化生产体系还没有全面建立起来。因此，提升规模养殖场机械化水平，加快推进规模养殖场生产全程机械化；强化技术指导服务，建立健全不同畜种的标准化生产体系是促进我国畜牧业发展的重要手段。

（3）健全饲草料供应体系，我国畜牧业主要靠饲草料进行喂养，饲草料成本占养殖成本的 60%～70%，提高畜牧业竞争力，必须建设品类更全、质量更优、效率更高的饲草料供应体系。一方面以粮改饲为重要抓手，加快发展饲草产业，增加优质饲草供给，补齐草食畜牧业高质量发展短板。另一方面，要做大做强做优饲料工业，着力增强饲料原料供给保障能力和饲料产品转化效率，为畜牧业节本增效提供更有力的支撑。

8.4　我国水产动物资源的开发利用与保护

8.4.1　我国水产动物资源的开发利用现状

水产动物资源主要包括鱼类、虾蟹类、软体动物等，它们是重要的食品生物资源，可为人们提供丰富的蛋白质营养，对促进人体健康具有重要作用。由于我国人口多，对水产品的消费量也较大。2017 年，我国水产品总产量达到 6445 万吨，这些资源主要是靠养殖获得，养殖产量达到 4906 万吨，占总产量的 76%。我国水产养殖以淡水养殖为主，产量占比达到 59%，海水养殖产量占比为 41%。受益于我国居民消费能力持续提升，我国水产养殖产量还将持续增长，行业发展前景良好。从养殖品种来看，淡水养殖的鱼类主要有青鱼、草鱼、鲢鱼、鳙鱼、鲤鱼、鲫鱼、鳊鱼等，蟹类中的中华绒螯蟹、小龙虾等都是靠养殖供应。海洋养殖的品种主要包括梭鱼、鲻鱼、尼罗罗非鱼、真鲷、黑鲷、石斑鱼、鲈鱼、大黄鱼、美国红鱼、牙鲆、河豚；养殖虾类包括中国对虾、斑节对虾、长毛对虾、日本对虾和南美白对虾等；养殖的蟹类包括锯缘青蟹、三疣梭子蟹等；养殖的贝类包括贻贝、扇贝、牡蛎、泥蚶、毛蚶、缢蛏、文蛤、杂色蛤仔和鲍鱼等。

水产品的第二个来源是捕捞，据统计，我国可供捕捞的各种鱼类有 3860 多种，其中纯淡水鱼类 960 多种，海河洄游性鱼类 15 种，河口性鱼类 68 种，可供利用的海洋鱼类有 3000 多种，每年的捕捞量为 1300 万～1500 万吨。

8.4.2　我国自然水域水产动物资源面临的主要问题

尽管我国鱼类等水产动物资源丰富，但随着我国经济社会发展和人口不断增长，资源需求量大，水产品市场需求与资源不足的矛盾日益突出，受诸多因素影响，目前我国自然水域鱼类资源严重衰退，面临的主要问题包括，水域污染、生态环境破坏、过度捕捞等问题。

（1）自然水域污染问题严重，随着我国工农业的快速发展，废水排放量逐年增加，导致我国各大河流均出现不同程度污染的现象，据报道我国七大江河水质仍然较差，Ⅴ类和劣Ⅴ类水所占比例仍很高，水污染严重河流依次为海河、辽河、淮河、黄河、松花江、长江、珠江。其中海河劣于Ⅴ类水质河段高达 56.7%，辽河达 37%，黄河达 36.1%。长江干流超过Ⅲ类水的断面已达 38%。除西藏、青海外，75% 的湖泊富营养化问题突出。现在工业水污染仍旧突出，仍是江河水污染的主要来源。

导致自然水域污染的原因主要是因为废污水处理力度不够，污水处理率偏低，我国城市废水集中处理率仅仅有 13.4%。其次是农业生产中过量使用化肥、农药，其对土地的污染是持久的，残余药物进入河流后，对水资源将造成严重的污染。还有就是环境意识淡薄，执法力度不足，某些地域受到地方保护主义及利益的驱使，出现了大量为追求经济快速发展而损害流域生态健康的现象。

（2）自然水体环境破坏严重，此方面主要包括湖泊和湿地围垦造田、造地用于工农业的发展，沿海地区的围海造地，填海工程也严重破坏了海洋生态环境。新中国成立初期，我国有面积大于 $1km^2$ 的湖泊 2800 余个，总面积约 9 万 km^2，到了 80 年代初期，数量减少为 2300 多个，面积则减为 7 万 km^2。围湖造田直接破坏了鱼类产卵繁殖、索饵肥育和生长栖息场所，严重影响了水产养殖。

（3）过度捕捞导致鱼类资源量急剧下降，由于长期采取粗放型、掠夺式的捕捞方式，造成传统优质渔业品种资源衰退加剧，捕获的鱼小型化、低值化现象严重，捕捞生产效率和经济效益明显下降。例如，鲥鱼在长江下游过去一般年应量在 500 吨左右，1974 年达到 1500 余吨，20 世纪 80 年代后期，长江鲥鱼已很难捕捞，青、草、鲢、鳙等已形不成渔汛。中国海域的重要经济鱼类资源近 20 多年来已出现衰退现象，如大黄鱼、小黄鱼、带鱼及其他经济鱼类资源出现全面衰退，使我国东海舟山一带几乎形不成渔汛。

8.4.3　我国水产动物资源的保护策略

为了做好水产品资源的保护工作，我们要做好以下几方面的工作。

（1）制定并严格执行相关的资源保护政策法规，比如我国已经出台了《中国海洋生物多样性保护行动计划》《中国湿地保护行动计划》《中国水生生物资源养护行动纲要》《禁渔区和禁渔期制度》等，这些制度在保护鱼类等水产品资源上发挥了重要作用，但在执行上要更加严格，要发挥政府职能，把这些办法落实到位。

（2）加强鱼类等水生生物的基础生物学、遗传多样性及濒危物种驯养繁殖过程的研究。了解濒危种类的生活史，了解洄游性鱼类的繁殖生物学及洄游特征，了解珍稀动物空间分布格局，对部分珍稀特有种类提出专门保护措施。

（3）加强对水生动物栖息地的保护，首先是保护好湿地生态系统，从 20 世纪 90 年代后，人们只重视粮食的生产，大量开发湿地，湿地变农田现象普遍存在，导致鱼类生物多样性的严重破坏，因此，要减少对湿地的破坏，保护好自然水生态系统。其次是减少围海造地、填海工程等工程类项目，保护浅海滩涂湿地、海湾、珊瑚礁、产卵场、孵育场等生态系统，避免因生态系统多样性遭到破坏给鱼类生物多样性带来巨大的威胁，导致物种丧失。最后是避免工农业废水排放造成水域污染，从而导致水生态系统的破坏、鱼类多样性的降低、鱼类资源量减少。

（4）加强水环境生物多样性保护、恢复和持续利用技术和对策。对已经破坏和恶化的水环境，提出水质恢复的管理对策、技术标准与政策；建立水环境恢复生态工程示范区；开展湿地生态恢复和保护技术与示范工程建设；开展对农田废水和有机工业废水的自然净化技术研究，建立水环境生态环境管理信息系统，开展水环境生态恢复技术研究，完成水环境和生态恢复、生物多样性恢复和保护规划。

主要参考文献

陈机. 1996. 植物发育解剖学（上、下册）. 济南：山东大学出版社

曹枫，张国珍，武福平. 2017. 我国主要河流污染现状及治理情况. 内蒙古科技与经济，378（8）：44-45

曹建国，戴锡玲，王全喜. 2012. 植物学实验指导. 北京：科学出版社

戴锡玲，曹建国，王全喜. 2016. 植物学理论与实验学习指导. 北京：科学出版社

丁恒山. 1982. 中国药用孢子植物. 上海：上海科学技术出版社

傅承新，丁炳扬. 2002. 植物学. 杭州：浙江大学出版社

胡正海. 2010. 植物解剖学. 北京：高等教育出版社

关长涛，王琳，徐永江. 2020a. 我国海水鱼类养殖产业现状与未来绿色高质量发展思考（上）. 科学养鱼，7:1-3

关长涛，王琳，徐永江. 2020b. 我国海水鱼类养殖产业现状与未来绿色高质量发展思考（下）. 科学养鱼，8:1-3

李秀华. 2018. 我国畜牧业发展现状及对策. 乡村科技，3:10

李正理，张新英. 1983. 植物解剖学. 北京：高等教育出版社

刘穆. 2001. 种子植物形态解剖学导论. 北京：科学出版社

刘胜祥. 1994. 植物资源学. 第二版. 武汉：武汉出版社

刘喜生，白志明，李步高. 2014. 我国畜禽品种资源的保护与合理利用. 畜牧与饲料科学，35（10）：39-41.

刘志皋. 2006. 食品营养学. 第二版. 北京：中国轻工业出版社

马炜梁. 1998. 高等植物及其多样性. 北京：高等教育出版社

裘维蕃. 1998. 菌物学大全. 北京：科学出版社

上海农业科学院食用菌研究所. 1991. 中国食用真菌. 北京：中国林业出版社

汪劲武. 种子植物分类学. 1985. 北京：高等教育出版社

王全喜，张小平. 2012. 植物学. 第二版. 北京：科学出版社

王晓君，何亚萍，蒋和平. 2020. "十四五"时期的我国粮食安全：形势、问题与对策. 改革，319（9）：27-39.

王宗训. 1989. 中国植物资源利用手册. 北京：科学出版社

吴鹏程. 1998. 苔藓植物生物学. 北京：科学出版社

吴兆洪，秦仁昌. 1991. 中国蕨类植物科属志. 北京：科学出版社

肖玉，成升魁，谢高地. 2017. 我国主要粮食品种供给与消费平衡分析. 自然资源学报，32(6): 927-936

杨继，郭友好，饶广远. 1999. 植物生物学. 北京：高等教育出版社

杨世杰. 2000. 植物生物学. 北京：科学出版社

赵建成，吴跃峰. 2002. 生物资源学. 北京：科学出版社

中国科学院中国植物志编辑委员会. 1959-2001. 中国植物志（共80卷）. 北京：科学出版社

周云龙. 1999. 植物生物学. 北京：高等教育出版社

Haupt AW. 1953. Plant Morphology. New York: McGraw-Hill Book Company，Inc.

Johnson GB. 2000. The Living World. 2nd. St. Louis: McGraw-Hill Book Company, Inc.

Schultz K. 2003. Field Guide to Saltwater Fish. Hoboken: Wiley